巨灾风险管理与保险制度研究

陈秉正　高　俊　冯玉林　著

科学出版社

北　京

内 容 简 介

本书系统阐述了巨灾风险管理和保险的基本理论、方法和国内外的实践，探讨了将风险治理理念引入巨灾风险管理、建设国家巨灾风险管理体系、巨灾风险评估中对人的风险感知因素的关注、选择巨灾风险管理策略时如何平衡好损失控制策略和损失融资策略、如何提升巨灾风险融资体系效率等问题。

本书适合从事灾害风险管理研究的研究人员、各类机构，特别是政府相关部门从事灾害风险管理的专业人员阅读，也可作为高等院校相关专业高年级本科生、研究生学习相关课程的参考书。

图书在版编目(CIP)数据

巨灾风险管理与保险制度研究 / 陈秉正，高俊，冯玉林著. —北京：科学出版社，2024.6

ISBN 978-7-03-078375-2

Ⅰ. ①巨… Ⅱ. ①陈… ②高… ③冯… Ⅲ. ①自然灾害-风险管理-研究-中国 ②自然灾害-灾害保险-保险制度-研究-中国 Ⅳ. ①X432 ②F842.64

中国国家版本馆 CIP 数据核字(2024)第 072084 号

责任编辑：郝 悦/责任校对：姜丽策

责任印制：张 伟/封面设计：有道设计

科学出版社 出版

北京东黄城根北街 16 号

邮政编码：100717

http://www.sciencep.com

北京建宏印刷有限公司印刷

科学出版社发行 各地新华书店经销

*

2024 年 6 月第 一 版 开本：720×1000 1/16

2024 年 6 月第一次印刷 印张：15 1/4

字数：300 000

定价：178.00 元

(如有印装质量问题，我社负责调换)

序

一直以来就有一个愿望，写一本关于巨灾风险管理和保险的书，主要原因有三个。第一，巨灾对人类社会各个方面造成了巨大损失，对巨灾风险进行管理已成为国家和地区政府社会治理的重要内容。多年来，包括中国在内的很多国家和地区，在巨灾风险管理和巨灾保险制度建设方面进行了大量实践，积累了具有不同特色的经验，需要对此进行系统的梳理、分析、比较和总结。第二，巨灾风险管理是国家治理和社会管理的重要组成部分，需要在基本概念、原则、目标、体系构建、策略选择及实施等方面对其进行系统的研究，特别是需要加强相关理论研究，从而为巨灾风险管理的实践提供科学指导。第三，我本人长期从事风险管理与保险方面的教学和研究，巨灾风险管理与保险是我的一个重要研究领域，希望能将一些学习体会和研究心得总结一下，为未来的相关研究抛砖引玉。

本书的主要内容是我主持的国家社会科学基金重点项目“巨灾风险管理体系与保险机制创新研究”（项目批准号：11AZD011）的研究成果，由于该项目的完成时间是 2012～2013 年，国内外在巨灾风险管理和保险的相关研究与实践等方面都有了许多新进展，因此在撰写本书时，补充了大量新内容并更新了数据。

本书的前两章是“基础篇”。第 1 章给出了巨灾和巨灾风险的定义、特征、在世界范围内和在我国的特点与发展趋势，便于读者对后面展开的话题有一定的背景了解和概念基础。

第 2 章给出了巨灾风险管理的基本概念、基本原则、目标、管理体系的基本架构等，深入分析了政府在巨灾风险管理中的定位和可能的作用，提出了巨灾风险管理应更多借鉴风险治理的理念和方法。这一章的内容既反映了国内外在巨灾风险管理和治理领域相关研究的新成果，也凝聚了作者多年来对巨灾风险管理的思考。

第 3 章和第 4 章是“经验篇”。第 3 章选取了在巨灾风险管理方面较为成熟的国家以及和我国在地理、文化等方面较为相近的国家，介绍了他们在巨灾风险管理体系建设中的主要做法和经验。应该强调的是，作者在撰写这一章时并没有简单地直接介绍其他国家的做法与经验，而是注重分析背后的原因和不同做法之间的横向比较，总结一些具有共性的做法和经验。

第 4 章对我国巨灾风险管理的实践进行了系统梳理和总结，阐述了我国应对巨灾风险的主要经验和存在的问题。

第 5 章至第 7 章是“技术/方法篇”，介绍了巨灾风险管理的基本技术和方法。

第 5 章介绍了如何对巨灾风险进行评估。作者分别介绍了基于巨灾模型的客观评估，以及基于行为、心理、文化、社会等因素的主观评估，目的是希望在未来制定巨灾风险应对方案时，能更多地关注人们的风险感知对巨灾风险评估的影响，并使主观评估的结果成为风险管理决策的重要依据。

第 6 章对如何制定巨灾风险管理策略进行了系统阐述。作者首先给出了在制定管理策略时的基本分析框架，阐述了制定管理策略时应遵循的原则和几个重要关注点。其次简要介绍了损失控制策略和损失融资策略的基本内容，特别是详细分析了应如何协调好这两类策略，并特别指出在应对巨灾风险损失方面，应该对损失控制策略给予更多的关注。

第 7 章对巨灾风险融资体系进行了全面系统的分析，分析了不同融资方式的作用、特点和效率，提出了我国构建多层次巨灾风险融资体系的基本设想。

第 8 章是“实践篇”，以地震保险为例，介绍了地震保险制度设计及其在我国的实践。在制度设计方面，作者系统阐述了地震保险的供给和需求、设计思路、模式选择；在实践方面，回顾了我国地震保险的发展历程，分析了 2016 年以来我国居民住宅地震保险制度建设的最新实践。

参加本书撰写的除了我本人，还有在清华大学经济管理学院从事博士后研究工作的高俊博士，以及从清华大学经济管理学院毕业的冯玉林博士。各章节的撰写分工如下。

陈秉正负责第 1.1 节、第 2 章、第 3.1 节、第 4.4 节、第 4.5 节、第 5.2 节、第 6 章、第 8.1 节。

高俊负责第 1.2 节、第 1.3 节、第 3.2 节至第 3.6 节、第 4.1 节、第 4.2 节、第 4.3 节、第 7 章。

冯玉林负责第 5.1 节、第 8.2 节。

本书在构建巨灾风险管理体系方面进行了初步探索，对巨灾保险的理论和实践进行了系统性介绍和分析，希望本书的出版能为提升我国巨灾风险管理领域的理论研究和实践水平，推进国家治理体系和治理能力现代化建设做些有益贡献。

陈秉正
2023 年仲秋于清华园

目　　录

第 1 章　巨灾与巨灾风险

1.1　巨灾与巨灾风险的定义

1.1.1　巨灾的定义

巨灾（catastrophe）一词源自希腊语中的 katastrophē，原意是“劫难”“灾难”。维基百科将其定义为巨大的灾难性事件，而韦氏词典则将其定义为具有毁灭性的自然灾害事件。这两个定义的区别在于，维基百科将人为灾害，譬如“9·11”恐怖袭击事件这样的人为原因造成的巨大损失事件也纳入了巨灾的范畴；而韦氏词典则认为巨灾仅限于由自然灾害导致的巨大损失事件。出于本书的研究需要，结合我国的具体情况，本书将巨灾定义为：对人民生命财产造成特别巨大损失，对区域或国家经济社会产生严重影响的自然界所发生的异常事件。

灾害时有发生，那么，多大的灾害算是巨灾呢？国内外目前尚无统一的衡量标准。在国内，巨灾的提法首次出现在 1990 年出版的《自然灾害与减灾 600 问答》一书中。为了对灾情大小进行比较，该书将死亡人数达到 10 万人、直接经济损失达到 100 亿元以上的灾害称为巨灾。

瑞士再保险公司在其每年发布的灾害风险报告中，将巨灾风险分为自然灾害和人为灾祸两类，并将损失金额或人员伤亡达到一定规模的灾害定义为巨灾。由此看来，尽管各方对巨灾的定义有所不同，但在认定巨灾时需要的三个基本要素方面，已经形成了基本共识，就是：①自然界发生的异常事件；②造成了经济损失或人员伤亡；③损失巨大。这里所说的自然界发生的异常事件主要包括五类：①地质类灾害，即由地质作用产生的灾害，包括火山爆发、地震、泥石流、山崩等；②气象类灾害，即短时间内由大气物理过程产生的灾害，包括雨灾（暴雨、热带暴风雨）、风灾（台风、飓风、龙卷风）、雪灾（暴风雪、雪崩）等；③生态灾害，包括来自自然界的病毒（如埃博拉病毒等）导致的大规模传染性疾病、沙尘暴、森林火灾等；④天文灾害，如流星体或小行星撞击地球、太阳风暴等；⑤水文灾害，包括旱灾和洪灾等。

造成了经济损失或人员伤亡是构成巨灾的第二个要素。若有害事件发生的区域内没有人员伤亡或财产损失，或损害规模不大，则该事件不属于巨灾。譬如，在没有人类活动的沙漠地区发生的龙卷风、太平洋中心发生的飓风等，由于没有造成经济损失或人员伤亡，因而不构成巨灾。

构成巨灾的第三个要素是损失巨大，这是识别巨灾的主要指标。在不同时期、不同科学技术条件及经济条件下，判断自然灾害是否为巨灾的标准会有所不同。例如，在经济欠发达社会，判断是否为巨灾的伤亡人数标准一般会高于发达社会，而经济损失一般会低于发达社会。

1.1.2 巨灾的特征

由巨灾的构成要素可知，巨灾及巨灾风险兼具自然属性和社会属性。其自然属性决定了随着科学技术的发展，人们应对巨灾的技术和手段会逐步被开发出来；其社会属性决定了巨灾的认定标准会随着社会经济的发展而变化。在目前的科学技术条件下，人类对巨灾的认识并不充分，巨灾事件的发生经常是难以预测的，和人类面临的其他类型的损失风险相比，巨灾具有以下几个典型特征。

（1）影响范围广。巨灾的社会属性决定了其影响范围的广泛性。随着人类对未知地域的开发，以前一些人迹罕至的地方也逐渐出现了人类活动，意味着巨灾风险的覆盖范围会越来越大。

（2）成因复杂，地域性明显。由于巨灾的形成往往是多种因素叠加的结果，所以和较小型灾害相比，对其成因的探析难度会更大。在发生频率方面，巨灾更是偏离了一般中小型灾害发生的规律曲线，导致巨灾发生的规律更难被把握。在发生的地点方面，巨灾多局限在某些地带或区域。例如，靠近海洋或河流的地区容易遭受洪水或飓风的袭击，而另外某些地区则可能位于地震较为活跃的地带。这种地域性特征为分散巨灾风险增加了困难，因为巨灾少发地区的人们很少愿意为巨灾高发地区的损失买单。

（3）潜在损失巨大，关联性广泛。在影响方面，巨灾往往会带来巨大的经济损失，尤其是在财富集中的地区，巨灾事件可能造成的潜在损失更会大到难以估计。同时，由于巨灾在以下两个方面的关联性，这种损失将会进一步放大。一方面，各种巨灾之间有着非常紧密的联系，往往一种巨灾的发生会诱发其他巨灾的出现，形成灾害链，如大地震或巨大气象灾害在发生时，会伴有滑坡或泥石流灾害，或伴有重大疫情等，这就使得对某类单一巨灾风险的评估和决策更加困难。另一方面，现代社会各方面的联系不断增强，巨灾的发生不仅会带来直接经济损失，还会带来一系列社会问题、地区问题，甚至是国家和国际安全问题，会使社会各个方面都产生强烈震动。在我国和世界历史上，巨灾造成社会动荡，甚至导致朝代更迭的事例屡见不鲜。

（4）应对超预案，需公共力量介入。由于巨灾难以预报，加上事先对可能受灾地区的人员及有关设施、社会财富的信息难以全面准确把握，所以事先所做的应对预案很可能难以应对巨灾事件的发生。例如，我国的唐山地区在地震发生前被划定为Ⅷ度烈度区，结果却发生了Ⅺ度的大地震，破坏力远远超过了原来的预防措施。在此背景下，如果完全由个人或商业保险机制来承担巨灾损失是远远不够的，政府和整个社会应该在巨灾风险的应对方面发挥基础性作用。

1.1.3 巨灾风险

在界定了巨灾后，就可以定义巨灾风险了。自然灾害风险是指未来一定时期内，致灾事件的发生使得特定地区人民的生命财产受到损失的可能性和程度。据此，我们将巨灾风险定义为：由巨灾引起的巨大人员伤亡或财产损失的不确定性，包括灾害发生的可能性、可能达到的破坏程度和可能造成的损失程度[①]。

巨灾风险与巨灾的区别在于：巨灾关注的是发生了多大的损失，而巨灾风险主要指的是巨灾发生的可能性及损失可能的严重程度。本书研究的对象是巨灾风险，研究的问题是如何进行巨灾风险管理，即通过识别可能形成巨灾的风险因素，一方面研究采取哪些措施可以在灾害事件发生前，尽量做好事先预防，减少可能的人员伤亡和财产损失；另一方面研究在灾害事件发生后，采取哪些救助或经济补偿措施（如保险），减小灾害事件造成的影响，使受灾人员及时恢复正常生产和生活。

1.2 世界范围内的巨灾与巨灾风险

1.2.1 全球巨灾的现状及特点

近一百年来，世界范围内巨灾频发，不仅是自然条件变化的反映，也与这一时期人口的急剧增长、资源的大量消耗、环境的破坏等因素有重要关系。据有关资料，世界人口由 20 世纪初的 16 亿人左右增长到 2022 年的 80 多亿人，增长了 4 倍。人口的急剧增长使得人类利用自然资源、改变自然资源的速度和规模迅速加快和增加，不但加快了巨灾发生的频率，也使巨灾造成的损失越来越大。

根据瑞士再保险公司发表在《西格玛》(*Sigma*) 2021 年第 1 期上的报告《2020 年度自然灾害：聚焦次生灾害，但也要切记原生灾害风险》，自 1970 年以来，全球共发生了 6108 次重大自然灾害，造成了近 6 万亿美元的损失，至少 255 万人丧生，并对无以计数的人们的生活产生了不利影响。

图 1-1、图 1-2 分别给出了 1970～2020 年世界范围内自然灾害发生的次数和

① 联合国国际减灾战略（UN International Strategy for Disaster Reduction，UNISDR）将灾害风险定义为：“自然或人为灾害与承灾体脆弱性条件之间相互作用而产生的损失（伤亡人数、财产、生计、中断的经济活动、受破坏的环境）的可能性。”

由自然灾害导致死亡的人数。从图 1-1 中可以看出，自然灾害发生的次数呈明显增长趋势。

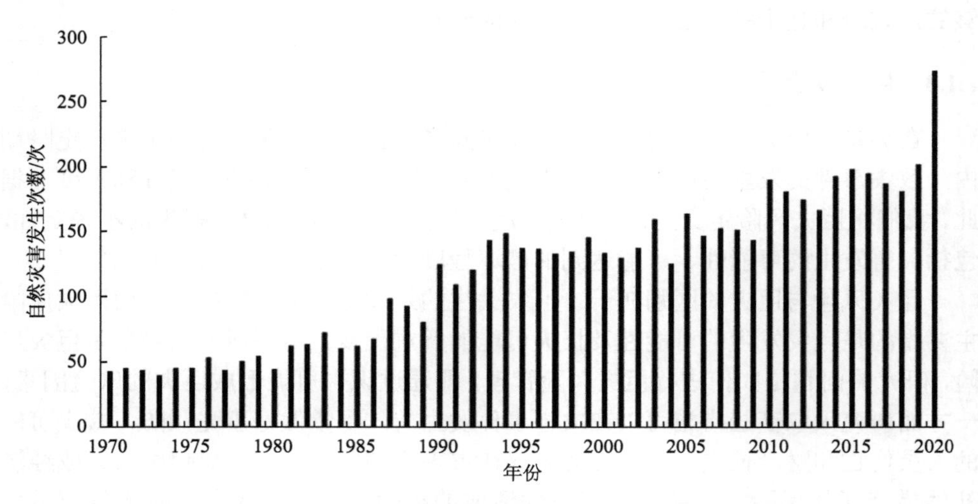

图 1-1　1970～2020 年世界范围内自然灾害发生的次数

资料来源：瑞士再保险公司研究院（https://www.sigma-explorer.com/）

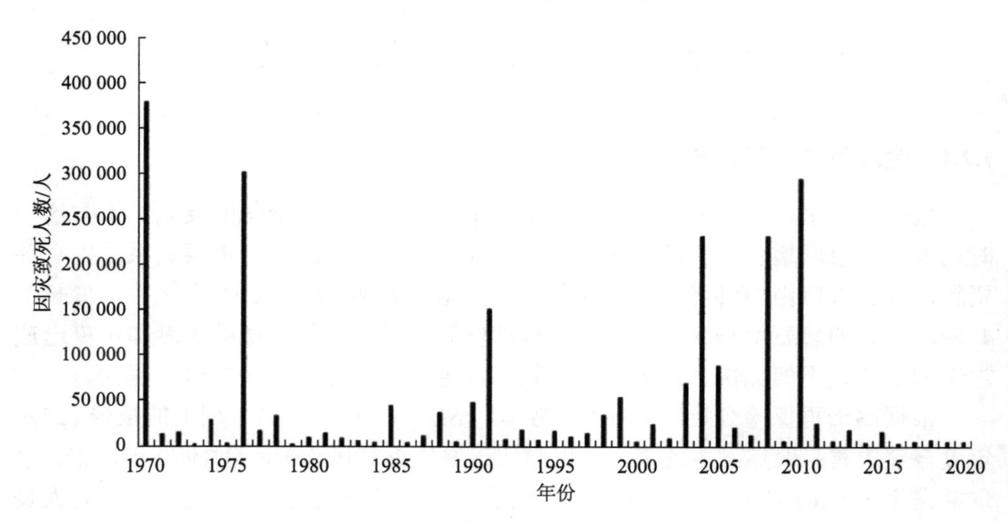

图 1-2　1970～2020 年世界范围内由自然灾害导致死亡的人数

资料来源：瑞士再保险公司研究院（https://www.sigma-explorer.com/）

随着全球经济的发展，特别是人口和财富向经济发达地区的聚集，灾害造成的损失在急剧增长。从图 1-3 可以看出，近 50 年来，由自然灾害导致的直接经济损失呈明显增加趋势。1995 年以来，全球范围内灾害损失超过 1500 亿美元的年份就有 13 个，在个别年份，如发生阪神大地震的 1995 年、发生卡特里娜（Katrina）飓风的 2005 年、发生汶川地震的 2008 年、发生“3・11”东日本大地震的 2011 年、发生哈维飓风的 2017 年，当年的经济损失均超过了 2500 亿美元。

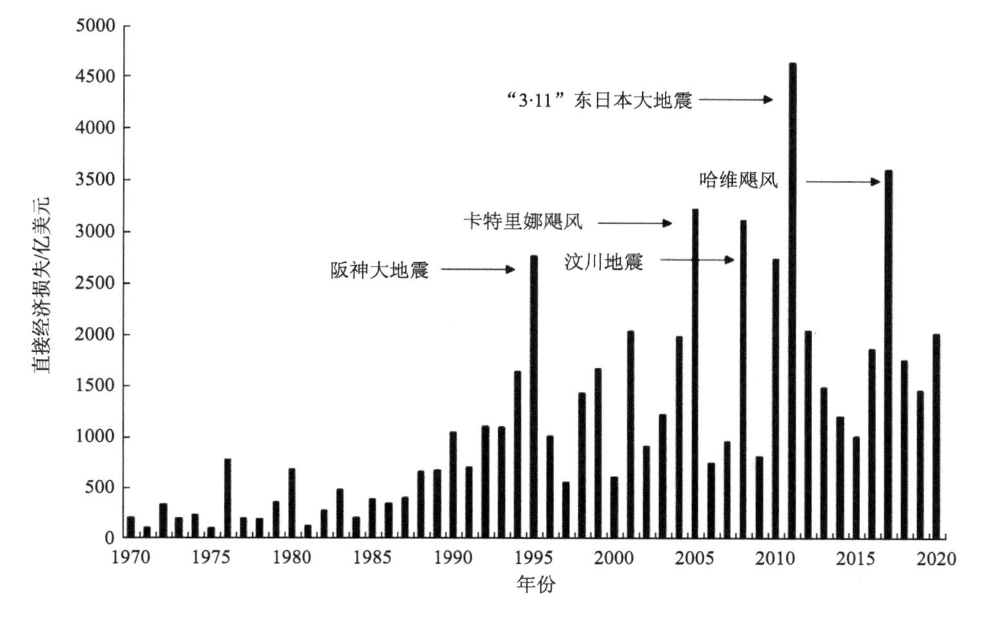

图 1-3　1970～2020 年世界范围内由自然灾害导致的直接经济损失的规模

资料来源：瑞士再保险公司研究院（https://www.sigma-explorer.com/）

自然巨灾还具有空间分布不均匀的特点。从 1900 年至 2020 年的数据来看（表 1-1），亚洲的自然灾害数量远超其他洲，居世界首位；美洲、非洲分别居第二、三位。在灾害损失方面，如图 1-4 所示，美国、中国是 1900～2020 年因灾损失最大的两个国家，日本的累积直接经济损失仅次于中国，排在第三位。

表 1-1　1900～2020 年世界范围内自然灾害的数量（按大洲分）（单位：次）

年份	非洲	美洲	欧洲	大洋洲	亚洲
1900～1909	6	26	9	0	36
1910～1919	11	24	5	2	32
1920～1929	4	31	19	2	52
1930～1939	3	42	15	7	67
1940～1949	15	49	17	8	80
1950～1959	12	94	26	15	162
1960～1969	83	186	44	26	263

续表

年份	非洲	美洲	欧洲	大洋洲	亚洲
1970～1979	110	228	79	75	419
1980～1989	303	464	213	110	711
1990～1999	485	800	415	130	1144
2000～2009	1050	949	618	171	1688
2010～2020	815	980	496	162	1713

资料来源：EM-DAT。EM-DAT 指紧急灾难数据库（emergency events database），是由比利时天主教鲁汶大学灾害流行病学研究中心（Centre for Research on the Epidemiology of Disasters，CRED）在世界卫生组织和比利时政府的支持下建立的

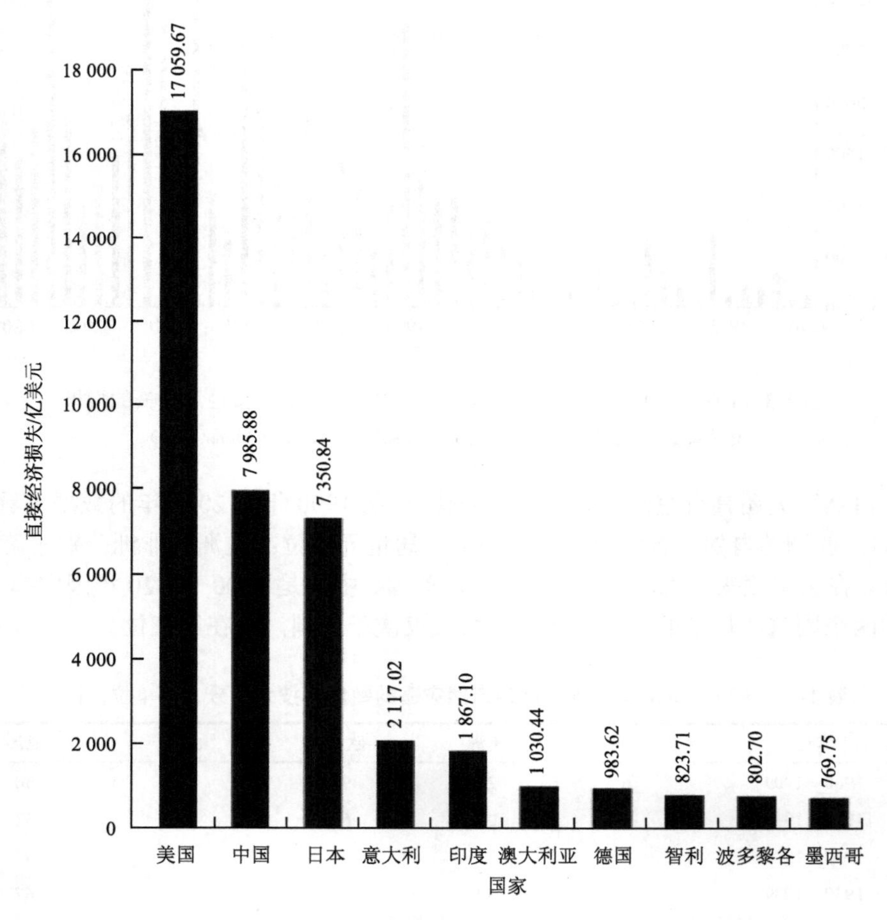

图 1-4　1900～2020 年自然灾害直接经济损失累积最大的前 10 个国家

资料来源：EM-DAT

1.2.2　未来巨灾风险的新特点

1. 致灾因子的不确定性将进一步增加

联合国政府间气候变化专门委员会（Intergovernmental Panel on Climate Change，IPCC）2021 年 8 月发布的第六次评估报告第一工作组的报告指出：相比于 1850～1900 年地球的平均温度，目前全球表面温度已升高了约 1.1℃，这是自大约 12.5 万年前最后一个冰河时期以来从未见过的升温水平。如果现代社会对化石燃料持续依赖，这种升温趋势将不会停止。升温带来的影响已经很明显：创纪录的干旱、野火和洪水正在摧毁着世界很多地方。这些变化将会增加未来巨灾致灾因子的不确定性，进而导致区域范围内的灾害或次生灾害的发生和发展规律的变化。

2. 承灾体的风险暴露性和脆弱性将进一步加大

随着全球人口数量的增加，以及城市化、国际化、信息化和一体化进程的加快，人口和财富在空间上越来越集中，特别是向大都市、河流及沿海等灾害高风险区域集中，使得灾害承灾体的暴露性和脆弱性明显增大。联合国人居署（United Nations Human Settlements Programme，UN-Habitat）在《2022 年世界城市报告：展望城市未来》（“World cities report 2022：envisaging the future of cities”）中预测，到 2050 年全球城镇人口的占比将从 2021 年的 56%上升至 68%；且新增城镇人口中有近九成将居住在亚洲和非洲。高度聚集的人口与相对滞后的防御设施在可能发生的巨灾面前将面临巨大的风险。

3. 巨灾风险将呈现空间上扩大和强度上增强的趋势

随着灾害致灾因子不确定性的增加及灾害承灾体暴露性和脆弱性的增强，巨灾将呈现出频次增加、强度增强、范围扩大的趋势，如 2008 年中国的汶川地震、2011 年的“3·11”东日本大地震、2017 年的哈维飓风等。在未来相当长一段时间内，这种灾害风险不断增强的趋势可能会持续下去，尤其是洪水、地震、飓风等自然灾害，将严重威胁人类社会和经济的发展。

另外，随着全球不同区域和国家之间在人流、物流、信息流方面交换的速度越来越快，经济、社会、文化、政治、宗教等领域的发展越来越多元化、复杂化，使得巨灾的影响出现了跨边界、跨国家、跨地区、跨宗教、跨文化的特点，减灾救灾的难度和复杂性越来越大。因此，迫切需要全球紧密合作，共同应对未来灾害对人类的影响。

1.3　中国的巨灾风险及发展趋势

1.3.1　中国巨灾风险概况

中国地处世界上两大灾害带（即北半球中纬度灾害带和环太平洋灾害带）的交会处，地形、气候条件复杂，加之是世界上人口最多的国家，又是农业大国，受自然灾害的影响非常大，1900～2020 年，因灾累积致损规模仅次于美国（图1-4）。总体来看，自然巨灾在中国具有种类多、分布广、频率高、损失大等特点。

从灾害类型看，除了现代火山活动外，地球上几乎所有的自然灾害类型都在我国发生过。据中华人民共和国应急管理部的统计，我国 31 个省区市（不包括港澳台地区）均不同程度受到自然灾害的影响，70%以上的城市、50%以上的人口分布在气象、地震、海洋等灾害高风险地区。表 1-2 统计了 1900 年至 2020 年我国的自然灾害发生的情况。可以发现，在这 121 年里，我国共发生了 958 次较严重的自然灾害，平均每年约 8 次。其中，风暴灾害和洪水灾害的发生次数最多，分别占总发生次数的 32.8%和 32.0%；地震灾害的发生次数排第 3 位，占 20.4%。从时间段来看，2000～2020 年共发生了 589 次自然灾害，是前 50 年（1950～1999 年）发生次数的近两倍，更是 1900～1949 年这 50 年间发生次数的 11 倍。由此可见，我国自然灾害的发生频率出现了不断增高的趋势。

表 1-2　1900～2020 年中国按灾害种类统计的灾害发生次数（单位：次）

种类	1900～1949 年	1950～1999 年	2000～2020 年	合计
干旱	2	14	23	39
地震	35	61	99	195
极端温度	0	5	9	14
洪水	9	94	204	307
山崩	1	20	53	74
块体移动	0	4	3	7
风暴	5	115	194	314
山火	0	4	4	8
合计	52	317	589	958

资料来源：EM-DAT

在自然灾害发生频率增加的同时，灾害导致的损失也越来越严重。如表 1-3、表 1-4 和表 1-5 所示，1900～2020 年，对我国造成较大损失的主要是洪水灾害。从直接经济损失、死亡人数、受灾人数等数据来看，20 世纪上半叶由于灾害防御技术有限，加上特定的社会历史环境，因灾死亡的人数非常多。1900～2020 年死亡人数排名前 10 位的灾害事件有 8 次发生在 1900～1949 年。20 世纪下半叶及进入 21 世纪后，随着国家实力的提升，因灾死亡人数大大减少了，但灾害导致的直接经济损失却越来越大。1900～2020 年直接经济损失最严重的 10 次灾害有 6 次发生在 2000 年以后，剩余 4 次也在 20 世纪末。21 世纪以来，我国平均每年由自然灾害造成的直接经济损失超过了 3000 亿元，每年受灾人数约 3 亿人次。

表 1-3　1900～2020 年中国直接经济损失最严重的 10 次灾害

自然灾害种类	开始时间	直接经济损失/千美元
地震	2008/05/12	85 000 000
洪水	1998/07/01	30 000 000
洪水	2016/06/28	22 000 000
极端气温	2008/01/10	21 100 000
洪水	2010/05/29	18 000 000
洪水	2020/05/21	17 000 000
干旱	1994/01	13 755 200
洪水	1996/06/30	12 600 000
台风	2019/08/10	10 000 000
洪水	1999/06/23	8 100 000

资料来源：EM-DAT

表 1-4　1900～2020 年中国死亡人数最多的 10 次灾害

自然灾害种类	开始时间	死亡人数/人
洪水	1931/07	3 700 000
干旱	1928	3 000 000
洪水	1959/07	2 000 000
干旱	1920	500 000
洪水	1939/07	500 000
地震	1976/07	242 000
地震	1920/12	180 000
洪水	1935	142 000
洪水	1911	100 000
台风	1922/07	100 000

资料来源：EM-DAT

表 1-5　1900～2020 年中国受灾人数最多的 10 次灾害

自然灾害事件	开始时间	受灾人数/人
洪水	1998/07/01	238 973 000
洪水	1991/06/01	210 232 227
洪水	1996/06/30	154 634 000
洪水	2003/06/23	150 146 000
洪水	2010/05/29	134 000 000
洪水	1995/05/15	114 470 249
洪水	2007/06/15	105 004 000
洪水	1999/06/23	101 024 000
洪水	1989/07/14	100 010 000
台风	2002/03/14	100 000 000

资料来源：EM-DAT

此外，由于区域经济发展的不平衡，我国广大农村和中西部经济欠发达地区抗灾减灾的能力相对较弱，灾害一旦发生，基本生产和生活就会遭到破坏，且难以恢复，这也在一定程度上成为部分地区发展相对滞后、部分农村人口可能重陷贫困的重要原因。我国东部及沿海地带虽然经济较发达，但也是各种自然灾害易发、多发地区，一旦重大自然灾害发生，损失也是巨大的。

1.3.2　中国未来巨灾风险的新特点

由于巨灾风险的趋势是由致灾因子危险性和承灾体脆弱性的发展变化态势决定的[①]，所以探求未来巨灾风险的新特点可以从致灾因子和承灾体的演变趋势角度进行分析。

1. 致灾因子的不确定性将有所增加

我国是全球气候变化的敏感区和影响显著区。《中国气候变化蓝皮书（2020）》指出，1951～2019 年我国的年平均气温每 10 年升高 0.24℃，升温速率明显高于同期全球平均水平。20 世纪 90 年代中期以来，中国极端高温事件明显增多，2019 年，云南元江（43.1℃）等 64 站日最高气温达到或突破历史极值，气候变暖在我国已经是一个无可争议的事实。在这样的背景下，年际气候波动越来越大，气候极端事件也可能会增多，由此引发的相关灾害事件的发生频次和强度也将进一步增加和增强。

从降水方面看，1961～2019 年我国的平均年降水量呈微弱增加趋势，平均年

① 致灾因子危险性指造成灾害的自然变异程度，主要由灾变活动强度和活动频率决定；承灾体脆弱性是综合反映承灾体承受致灾因子打击的能力，与承灾体自身的物质成分、结构以及防灾减灾的处理能力有关。

降水日数呈显著减少趋势，而极端强降水事件呈增多趋势，年累计暴雨（日降水量≥50 毫米）站日数呈增加趋势，平均每 10 年增加 3.8%。与此同时，同时期我国各区域的降水量变化趋势差异明显，青藏地区降水呈显著增多趋势，西南地区降水呈减少趋势，其余地区降水无明显线性变化趋势。21 世纪初以来，西北、东北和华北地区平均年降水量波动性上升，东北和华东地区降水量年际波动幅度增大；2016 年以来，青藏地区降水量持续异常偏多。极端降水事件的增加，将会导致干旱与洪涝发生的可能性趋于增大。

全球气候变化对我国灾害风险的分布及发生频率也会产生重要影响。比如，气候变化会导致强台风更加活跃，使我国沿海及内陆地区遭受暴雨、洪涝的可能性增大。近年来我国沿海城市频受 50 年以上一遇台风的侵袭就是直接证据。局部地区的暴雨或强降雨又会诱发洪水、滑坡及泥石流等灾害，2021 年夏季河南郑州的暴雨就是较新的例证。

2. 承灾体的风险暴露性和脆弱性将逐渐增大

随着我国人口数量的增长及城镇化程度的提高，人口和财富在空间上的分布越来越集中，特别是向大城市、河流及海岸带等灾害高风险地区集中，使得灾害承灾体的风险暴露性和脆弱性明显增大。

我国人口规模大、分布范围广。根据第七次人口普查的结果，2020 年，我国全国人口为 14.12 亿人（图 1-5），是新中国成立时人口的 2.6 倍。庞大的人口规

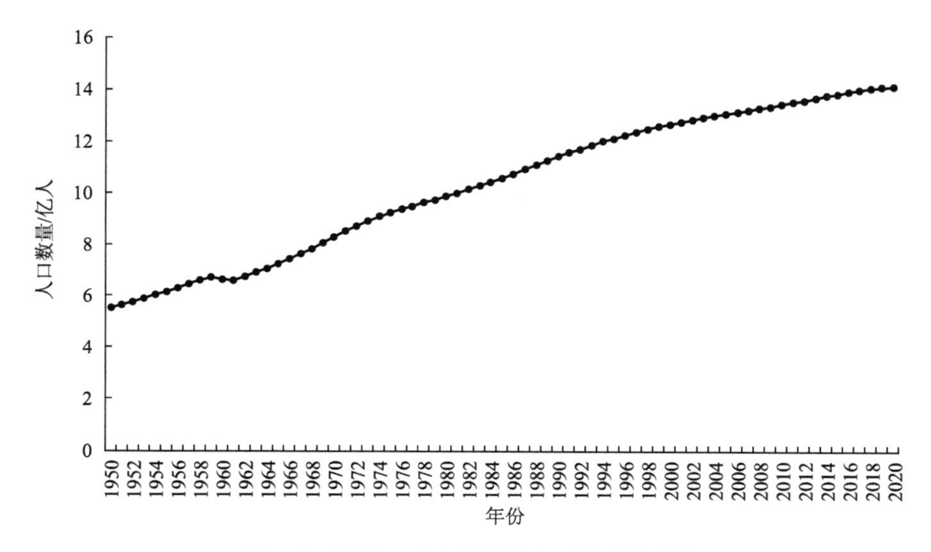

图 1-5　1950～2020 年我国人口数量的变化

资料来源：国家统计局

模意味着承灾体的巨大风险暴露性。

在人口总量过大的同时，我国还面临人口老龄化的巨大压力。随着生活水平的提高及医疗技术的进步，我国人口再生产已经逐渐完成了从高出生率、高死亡率、高自然增长率状态向低出生率、低死亡率、低自然增长率状态的转变。如图1-6所示，1953年第一次人口普查时，我国老年人口和少儿人口占总人口的比重分别为4.41%和36.28%。到2020年底，我国65岁及以上人口比重已达到13.50%，明显高于9.3%的世界平均水平，并与发达国家19.3%的平均水平的差距越来越小。这说明我国人口年龄结构已由成年型变为老年型，已进入老龄化社会，人口老龄化是未来较长一段时期的基本国情。总的来看，我国的人口老龄化具有老年人口规模大、老龄化进程快、老龄化水平区域差异明显、老年人口质量不断提高等特点。随着老龄人口的迅速增加，巨灾发生后抢险救灾的难度会相应增大，巨灾风险防御在一定程度上也会更加脆弱。

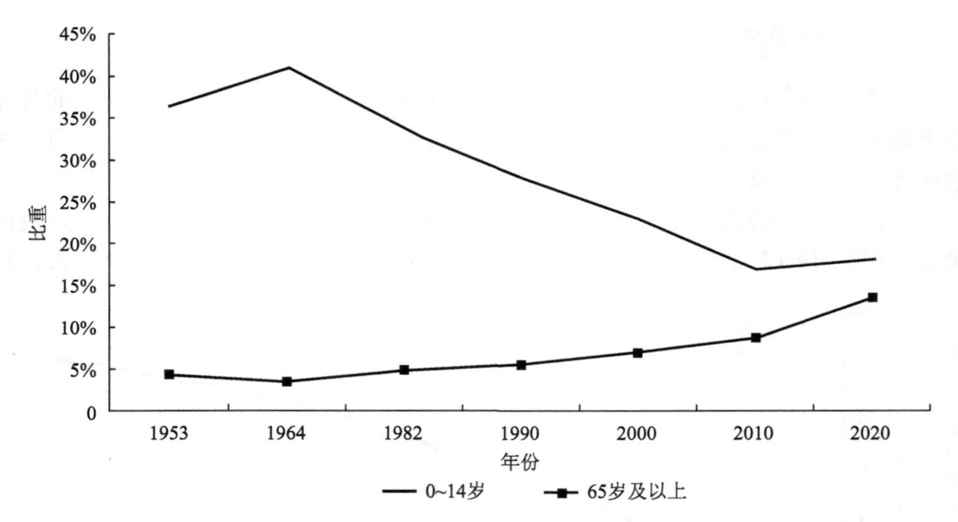

图1-6　我国1953～2020年七次人口普查时少儿人口比和老年人口比的变化

资料来源：国家统计局

城镇化是推动人口和财富在空间上不断集聚的另一个重要原因。如图1-7所示，2020年我国城镇人口总量已超过9亿，占总人口的比重为63.89%，比1949年的10.64%提高了53.25个百分点，并基本与2017年中上等收入国家的平均城镇化率（65.45%）持平。城镇人口的增加是以城市数量增加为前提的。当前，我国已经初步形成了以大城市为中心、中小城市为骨干、小城镇为基础的多层次城镇体系。2020年底，全国共有城市684个，较1949年增加了552个。随着城镇化的快速发展，一些城镇地区愈发难以为所有居民提供充足的公共基础设施和服务，如果再加上缺乏科学合理的城市规划和风险管理，城镇化往往会成为巨灾发生的催化剂。

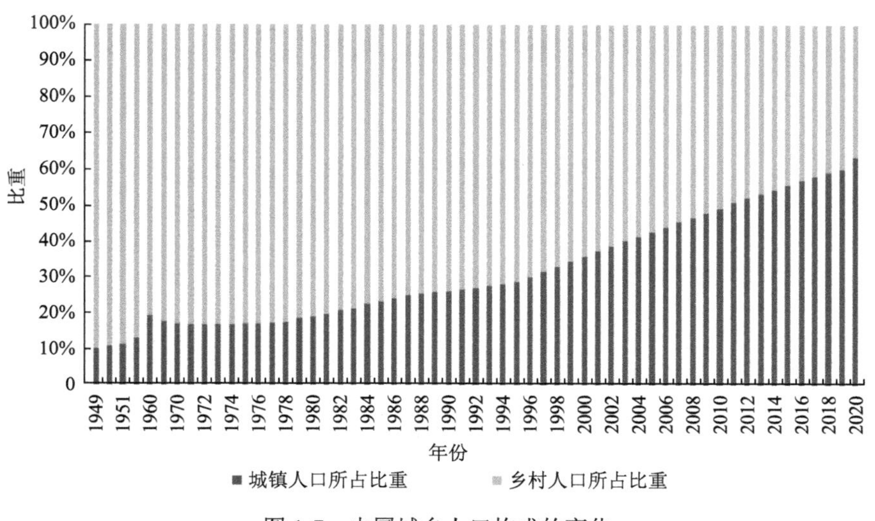

图 1-7　中国城乡人口构成的变化

资料来源：国家统计局

3. 灾害风险呈现空间上扩大和强度上增强的趋势

随着致灾因子不确定性的增加和承灾体风险暴露性和脆弱性的不断增大，我国的灾害风险将呈现频次增加、强度增强、范围扩大的趋势。事实上，极端特大灾害发生的风险已经出现了增大的趋势。例如，1998 年长江、松花江和嫩江的特大洪水，2006 年的川渝大旱，2008 年初南方部分地区的低温雨雪冰冻灾害，2009～2010 年西南地区的大旱，2010 年南方的特大暴雨，2010 年甘肃舟曲的特大泥石流灾害等。在未来一段时间内，灾害风险空间上的扩大和强度上的增强趋势或将持续下去，尤其是干旱、洪涝、热带气旋、由极端强降雨导致的滑坡泥石流等自然灾害，将会严重威胁人民生活及社会和经济的发展。

第 2 章　巨灾风险管理

2.1　巨灾风险管理的定义和目标

2.1.1　巨灾风险管理的定义

随着人们对巨灾风险特性的认识逐渐加深和在应对巨灾过程中积累起来的经验教训逐渐增多，相应的与巨灾相关的管理理念也开始逐步形成。最早出现的是应急管理（emergency management），指采取有效措施对包括巨灾在内的突发公共事件进行管理的过程，其作用对象的显著特征是“事态已发展到无法控制的程度”，最终目的是使社会及相关组织和人员摆脱危机，最大限度地降低人类社会悲剧发生的可能性。

应急管理由减缓（mitigation）、准备（preparation）、响应（response）、恢复（recovery）等四个阶段组成。由此可见，应急管理主要是对临近或已发生事件的管理，缺乏对灾害事件的连续关注，也不注重对灾害经验教训的积累，属于被动应灾的行为。后来，“国际减灾十年”活动提出了专门针对减灾防灾问题的灾害管理理念。维基百科中将灾害管理（disaster management）定义为：“涉及多部门的运筹帷幄，包含规划、计划实施、预警、紧急应变、救助等措施，以减少或降低自然灾害或科技灾害（俗称之人为灾害）对社会造成的影响及冲击，可分成灾前的减灾、整备，灾时的应变，以及灾后恢复等四个阶段。”显然，灾害管理已经具有了明显的连续性和周期性特征，有利于人们在记录经验教训的基础上不断改进应对灾害的方式和技术。但在实际操作中，灾害管理工作更偏向于强调灾后的救助，而对灾前的防损减损重视程度不足，仍然属于一种被动式应灾行为，对灾害风险损失的事前控制观念较为缺乏。

灾害是风险的最终产物，只有将着眼点从灾害转向风险，从如何预防和处置灾害转向如何理解和管理风险，才是应对灾害的根本之道。因此，从“国际减灾十年”到“联合国国际减灾战略”，灾害管理理念已经从强调传统的灾害应对转变为需要高度重视综合减少灾害风险。从《兵库行动框架》[①]到联合国大会第 60 届会议通过的《可持续发展：国际减少灾害战略》，都体现了这样的发展趋势。

---

① 2005 年 1 月，168 个国家的政府在日本兵库县神户市世界减灾大会上通过了一项旨在使世界在面对自然灾害时更安全的 10 年计划，称为《兵库行动框架》。

在灾害管理向风险管理转变的背景下，结合巨灾风险的特殊性和风险管理的基本概念，本书对巨灾风险管理（catastrophe risk management）的定义如下。

巨灾风险管理是由政府主导，企业、家庭和社会共同介入，与整个国家经济和社会长期发展战略相结合的社会管理过程，其主要功能是对可能给经济和社会发展带来重大影响的巨灾风险进行综合分析和有效沟通，通过选择和实施包括损失控制、损失补偿和损失分担在内的各种措施，将巨灾损失控制在经济和社会发展可承受范围内，保证国家经济和社会的长期稳定发展及重要社会价值观的实现。

上述定义反映了本书作者对巨灾风险管理的以下基本观点。

（1）巨灾风险管理需要政府、企业、家庭和社会共同参与，应强调政府的主导或主体作用。由于巨灾风险是一种系统性风险，个人和企业难以通过自身力量和市场机制对此类风险可能带来的损失进行有效的事前防控和事后补偿。各国应对巨灾风险的实践均表明，巨灾的有效应对需要政府出面，广泛动员社会各种力量，统一配置各类资源，建立由政府主导或支持的巨灾风险管理体系。

（2）巨灾风险管理强调事前防损减损的重要性。巨灾是一种发生概率低但损失程度巨大的风险，应对这类风险的最佳措施是在灾害事件发生前做好必要且充分的准备，而不应主要依赖于事后的救助。因为人们通常很难预料灾害会在何时、何地发生，损失的规模可能会有多大，所以，最好的应对措施就是在事前做好防范，使灾害来临时发生损失的可能性及遭受的损失程度尽量降低。

（3）和灾害管理、应急管理不同的是，巨灾风险管理更强调其管理过程的完整性及风险管理策略的综合性。巨灾风险管理是一个包括了基础设施建设、目标设定、风险识别、风险评估、风险管理策略选择和实施、风险管理效果评估与反馈、信息管理与沟通等基本要素的完整的社会管理过程。在巨灾风险的管理策略方面，更加要强调并协调好灾害发生前可采取的损失预防与损失控制措施、灾害发生时应采取的紧急应对措施，以及灾害发生后的损失补偿和损失分担等措施。

（4）在对巨灾风险进行评估时，应注重人们的巨灾风险感知对风险管理决策的影响。也就是说，在进行巨灾风险分析时，应综合科学技术专家对巨灾的评估结果和根据社会学、心理学等因素归纳出的人们对巨灾风险的感知和承受能力，为匹配适当的风险管理策略提供依据。

总之，巨灾风险管理的出发点不是想办法如何承受风险，而是想办法如何积极预防和应对巨灾风险，通过建立一个持续的动态管理过程，优化各种防损减损、救灾及灾后恢复所需资源的配置，最大限度地减小巨灾事件给经济和社会发展带来的不利影响。巨灾风险管理不仅是灾害管理的拓展和延伸，更重要的是改变了人们对巨灾的认识角度和应对理念，为人类社会更好地应对灾害提供了新的思路。

2.1.2 巨灾风险管理的目标

当讨论如何进行巨灾风险管理时，一个首要问题是要明确开展巨灾风险管理希望实现怎样的目标。我们认为，实施任何一项重大社会管理决策所希望达成的目标通常不会是单一的，实施巨灾风险管理的目标同样也必定是一个由多重目标构成的目标体系，且这个目标体系中至少应包含以下三个目标。

1. 经济目标

（1）为遭受巨灾损失的人民群众提供及时的、基本的经济保障。

（2）保证国民经济的稳定发展和政府财政的稳健。

2. 社会目标

（1）提高全社会对巨灾风险的感知并采取积极的防损减损行动。

（2）减轻巨灾给社会成员带来的身体和心理伤害。

3. 政治目标

（1）减少巨灾可能带来的政治上的不稳定因素，维护社会稳定。

（2）保护重要社会价值观的实现[①]。

2.1.3 巨灾风险管理的基本原则

根据巨灾风险管理希望实现的目标，结合巨灾风险的特点及我国的基本国情，我们认为在巨灾风险管理过程中应遵循的几个重要指导性原则有以下四点。

（1）举国参与，资源整合。应注意发挥我国在应对自然巨灾和重大突发事件时的新型举国体制优势，动员社会各界力量参与到巨灾风险管理中，通过整合政府、民间组织、企业等各方面的资源，提高资源利用效率，共同应对巨灾风险。

（2）政府主导，各方协同。在全民参与的基础上，坚持政府的主导地位和作用，以保证防灾、减灾、救灾和灾后重建工作的有序进行。同时，还要加强各部门间的协同配合，不但要加强中央与地方的协调，更要加强政府部门间的协调。

（3）顺畅沟通，注意差异。应加强巨灾风险管理知识和理念的普及教育，减少巨灾风险信息管理和沟通方面的障碍。注重不同地区人群在年龄、性别、文化程度、经济收入、职业、民族、生活习惯、宗教信仰等方面的差异，有针对性地制定和实施差异化的备灾、防灾、救灾和损失补偿等方案。

---

① 不同文化背景、不同国家和不同发展阶段的社会价值观不尽相同。因此，我们应当充分尊重历史文化传统和各民族的风俗习惯，确立与主流价值观一致的风险管理目标与策略。

（4）监督反馈，动态调整。对巨灾风险管理的过程和效果进行监督和后评估，及时反馈问题，动态调整巨灾风险管理的策略和方案。

2.2　巨灾风险管理体系

2.2.1　参与主体及基本要素

构建巨灾风险管理体系，首先需要明确参与主体。一般来说，巨灾风险管理的参与主体包括国家/政府、企业/社会组织、个人/家庭等，有时还需要国际社会的协助，其中政府应发挥主导作用。政府根据各参与主体的需求，拟定巨灾风险管理的经济目标、政治目标和社会目标。

为实现巨灾风险管理的目标而实施的风险管理过程，通常应包括若干基本要素，图 2-1 所示的三维坐标系表示了巨灾风险管理的参与主体、目标和巨灾风险管理的基本要素的关系。

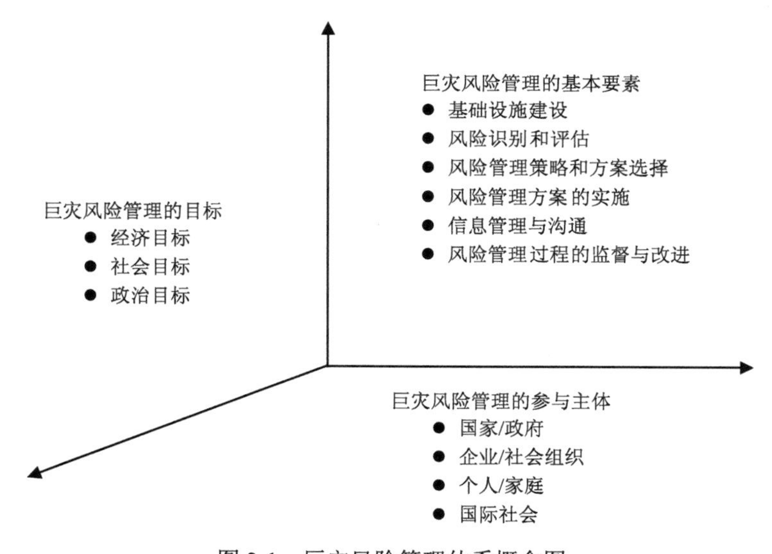

图 2-1　巨灾风险管理体系概念图

下面，分别对巨灾风险管理过程的六个基本要素进行具体阐述。

1. 基础设施建设

基础设施建设是国家巨灾风险管理体系建设及其功能实现的基本保证，其主要内容包括：国家层面对巨灾风险的认识、对可承受能力的分析、对国民的巨灾风险意识教育，巨灾风险管理的组织体系建设，各相关部门和地方政府在巨灾风险管理中的职能定位等。

2. 风险识别和评估

风险识别和评估指一个国家从政府到企业，再到家庭和个人等主体对巨灾风险的认知和对巨灾风险的自我保护意识，主要内容包括巨灾风险评估指标体系的建立、评估方法的选择和对巨灾风险的综合评估。

3. 风险管理策略和方案选择

风险管理策略和方案选择指在对巨灾风险综合评估的基础上，从多个可能的风险管理策略和解决方案中，根据巨灾风险管理多重目标的要求，在综合考虑各利益相关方短期和长期利益的基础上，经过科学适当的决策程序，选择出适合国情的风险管理策略和实施方案。

4. 风险管理方案的实施

风险管理方案的实施指巨灾风险管理策略的实现过程，其与巨灾风险管理策略之间除了计划与实施之间的关系外，还存在反馈与修正之间的调节过程。这是因为巨灾风险及社会环境不是静止不变的，需要根据巨灾风险的动态变化，以及社会、经济、文化和科技等方面的变化，不断改善和调整相应的风险管理方案。

5. 信息管理与沟通

信息管理与沟通指对与巨灾风险相关的所有信息的搜集、整理、规范、传递和共享，这些信息主要包括巨灾风险的程度、对社会经济及人民生活可能产生的影响，以及各行为主体在现有科学技术水平下可采取的应对措施等，这些信息是巨灾风险管理体系得以有效运行的前提。随着科学技术的不断发展，尤其是信息技术的不断进步，进行巨灾风险管理信息沟通和传递的渠道会越来越多，因此，一个科学有效的巨灾风险管理体系需要不断更新信息传递渠道，提高信息传递效率。

6. 风险管理过程的监督与改进

一个科学有效的巨灾风险管理体系应该随着自然环境、社会环境的改善和科学技术水平的提高而不断改进。在巨灾风险管理体系的运行过程中，应不断检查巨灾风险管理体系的运行效果，根据主客观环境的变化不断调整和完善巨灾风险管理体系。

2.2.2　巨灾风险管理体系的基本构架

根据巨灾风险管理的目标和基本原则，我们在图 2-2 中给出了国家巨灾风险管理体系的基本构架，包括：负责指挥与协调的中枢机构，以及风险识别与评估、防损减损、应急管理、损失融资、恢复重建、信息管理、教育沟通、监督与反馈等八个子系统。之所以需要一个中枢机构（也可称之为“指挥与协调子系统”），主要是考虑到巨灾风险管理是一项由政府主导、社会各方参与的涉及多地区、多行业、多部门的社会管理活动，因而需要一个独立的、强有力的、可以调动和配置社会各方资源的机构，统一规划、指挥、协调、控制全社会的与巨灾风险管理相关的所有活动。

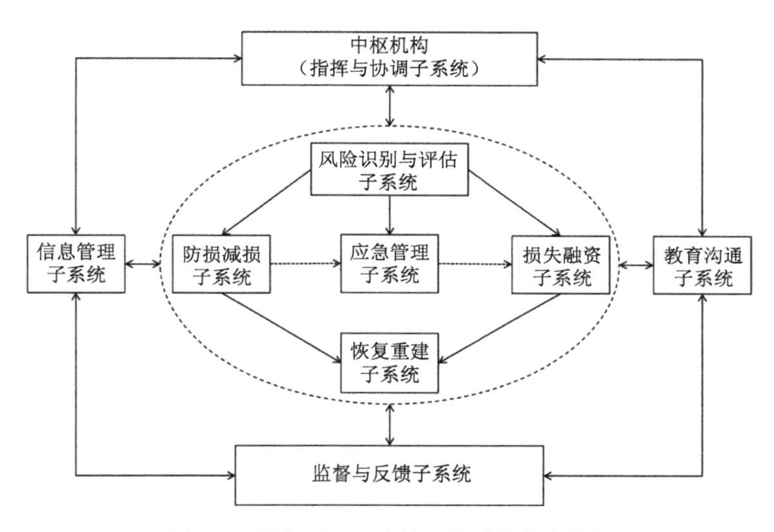

图 2-2　国家巨灾风险管理体系的基本构架

为保证指挥协调职能的有效发挥，我们认为这个中枢机构应该是国务院下属的一个常设机构，如可以考虑筹建“国家巨灾风险管理与突发事件应对委员会”，负责对国家巨灾风险管理及体系建设工作进行统一领导，以及在巨灾发生时统一指挥协调各部门、各地区的行动。巨灾风险管理体系中的其他八个子系统应在中枢机构的统一领导指挥下，承担各自的巨灾风险管理职责。具体而言，中枢机构及各子系统的职责大致如下。

1. 中枢机构（指挥与协调子系统）

中枢机构是国家巨灾风险管理体系的指挥和协调机构，主要职责是：指导巨灾风险的识别与评估；分解下达巨灾风险管理目标至各部门、各地区；评价巨灾风险管理政策并配置相应资源；协调巨灾发生后各部门、各地区的行动，统一指挥应急救灾进程；指导和审核灾后恢复重建计划；组织制定和修订巨灾风险管理相关法律法规；负责全民动员及其他日常巨灾风险管理工作。

2. 风险识别与评估子系统

风险识别与评估子系统是整个巨灾风险管理工作的起点和基础，直接影响到后续各环节的工作，主要功能包括：对可能的致灾因子进行识别和分析；对承灾体的脆弱性和能力进行评价；绘制风险对象脆弱性及其承受能力与巨灾成因识别结果的动态关联；建立巨灾风险综合监测网络，实时记录和监控巨灾风险参数的变化；建立健全灾害预警预报信息发布机制，充分利用各类传播方式，及时发布灾害预警预报信息。

3. 防损减损子系统

防损减损子系统是巨灾风险管理的重要环节，主要功能包括：根据灾害风险评估的结果，规范土地的使用，制定合理的建筑标准，制定包含防损减损内容的城市规划及相关政策法规等。规范土地使用、制定建筑标准、制定城市规划的长期目标应该是实现巨灾多发地区人口聚集程度的有效降低。短期目标应该是通过严格的土地使用和城市规划法规、政策和措施，实现巨灾多发地区面临灾害风险的财富总体规模减小；针对巨灾多发地区的建筑质量标准和实施现状，基于成本-效益分析给出改进建议，给出建筑标准的实施计划与责任划分；设计适合巨灾多发地区企业和家庭的防损减损标准和实施计划，并与巨灾保险的保费、灾后获得的政府补偿相结合，实现对巨灾风险相关利益人的有效激励。

4. 应急管理子系统

应急管理子系统是应对巨灾影响、减少生命和财产损失的关键环节，主要功能包括：编制国家和区域的备灾规划，包括巨灾危害（直接影响）及可能导致的二次危害（间接影响，如地震引起的火灾、核电站放射性材料泄漏等）的应对计划，关键基础设施和危险性行业的监测、紧急处置和应对计划，受灾群众的疏散、救援和安置预案等；设计公共部门和企业的业务连续性计划和实施指南，以便提高相关单位的风险意识水平，保证巨灾的预防和准备措施落在实处，减轻巨灾造成的社会和经济影响；建立巨灾应急管理启动机制，明确各方责任及触发机制；组织应急预案演练和搭建有效民防组织及志愿者网络等。

5. 损失融资子系统

损失融资子系统的主要功能是提供灾后的经济损失补偿及恢复重建需要的资

金，确保巨灾风险管理基本经济目标的实现，具体内容包括：确定政府、企业与个人在巨灾损失中承担的责任和金额；根据可能发生的巨灾损失的评估结果，建立包括政府财政、商业保险、社会捐助、企业和个人承担在内的巨灾损失融资体系。

6. 恢复重建子系统

恢复重建子系统是灾后管理的主要部分，关系到巨灾风险管理基本社会目标的实现，主要功能包括：制定灾后恢复重建目标；基于损失融资安排，拟定恢复重建所需资源的规模与分配方案；根据防损减损要求，实施灾后恢复重建工作。

7. 监督与反馈子系统

监督与反馈子系统的主要功能包括：监督巨灾风险管理方案和行动的实施；对巨灾风险管理的效果及资金运用进行外部监督；动态调整和修订巨灾风险管理策略。

8. 信息管理子系统

信息管理子系统的主要功能包括：建立有效的信息存储、处理、传输机制和网络，实时或近实时地以有效形式接收、处理和提供数据；规范和定期更新数据库，为风险评估和结果的验证提供数据支持；搭建国家巨灾风险管理信息数据共享与交换平台；通过广播、电视、报纸、手机短信等多种通信手段，让可能面临危险的地区和人民群众能及时获得所需要的有关灾害风险的信息。

9. 教育沟通子系统

一方面，要建立全民巨灾风险教育和培训机制，将对巨灾风险的认知、风险防范、生存及急救技能训练纳入国民教育体系，主要手段包括：在学校开展减灾教育；开展防灾演练；建设社区安全体系；注重发挥媒体的宣传与舆论引导作用，为减灾文化的建立创造良好的社会环境，提高整个社会的风险防范意识和应对灾害的能力。另一方面，要建立政府和社会各界关于巨灾风险及管理的信息沟通机制，根据不同区域在文化、经济发展方面的差异，规范巨灾风险信息的传播形式和内容，确保相关信息的有效传递。

国家巨灾风险管理体系建设是一项长期而复杂的系统工程，应在中央政府统一领导下有序开展，我们这里仅就一些基本问题进行初步探讨。我们认为，可以本着边规划边实践的原则，在有了一个初步构想的基础上，先从某些地区开始，针对某种类型的自然巨灾（如地震灾害、台风灾害等），建立适当的防损减损机制，以及和防损减损措施挂钩的多渠道灾后救济和损失补偿机制，在不断实践和取得经验的基础上，逐步完善我国的巨灾风险管理体系。

2.3 作为政府重要职能的巨灾风险管理

政府究竟有没有责任介入巨灾风险管理，在这个问题上其实一直是有争议的。但从世界各国应对巨灾的主要实践来看，政府在应对巨灾方面都发挥了不同程度的作用。同时我们也注意到，不同国家政府在应对巨灾方面发挥的作用也存在差异，体现了政府执政目的或政权性质的不同，本节我们专门来讨论一下政府是否有必要将巨灾风险管理作为其职能的一部分。

2.3.1 巨灾风险管理应成为政府管理职能的原因

1. 巨灾风险因其特点需要政府参与管理

巨灾风险相对于一般风险具有两大突出特点：首先，巨灾风险具有不可抗拒性，尽管人类可以采取某些措施减小巨大灾害可能带来的损失，但是人类目前还难以避免巨大灾害事件的发生，并完全消除其影响；其次，巨灾发生后的影响巨大，覆盖面很广。以 2011 年为例，1 月，巴西的里约热内卢州遭遇 40 年不遇的暴雨，使 1350 人死亡，数千人流离失所。同时受到洪水袭击的还有澳大利亚的昆士兰州，洪水使该州 3/4 的地方成为灾区，至少 70 个城镇和 20 多万人受到影响，生产总值损失 300 亿澳元，并成为澳大利亚当年第一季度经济衰退的重要因素。2 月，新西兰发生里氏 6.3 级地震，造成 185 人丧生，经济损失达 200 亿新西兰元（155 亿美元）。3 月 11 日，日本东北部海域发生里氏 9.0 级地震并引发巨大海啸，宫城县、岩手县、福岛县等沿海地区遭到毁灭性破坏，多个国家受海啸影响，造成 15 900[①] 人死亡，2523 人失踪，并引发了福岛核电站的核泄漏事故，不仅对日本经济造成了超过国际金融危机的巨大影响，还对其他国家造成了巨大影响。8 月，飓风“艾琳”袭击了美国东海岸弗吉尼亚等十余个州，导致弗吉尼亚州超过 250 万用户断电；季风雨引发的洪水造成巴基斯坦近 200 人死亡，至少 500 万人受到影响，近 67 万栋房屋被毁，南部信德省 180 万人流离失所，受灾人数超过 800 万。10 月 23 日发生在土耳其东部的里氏 7.2 级地震造成 582 人死亡，4100 余人受伤。因此，不论从经济的角度看还是从社会的角度看，巨灾造成的巨大破坏性仅靠个人、家庭或企业是难以抵御和承受的。

面对巨灾造成的巨大损失，人们首先会想到为什么不能像转移火灾风险损失那样利用商业保险市场，通过向保险公司购买相应的保险产品来转移巨灾损失呢？

---

① 《日本“3·11”大地震 12 周年 福岛核事故阴影仍未消散》，https://www.chinanews.com.cn/gj/2023/03-12/9969974.shtml，2023-10-12。

从全球保险市场的实践来看，由于巨灾风险的一些显著特点，如发生概率和损失程度的不明确性（ambiguity）、风险标的物之间的高度相关性等，商业保险人一般不愿意提供对巨灾风险的保险，表现为提供这类保险的保单很少，并且带有严格的限制条件。

尽管就其本质来说，巨灾风险具有可保风险的本质特征。比如，巨灾风险因为损失金额较大且发生频率较低而不适宜自留，具有区域性，其局部损失并不会和全球保险市场损失指数之间具有相关性，属于可分散风险。例如，对某一地震多发地区，假设平均每 20 年发生一次地震，平均损失为 500 亿元，但事先并不知道在这个地区的哪一块区域会发生地震。如果假设地震会造成 500 万个家庭的房屋受损，则对当地保险公司来说，只要每年向每个家庭收取 500 元的保费就可以实现盈亏平衡（为简单起见，不考虑附加保费），且从长期来看，显然是有可能将地震风险在时间上进行分散的。

那么，到底是什么原因使得商业保险人不愿意提供巨灾保险呢？一个重要原因是，如果要使商业保险人提供巨灾保险成为现实，保险市场就必须解决好如何使每年均匀收取的保费和某一年突然发生的巨灾损失导致的巨大赔付额之间可以匹配好的问题，这实际上是一个将风险在不同时间段之间进行分摊的问题，要用一个相对平滑的现金收入（每年收取的保费）和非平滑的现金支出（多年内偶然发生的一次巨灾损失赔付）进行匹配，而不是像传统财产和意外险那样，通常在一个时间段（一般是一年）内将大量标的物可能发生的损失在空间上进行分散，这已经不是一个可以依赖保险市场自身能解决的问题，而是一个和资本市场相关的问题。

从目前保险业的制度（institution）安排来看，并不利于解决好这个匹配问题。对经营一般财产和意外险的保险公司来说，每年损失率的变化是相对比较平稳的，所以保险人可以根据以往的平均损失率来确定未来的保费率。由于每年的损失率比较平稳，保险人可以较为准确地预测损失。这样，保险人就可以用当期收取的保费支付当期发生的损失，并且实际发生的赔付和保险人事先估计的一般不会相差太多。尽管保险人也需要预留一定数量的盈余，以备应对未预料发生的损失，但并不需要建立一个庞大的长期性基金作为未预料损失的准备金。

巨灾保险的经营则恰恰相反，每年的损失率极其不稳定，无法根据前些年的平均损失来确定未来的保费。在巨灾发生的年份，巨额的保险赔付会侵吞掉保险人大量的资本和盈余。表 2-1 给出了不同险种的调整后损失率（保险的赔付率）的一个例子。不难看出，除了地震保险外，其他险种的损失率大多都低于 100%。图 2-3 给出了美国加利福尼亚州地震保险的损失率，在 1971 年至 1994 年的 24 年中，除了 1994 年为 2272.7%外，其余年份的损失率均较低。因此，需要改革现行的保险会计制度，允许承担巨灾保险责任的保险公司建立长期风险准备金，这样才有可能促使商业保险人愿意进入巨灾保险市场，并且有利可图。

表 2-1　美国财产保险业不同险种的调整后损失率

险种	1991 年	1992 年	1993 年	1994 年
地震	12.9%	9.7%	2.9%	852.2%
火灾	56.6%	77.0%	53.0%	55.7%
家庭财产	76.5%	124.5%	167.6%	89.5%
商业财产	56.9%	78.9%	60.4%	63.5%
内陆航运	50.7%	60.5%	59.1%	59.3%
员工赔偿	89.3%	84.8%	73.5%	62.2%
医疗疏忽	59.7%	80.9%	67.4%	55.4%
其他责任	65.6%	72.7%	70.5%	69.5%
产品责任	62.0%	82.1%	136.5%	91.5%
个人机动车责任	77.2%	73.5%	73.4%	71.7%
商业机动车责任	69.2%	66.4%	65.0%	66.1%
个人车辆损失	56.8%	56.8%	57.8%	62.1%
商业车辆损失	46.1%	48.9%	49.6%	53.8%
海上保险	80.3%	68.1%	60.6%	58.9%
飞机保险	100.8%	92.9%	62.5%	88.4%
忠诚保险	41.8%	47.5%	32.6%	34.3%
信用保险	46.1%	26.3%	30.4%	33.1%
团体意外和健康	70.7%	72.4%	70.0%	67.6%
平均	69.6%	76.5%	67.3%	68.8%

资料来源：根据评级机构贝氏（AM Best）不同年份的出版物 *Best's Review* 整理

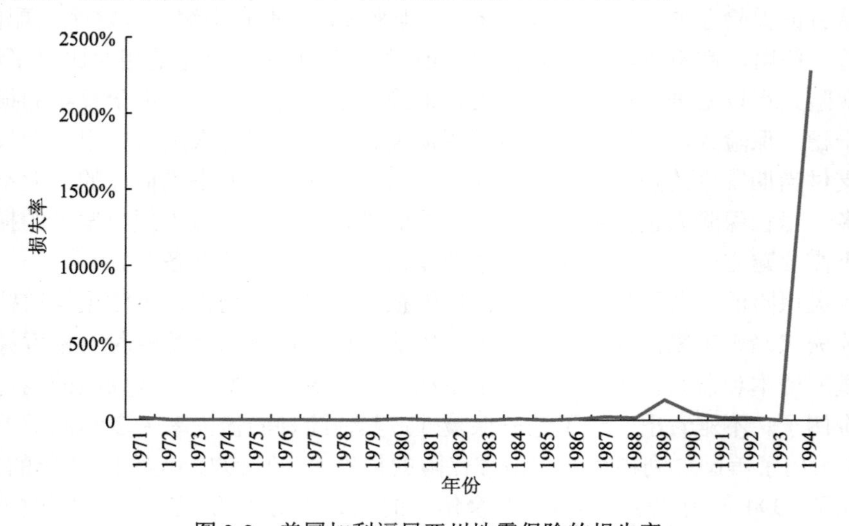

图 2-3　美国加利福尼亚州地震保险的损失率

导致商业保险人不愿意提供巨灾保险的另一个重要原因是巨灾损失的不明确性，这里所说的“不明确”的意思是指保险公司难以对巨灾发生的概率和可能造成的损失做出准确的估计。国际上的一项对承保师和精算师的调查表明，当风险本身并不明确时，他们非常不愿意提供承保，或者将收取和风险较为明确的标的物相比要高得多的保费①。

2. 政府的执政目标需要其参与巨灾风险管理

从世界近代发展历史来看，尽管不同国家在社会制度、宗教和文化传统等方面存在巨大差异，但几乎都会在国民面临某些公共风险（如巨灾风险、失业风险、健康风险、老年风险等）时，将为国民提供基本的安全保障、经济保障等作为政府的责任，尤其是经济发展达到一定程度的国家，其政府一般不再像工业化早期那样，为促进经济发展相对更为重视对企业的风险保护，也不像工业化中期那样相对重视对劳动者的风险保护，而是随着人民收入和生活水平的普遍提高和个人财富的日益增加，开始越来越注重为所有国民提供风险保护。也就是说，近 200 多年来全球经济发展的进程表明，在经济发展水平较低的阶段，政府的主要目标通常以促进经济发展为主，对民生特别是国民面临的各种风险关注较少，个人要为自身面临的风险承担更多的责任②。当经济发展到较高水平后，政府的主要目标通常体现为促进经济稳定和社会公平，会加大对民生特别是国民面临的各种风险的保障力度，如灾害风险、健康风险、老年风险、失业风险等。

2002 年，美国哈佛大学的莫斯教授写了一本书，名为《别无他法——作为终极风险管理者的政府》（*When All Else Fails: Government as the Ultimate Risk Manager*）。这本书从历史观察的视角，阐述了美国政府一步步将公共风险管理纳入政府管理职能的历史进程。莫斯教授在书中写道：“如同历史记录清楚表明的，在美国风险管理从来不是一个完全的民间事务。法律制定者经常干预，力求直接减少一些种类的风险，并且重新分配许多其他风险……在过去的 200 年里，从 19 世纪早期有限责任法的颁布到 20 世纪后半期州保险担保基金的创立，说明这种干预是多么普遍。”事实上，在美国经济发展的早期，当企业和个人面临各种风险时，美国政府为了支持和鼓励经济的发展，优先关注的是对企业的风险保护，其主要措施就是建立了公司的有限责任制度，从而把公司破产的风险在债权人和债务人之间进行了重新分配，以便鼓励投资人积极进入生产领域。后来，随着近代工业的发展，劳动力的作用日益加大，为了维持劳动力市场的稳定和可持续性，美国政府开始重视劳动者面临的各种风险，在 20 世纪 30 年代建立了为劳

① 我们将在本书的第 8 章进一步阐述巨灾风险损失的不明确性对商业保险公司承保意愿的影响。

② 当然，在不同的社会制度下，个人承担责任的做法会有所差异。

动者及其家属提供经济保障的社会保障制度。之后，如20世纪50年代建立的灾害救济制度，20世纪60年代建立的国家洪水保险制度，20世纪60年代后逐步实行的无过失责任原则、环境责任法等，无一不体现了美国政府在风险管理理念上的不断变化，体现了对所有国民加以保护的执政理念。

从我国的历史来看，将风险管理视为社会或政府责任的观点早在公元前就已形成。例如，墨子就主张："必使饥者得食，寒者得衣，劳者得息。"荀子提出"节用裕民，而善臧其余""岁虽凶败水旱，使百姓无冻馁之患"。就是说要把剩余产品（主要是粮食）积蓄起来，遇灾荒年代时使百姓不受饥寒；平时，社会鳏寡孤独和残疾人等都能得到国家的保护和社会的扶助。在这种思想指导下，我国历代都有政府的赈济制度，如周朝的"委积"，战国时代魏国的"御廪"，韩国的"敖仓"，汉代的"常平仓"，隋朝的"义仓"，宋朝的"社仓"等，这些赈济制度本质上是由政府主导的应对饥荒风险的对策。

新中国成立后，中国政府更是将保护广大人民的利益放在第一位，以政府财政为主要支撑的灾害救济制度一直是我国的一项基本社会制度。改革开放特别是21世纪以来，我国经济取得了飞跃式发展，在极大提升了综合国力的同时，也为政府加大对所有国民的风险保障力度提供了必要的物质基础，如图2-4所示。

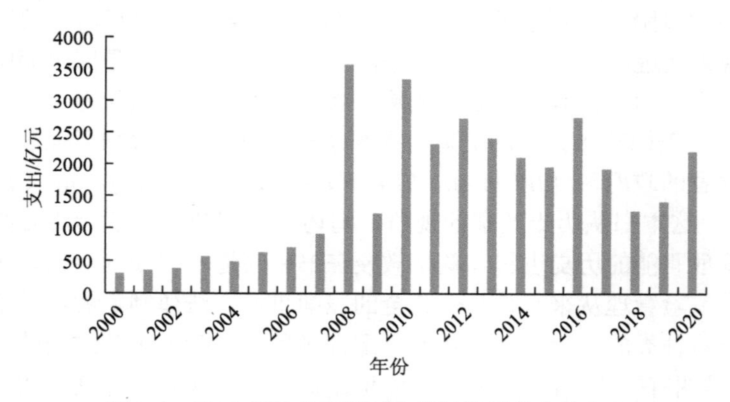

图2-4　2000年以来我国财政每年用于救灾的支出

3. 巨灾风险相关市场的失灵需要政府参与巨灾风险管理

从经济学的角度看，在考察政府实际介入巨灾风险管理的历史事实时，最引人注目的现象是巨灾风险相关市场出现的市场失灵。巨灾风险相关市场主要指保险市场和再保险（为保险公司提供保险，使其能够为投保人提供超过其资本能力允许范围的赔偿保证）市场，也包括新近出现的一些可以将巨灾风险向资本市场转移的金融衍生品市场，这些市场的失灵主要表现为难以为巨灾风险保障提供充足而有效的资金供给。

经济学家在分析巨灾风险相关市场的失灵问题时，主要是从相关市场存在的下列问题展开的：信息问题、认知问题、承诺问题和外部性问题。

1）信息问题

这里所说的信息问题主要是指信息不对称，即一方拥有的信息另一方并不拥有。信息不对称带来的最主要的两类问题是逆向选择和道德风险，这两类信息问题在很多经济学家看来，是导致通过市场化方式分配巨灾风险难以成功的主要障碍。

保险市场原本是人们希望进行巨灾风险分散的重要市场，但当购买保险的人比保险公司对相关风险的信息知道得更多时，就可能会削弱，甚至摧毁保险市场的功能。当人们在购买保险之前就知道他们可能会得到比平均赔付额更多或更少的赔偿金时，就会出现逆向选择问题：高风险的人会购买大量的保险，而低风险的人却购买很少的保险或不买保险。这就扭曲了原本根据平均赔付水平建立的保险赔付基金的功能，保险人按平均保费收取的保险费就难以满足所有出险人的赔付需要。道德风险问题的发生则是指在购买了保险后，由于已经参加了保险，人们往往会采取更加不负责任的行动，从而增大了损失发生的可能性或严重性程度。

逆向选择和道德风险问题是导致巨灾保险市场失灵的主要因素。对于保险公司来说，由于对有关风险本身和自身承担风险不明确，其不会愿意提供相应的保险，从而使商业巨灾保险市场失去了有效供给。不过有意思的是，在实践中尽管人们认识到商业巨灾保险市场由于信息问题出现了失灵，但逆向选择和道德风险问题其实并没有成为政府需要进行干预的主要理由，因为很多人认为，政府建立或参与的巨灾风险保障计划同样也会面临逆向选择和道德风险问题。

2）认知问题

这里所说的认知问题是指对人们理解和解释风险产生不利影响的系统性偏差，这些系统性偏差包括锚定（anchoring）和框定（framing）等简单的启发性误用，以及乐观偏差（optimistic bias）和控制错觉（illusion of control）等更为复杂的行为模式。

自 20 世纪 70 年代开始，一些决策科学家和心理学家如美国俄勒冈大学的保罗·斯洛维奇（Paul Slovic）教授和卡内基梅隆大学的巴鲁克·费斯科霍夫（Baruch Fischhoff）教授等，开始研究人们对不同类型风险的认识。他们发现，人们倾向于认为那些他们不了解或没有经历过的灾难是高风险的，并且非常惧怕它们的发生。像核能这样可能导致潜在灾难的陌生技术，人们往往会比专家更容易感知其风险。

科学家的研究还发现，人们对那些小概率且后果严重事件的认知会和专家大相径庭，并且，这种对风险的认知会影响他们的决策过程和选择行为。例如，研究发现，在评估小概率、后果严重的事件时，人们更倾向于走极端，即在某些人看来，此类事件一定会发生，而在其他人看来，一定不会发生。然而，对于发生概率非常小的事件（注意：巨灾就属于发生概率非常小的事件），人们普遍会走向“一定不会发生”的极端，即人们倾向于低估巨灾风险事件发生的概率。正是由于这个原因，公众普遍缺乏自愿购买保险以抵御自然灾害或投入资金在防损减损措施上的意识。

3）承诺问题

导致以市场化方式分配巨灾风险失灵的因素也可能来自两种类型的承诺问题。第一类承诺问题是：当没有任何当事方能够有信用地承诺为某种特定的系统性风险提供保险时，通过市场来进行风险管理就会不稳定，甚至完全失败。举个极端例子，没有任何保险公司可以有信用地承诺为核战争造成的生命或财产损失进行赔偿。更为一般的情形是，保险公司一般不能对具有系统性的风险提供风险保障，而自然巨灾就是较为典型的系统性风险，一旦发生会导致生命和财产出现大范围损失，保险公司很难通过保险机制转移和分散这种风险。

第二类承诺问题和政府有关，是指几乎任何国家的政府都不会承诺当民众遭受了由自然巨灾造成的生命财产损失时不予以救助（包括经济上的支援），这种做法的结果就是导致市场化的风险管理方式出现失灵。因为一旦当民众认为当巨灾给自己带来损失后，政府一定会来提供帮助的话，就没有理由还要通过自己去花钱购买诸如商业保险等方式来转移灾害风险。

4）外部性问题

外部性是导致市场失灵的一个一般性原因，在很多市场中均会出现，较为典型的例子是环境污染。在缺乏政府监督的情况下，当污染物的排放者不必承担或至少不需要全部承担污染环境的后果时，就会选择将污染物进行排放，亦即将其自身应承担的治理成本“外部化”，转移给了其他方。政府的一个有效解决办法就是，通过向每个污染排放者征税，将外部性成本“内部化”。

在巨灾风险相关市场中，外部性的表现有以下两种。第一，如果没有一个分散风险的制度安排，受灾者实际上是将部分损失风险转嫁给了政府（救助的责任）和社会（捐助的义务），从而将自身的成本“外部化”。第二，如果由商业保险机构来承担巨灾风险，则可能会出现一种更危险的反馈循环：对巨灾风险的承保会给某些保险公司乃至整个保险行业带来威胁。例如，巨灾的发生可能会导致一些保险公司陷入偿付能力危机，由此可能引发人们对保险行业整体偿付能力的普遍担忧，导致保险价格上升，保险资本外逃，保险业承保能力下降，使整个保险业面临更大的巨灾承保风险。

如果能有政府建立或参与的巨灾保险制度存在，则一方面有可能通过让风险个体购买巨灾保险的方式将原先的外部性巨灾损失成本“内部化”；另一方面可以通过增强商业保险公司的承保能力和信用，降低行业整体陷入偿付能力不足困境的风险。

2.3.2　政府在巨灾风险管理中可以发挥的作用

风险管理的策略主要包括风险规避、防损减损、风险转移、风险分配等，下面我们从风险管理策略的视角，分析政府可以在巨灾风险管理中发挥的作用。

1. 风险规避

风险规避是指当某项活动的风险损失可能很大时，采取主动放弃或加以改变的方式，避免该项活动可能带来的损失。风险规避的基本思路是将风险因素消除在风险发生之前，是一种最彻底的控制风险的策略，特别是当人的某些活动可能遭受较严重的风险损失，且这种潜在损失既无法转移又不能被承受时，风险规避往往是一种非常有效的策略。

在巨灾风险面前，尽管人们难以控制灾害事件的发生与否，但可以通过改变生产或生活行为及方式等，有效规避灾害事件可能导致的损失。具体来说：①政府可以通过放弃或终止某些活动的实施，在尚未承担风险的情况下拒绝风险，如在洪水来临之前动员并帮助居民撤离，在大规模传染病暴发时严令禁止不同地区之间的人员流动等；②政府可以通过改变某些活动的方式，在已承担风险的情况下避免风险损失，如政府可以通过限制大规模集会的人员规模、强制要求在人员聚集场所设立便捷疏散通道等，避免出现大规模踩踏事件导致的人员伤亡。

2. 防损减损

防损和减损都是用来降低风险损失的措施。防损主要是通过减少导致损失发生的机会而降低损失事件发生的频率，例如通过适当的安全教育和自救方法的培训可以降低人员在遭受自然灾害时出现伤亡的概率。减损主要是通过在损失发生前制定减损计划并加以实施，达到控制损失的目的，例如水库在洪峰到来之前为减轻损失采取的开闸放水措施；在房屋建筑标准中设定一定的抗震要求等。需要指出的是，防损和减损措施在实践中有时很难严格区分，一些损失控制措施可能兼具防损和减损的作用，防损的结果通常也自然起到了减损的作用，各类防损减损措施不过是在侧重点上有所不同。

在我国，针对自然灾害风险的防损和减损活动通常称为“防灾减灾”，意即减少灾害和减轻灾害的损失。1989 年，我国成立了“中国国际减灾十年委员会”，2000 年，更名为“中国国际减灾委员会”，2005 年改为“国家减灾委员会”（简称国家减灾委），其主要任务是研究制定国家减灾工作的方针、政策和规划，协调开展重大减灾活动，指导地方开展减灾工作，推进减灾国际交流与合作。2018 年国家减灾委并入应急管理部。从国家减灾委这个名称可以看出，我国政府在自然灾害的防损和减损上，早期更为重视“减损”。后来，应该说发生了很大的变化，这一点可以从国务院 2009 年批准将每年的 5 月 12 日定为全国“防灾减灾日”，以及 2016 年国务院办公厅印发《国家综合防灾减灾规划（2016—2020 年）》等事例中看出：我国政府在应对自然灾害的理念方面，出现了从减灾救灾为主到防灾和减灾并重的转变。

事实上，在面对自然灾害可能造成的巨大损失方面，政府可以发挥的作用远远大于企业和个人。从我国多年来的实践来看，政府在防灾减灾方面大致发挥了以下作用。

（1）制定防灾减灾的法律制度。明确政府、企业、社会组织等有关单位和个人在防灾减灾中的责任和义务；建立灾害监测预报预警、灾害防御、应急准备、紧急救援、转移安置、生活救助、医疗卫生救援、恢复重建等方面的法律依据。

（2）建立灾害监测预报预警系统，提高社会风险防范能力。

（3）在灾害应急处置与恢复重建方面起到了关键性作用。

（4）通过制定相关政策和管理措施，加强工程性防灾减灾能力建设。例如：①在防汛抗旱、防震减灾、防风抗潮、防寒保畜、防沙治沙、野生动物疫病防控、生态环境治理、生物灾害防治等防灾减灾工程建设中，提高自然灾害防御能力；②在城市建筑和基础设施建设中提升抗灾能力；③在新农村建设、危房改造、灾后恢复重建等过程中，实施自然灾害高风险地区危房改造或居民搬迁等。

（5）整合市场和社会力量，使其在防灾减灾中发挥作用。例如，政府主导建立巨灾保险制度，鼓励商业保险机构承保自然巨灾风险；加大对农业保险的财政支持力度；引入市场力量参与灾害治理；通过制定政策，建立协调机制、服务平台等方式引导和支持社会力量参与防灾减灾，健全动员协调机制，建立相关服务平台。

（6）向全社会进行防灾减灾方面的宣传教育。

（7）开展防灾减灾的国际合作。

3. 风险转移

风险转移是指将风险可能造成的损失全部或部分地转移给其他方，是应用非常广泛且有效的风险管理手段，其中最典型的自然灾害风险转移方式就是保险。但由于自然巨灾损失具有规模大、系统性强等特点，企业和个人在利用商业保险机制转移自身的巨灾损失时十分困难，因而通常需要政府对商业巨灾保险市场进行必要的引导，甚至是直接参与，如鼓励甚至要求保险公司对自然巨灾风险予以承保，建立有政府支持或参与的巨灾保险基金等。

4. 风险分配

风险分配要解决的问题是：风险应由谁来承担？承担多少？如何来承担？其实质是一旦风险损失发生后，损失应该如何分散到各个方面，是一个风险再分配的问题。广义上说，风险转移也是风险再分配的一种形式，通过风险转移的方式实现了风险损失的再分配。一般说来，社会的每个个体应该自己承担所面临的风险损失，或者通过市场化方式进行风险分散和重新分配。但现实中有许多风险具有广泛的社会影响，如老年风险、健康风险、失业风险、工伤风险、自然巨灾风险、环境污染风险、侵权风险等，这些风险单靠个人和市场机制无法实现有效分配，需要政府通过建立相关法律制度、保险制度，鼓励社会力量参与等方式，实现风险损失的再分配。例如，在自然巨灾损失的再分配方面，政府可以通过建立由政府财政支持的巨灾再保险基金来实现，实质上是将某地区的某次巨灾损失分配给了所有纳税人；政府还可以在巨灾发生后通过发行长期巨灾债券（catastrophe bond），实现某次巨灾损失在不同代人之间的分配；等等。相对于风险损失控制，在风险损失的再分配方面，政府的作用更为关键且不可替代。

2.3.3　政府介入巨灾风险管理的方式

1. 设计巨灾风险管理体系

作为巨灾风险管理主体的政府不同于企业、个人或家庭等其他参与主体，后者主要是从个体及局部的视角参与巨灾风险管理，政府则应从国家、社会整体视角着手，构建巨灾风险管理体系，包括巨灾风险管理的组织机构建设、巨灾风险的评估和预警、巨灾风险的损失预防、巨灾损失的救助和补偿机制的建设、国民风险教育和自救指导、风险信息有效沟通机制的建立等。实践中，由于不同类型巨灾有不同的特点，许多国家针对不同灾种如洪水、地震、飓风等，分别设立了不同的风险管理体系。

2. 建立或指定实施巨灾风险管理的部门

为强化巨灾风险管理工作，政府除设计巨灾风险管理体系外，还需成立或指定专门部门实施对巨灾风险的管理，包括对不同类型巨灾的专项管理。例如，美国在 1979 年由总统发布行政命令，成立了联邦紧急事务管理局（Federal Emergency Management Agency，FEMA），其主要任务是：就建立处理规则和洪灾日常管理提出建议；教会人们如何克服灾害；帮助地方政府和州政府建立突发事件应急处理机制；协调联邦政府机构处理突发事件的一致行动；为州政府、地方政府、社区、商业界和个人提供救灾援助；培训处理突发事件的人员；支持国家消防服务；管理国家洪灾和预防犯罪保险计划；等等。2003 年 3 月，该总署成为新成立的国土安全部的一部分。其他一些国家也设立了类似机构，如英国成立了内阁办公室国内紧急状态秘书处；日本在内阁中增加了安全保障会议的职能，在总理府新设了相当于副部长级的危机管理总监和内阁危机管理中心；俄罗斯成立了联邦安全会议和紧急情况部等。各国在尊重各部门和地方对风险进行专业化分权管理的基础上，为了解决应对风险时信息分散的问题，加强了信息管理系统的建设，实行了国家层面上管理的高度统一，建立了风险管理信息中心，采取直接管辖的方式来提高风险决策能力，并对媒体进行适度的管理。

3. 推动巨灾风险管理的立法

许多国家政府十分重视巨灾风险管理的相关立法，依法实施对巨灾风险的管理成为发达国家在巨灾风险管理方面的共同特点。日本是较早制定有关灾害应急救援管理法律法规的国家，目前灾害应急方面的法律有 30 多部，其中最重要的是 1947 年制定的《灾害救助法》和 1961 年制定的《灾害对策基本法》。《灾害救助法》规定了各级政府在灾害发生后进行应急救援的任务和权限；规定了各级政府在平时做好计划、建立应急组织及政府在紧急状态时对救助物资的征用权限等；规定了救助费用的来源、使用、管理及违反本法的法律后果等。《灾害对策基本法》对有关防灾组织、防灾计划、灾害预防、灾害应急对策、灾害恢复的财政金融措施、灾害紧急状态及其他事项做出了具体的规定。日本于 1966 年颁布《地震保险法》，要求住宅必须对地震、火山爆发、海啸等风险购买保险，并逐步建立了政府和商业保险公司共同合作的地震保险制度。

美国也高度重视巨灾风险管理的立法，1950 年制定了《灾害救助和紧急援助法》，适用于除地震以外的突发性自然灾害。该法规定了重大自然灾害突发时的救济和救助原则，还规定了联邦政府在灾害发生时对州政府和地方政府的支持。1968 年通过了《国家洪水保险法》，此后，于 1973 年又通过了《洪水灾害防御法》，规定与洪水有关的地震、海啸、塌方、地陷、地表移动等都属保险范围。1977 年 10 月国会通过了《地震减灾法案》，规定开展国家地震灾害减损计划（National Earthquake Hazards Reduction Program，NEHRP）。1992 年出台了《美国联邦灾害紧急救援法案》，该法案规定了美国各种灾害事故应急救援的基本原则、救助的范围和形式，政府各部门、军队、社会组织、公民等在灾害中的职责和义务，明确了联邦政府与州政府的应急救援权限，同时对应急救援的资金和物质保障做出了明确规定。

4. 建立突发事件的应急机制

近年来，各国普遍加强了对风险的应急处理机制和能力建设。美国的突发事件应急机制主要由 FEMA、《联邦应急计划》（Federal Response Plan，FRP）和有关的法律法规组成。《联邦应急计划》于 1992 年 4 月由 FEMA 公布，目的是提高联邦各部门和机构协调处理突发事件的能力，推动灾害救助法的实施，发挥联邦政府对州与地方政府救灾的应急反应、恢复和援助的支持作用。近年来美国政府在突发事件处置规划方面进行了大量投入，多次修订了《联邦应急计划》。同时，依据相关的紧急状态法律，在面临风险期间，使用灾难宣告和紧急状态宣告进行处置。

英国根据《民事紧急状态法案》（2004 年）出台了《国内紧急状态法案执行规章草案》（2005 年），对紧急状态处置规划进行了详细规定。日本于 2000 年 6 月实施了《核灾害事件应急特别法案》，法案要求对核设施的安全性实施严格的控制，防止灾害事件的发生，并规定灾害事件发生时应成立一个综合应急指挥中心，指挥中心直接隶属于内阁首相。日本国家核事故对策总部由经济产业省、文部科学省、防卫厅、警察厅、厚生省、农水省、国土厅、海上保安厅、气象厅、消防厅等部门组成。日本的自然灾害风险管理模式是以中央为核心、各省厅局机构参与的垂直管理模式，在一整套详细的与自然灾害风险管理相关的法律框架下，构建了以首相为首的“中央防灾会议”制度，一旦发生紧急情况，指定行政机关、公共单位应对自然灾害。

5. 参与巨灾损失的分摊补偿

政府不仅是巨灾风险的主要管理者，而且还可以多种方式作为损失的分担者或补偿者。目前，几乎所有国家对巨灾损失都会提供国家救助，即动用财政资金进行救助。除此之外，政府还可以下列两种方式参与巨灾损失的分摊补偿。

第一，直接参与建立巨灾风险基金，为巨灾损失提供补偿。巨灾风险基金是应对巨灾风险的基金，一般包括巨灾救助基金和巨灾保险基金。巨灾救助基金一般由政府组织建立，其基金来源主要是财政收入。巨灾保险基金的设立主要有两种形式，一种是由保险公司联合设立，基金来源于保险公司的保费收入，进入该基金的保费可以享受政府的税收优惠政策，包括减免相应的所得税和营业税。另一种是由政府和保险公司联合设立，实行专项管理。政府在巨灾风险基金的建立中发挥着巨大作用，如新西兰的地震保险基金完全由政府提供，土耳其的巨灾保险基金由政府、保险公司及世界银行合作建立。除了向巨灾风险基金提供资金外，政府还可以在有关基金运作制度规定、运作机制安排、相关税收减免及基金监管等方面提供支持。

第二，政府作为保险公司巨灾损失赔偿的最后担保人，或与保险公司共同承担巨灾损失赔偿。例如，法国的中央再保险公司（Caisse Centrale de Réassurance，CCR）代表政府向保险公司提供全面无限制的再保险，法国政府则向 CCR 提供无限额的财政担保。新西兰的巨灾保险业务由具有商业保险公司性质的地震委员会（Earthquake Commission，EQC）办理，但当巨灾损失金额超过其支付能力时，由政府负责剩余的赔付。

6. 支持或参与巨灾保险

政府对巨灾保险提供支持甚至直接参与，也是其进行巨灾风险管理的一部分，初衷是为了校正商业保险市场对巨灾风险难以提供有效供给的无效率现象。

从政府参与巨灾保险的方式来看，国际上存在三种模式。

1）以保险公司为主体的商业化管理模式

这种模式下，政府直接参与巨灾风险管理的程度较低，该模式主要采用商业化运作的方式，其代表性国家是德国和英国。德国因为有实力雄厚的保险机构及发达的保险与再保险体系，巨灾风险管理依靠发达的商业保险体系发挥主导作用。各家保险公司注重相互配合，保险公司与再保险公司之间分散风险，综合性保险公司与专业保险公司分工配合，在不同领域为巨灾风险提供保障。英国巨灾保险的承保主体是商业保险公司，政府并不参与其中，但政府在巨灾保险的运营中提供必要而有效的监管和支持。挪威于 1979 年开始建立巨灾风险基金，并立法规定所有火灾保险的投保人必须同时购买巨灾保险，保险公司收取巨灾保险费并负责赔偿，赔偿限额根据其市场份额分摊。保险费收入纳入巨灾基金，境内经营火灾保险业务的保险公司都是该基金的成员，巨灾基金的管理与运作采取完全商业化的方式。

2）政府和保险公司合作进行巨灾风险管理的模式

在这一模式中，商业保险公司负责经营巨灾保险，政府是协作者，只承担有限的损失，主要负责建立巨灾基金，提供政策支持和实施必要的监管。例如，土耳其于 2000 年由政府、商业保险公司和世界银行共同组建了土耳其巨灾保险共同体（Turkish Catastrophic Insurance Pool，TCIP），商业保险公司销售和经营巨灾保险，政府提供资金，开发强制性地震保险条款，负责巨灾保险基金运作机制设计和监管等工作。美国的洪水保险属于强制保险，由美国各级政府与保险公司合作经营，保险公司销售洪水保单，并处理相关保险事务；政府承担保险赔偿责任，赔款的资金来源于洪水保险基金。佛罗里达州的飓风保险则由州内保险公司经营，由州政府设立的佛罗里达飓风巨灾基金（Florida Hurricane Catastrophe Fund，FHCF）提供再保险，州政府则对该基金的运作提供税收优惠政策。

3）以政府为主的巨灾风险管理模式

该模式主要由政府筹集资金并进行管理。政府是主导者，巨灾保险由政府直接提供或委托某家保险公司提供，损失发生时，政府进行赔付或提供担保，或承担兜底责任，作为最后的再保险人。这类运作模式通常适用于一些特殊的巨灾风险，如日本的地震保险对家庭财产采取的就是以政府为主的巨灾风险管理模式，由政府承担损失补偿责任，将地震保险作为强制保险推行。日本的地震保险对企业财产来说采取的则是商业化管理模式，由保险公司经营，并通过商业再保险进行分散。

从上述各种模式中不难看出，政府在参与巨灾保险市场时，会普遍遵循两个原则。第一，政府应最大限度地鼓励商业保险公司参与巨灾保险，应该支持而非取代商业保险市场。在鼓励保险公司参与巨灾风险管理方面，政府可以：①通过立法支持；②给予税收优惠和财政补贴，如减免保险公司的营业税，实施保险赔款免税及保险费税前扣除等措施；③鼓励防损减损，如日本政府根据房屋的不同抗震水平对投保人购买地震险的保费给予不同程度补贴，不仅支持了保险公司的经营，也激励了民众在灾前采取防震防损的措施。第二，政府提供的保险计划应该仿照商业保险市场，一种最好的支持方式是政府扮演银行系统中“最后的借款人”的角色。当保险公司知道自己永远不会用完积累资金的时候，提供巨灾保险的激励也就增强了。如果这种方式仍然不能促进市场上出现足够的商业巨灾保险，政府可以考虑推出公共巨灾保险计划，但也应该像竞争性市场那样运作（比如按照公平保费收费，以及像保险公司那样留存必要的准备金），以为市场提供正确的激励。

2.4　巨灾风险治理

2.4.1　为什么要谈巨灾风险治理问题

本书的主题是探讨如何对巨灾风险进行管理，并且从前面的分析中读者已经清晰地感觉到，巨灾风险管理的主体通常就是政府。由于巨灾风险管理涉及的参与方很多，既包括各级政府相关部门，更涉及企业、社会组织和广大居民家庭。因此，如何将巨灾风险这样一类涉及面如此之广的风险管理好，仅从政府自身出发来讨论，是难以形成有效的管理体系的。

实际上，政府也是社会的“一员”，政府在对巨灾风险进行管理时应从如何兼顾各方利益的角度出发，建立一套为社会所有成员所接受的、共同实施的、有效的风险治理机制。鉴于巨灾风险管理的复杂性、涉及范围的广泛性，我们认为从治理的视角来探讨如何对巨灾风险进行管理应该是更为适当的。

2.4.2 巨灾风险治理概述

1. 治理理论

“治理”（governance）一词由古典拉丁语和古希腊语中“操舵”（steering）一词演变而来，原意为控制、指导或操纵等，现在常用来表示“或公或私的个人和机构经营管理相同事务的诸多方式的总和”。英文中的动词“govern”指的是政府对公共事务进行治理，它“掌舵”而不“划桨”，不直接介入公共事务，只介于负责统治的政治与负责具体事务的管理之间。在汉语中，“治理”常被解释为“统治、管理”“处理、整修”等，意味着治理与统治可以交叉使用。“治理”这个概念之所以引起人们的兴趣，主要是因为随着全球化时代的到来，人类社会政治过程的重心开始从统治走向治理，从善政走向善治，从以政府为中心的统治走向更为多元化的社会治理，从不同国家、不同社会制度、不同民族文化背景下的政府统治走向全球化的治理。

20 世纪 90 年代以来，经过人们的使用、阐释和发展，“治理”不仅拥有了全新的含义和概念，而且成了国际上指导公共管理实践的一种新理念，对世界各国的行政改革探索产生了重要影响。1989 年世界银行首次使用了“治理危机”（crisis in governance）一词，随后“治理”一词便被广泛运用。例如，世界银行 1992 年年度报告的标题就是《治理与发展》（Governance and development）；经济合作与发展组织（Organisation for Economic Co-operation and Development，OECD）1997 年发布了《促进参与式发展和良好治理计划的评估》（Evaluation of programs promoting participatory development and good governance）；联合国开发计划署（United Nations Development Programme，UNDP）1997 年的一份报告题目为《人类可持续发展的治理》（Governance for sustainable human development）；联合国教育、科学及文化组织（United Nations Educational, Scientific and Cultural Organization，UNESCO）1997 年提出了一份名为《治理与联合国教科文组织》（Governance and UNESCO）的文件；《国际社会科学杂志》（英文版）1998 年第 1 期出版了名为《治理》（*Governance*）的专刊。联合国有关机构还成立了“全球治理委员会”（Commission on Global Governance），并出版了名为《全球治理》（*Global Governance*）的杂志（俞可平，2001）。

治理作为治理理论的一个基本概念，现在不再只局限于政治学领域，而被广泛用于社会经济领域。综合地说，治理就是指各种公共或私人机构以及个人管理其共同事务的诸多方式的总和，是使相互冲突或不同利益方得以调和并且采取联合行动的持续的过程。治理既包括有权迫使公众服从的正式制度和规则，也包括人们同意或认为符合其利益的各种非正式的制度安排（俞可平，2002）。治理的目的在于，在各种不同的制度关系中运用权力去引导、控制和规范公民的各种活动，以最大限度地增进公共利益。

要正确理解治理的含义，还应注意区分以下不同概念。

1）治理与统治的区别

（1）统治的主体只能是公共权力部门，其权威来源只能是政府。治理的主体可以是公共权力部门，也可以是私人部门，治理的主体可以是多个方面，其权威来源依仗的主要并非政府，而是合作主体之间的持续性互动。

（2）过程中权力运行的向度不同。统治的权力向度是自上而下的单向度运作过程，而治理则是多元的、上下互动的过程，它通过合作、协调及对共同目标的确定等手段达致对公共事务的治理。

（3）统治遵循的是正式规则、制度与程序，而治理则以信任为基础，遵循的是由主体间协商与同意的规则与程序。

2）治理与管理的区别

（1）性质不同，治理是个过程，管理是种方法。

（2）目标差异，治理的目标是协调多方利益，管理更偏向于管理者的利益。

（3）参与主体不同，治理需要多方共同参与，而管理的参与主体相对单一。

（4）从两者的关系来看，治理重在建立决策，管理重在贯彻执行决策，即治理是管理的基础，管理是实现治理的保证。

通过上述比较可以发现，作为一种政治管理方式，治理有以下四个特征：①治理不是一整套规则，也不是一种活动，而是一个过程；②治理过程的基础不是控制，而是协调；③治理既涉及公共部门，也包括私人部门；④治理不是一种正式的制度，而是持续的互动。

2. 巨灾风险治理的概念

随着国际上从强调“减轻灾害”到强调“灾害风险管理”，从强调“危机管理”到强调“危机风险管理”观念的转变，“风险治理”（risk governance）一词开始流行起来，并成为风险管理领域的新的重要概念。从定义上看，“风险治理”借鉴了“治理”的一部分理念，是指“包括了与如何收集、分析、沟通风险信息和实施管理决策有关的行为主体、规则、惯例、过程和机制的整体”（Renn，2005）。由此定义可看出，“风险治理”所涵盖的范围并不仅限于“风险评估和风险管理”等和风险处置相关的技术性层面的问题，还覆盖了和风险处置相关的体制、机制、法制等制度层面的问题。参照国际风险治理理事会（International Risk Governance Council，IRGC）2005 年对“风险治理”的定义，我们可将“巨灾风险治理”理解为：与巨灾风险信息收集、整理和沟通，以及制定巨灾风险管理决策等相关的所有参与方、规则、管理、过程和机制的总和，主要由风险沟通、风险预评估、风险评估、风险分析（确定可接受的风险水平），以及风险管理等五个模块构成。其中，风险预评估是治理工作的起点，主要是通过收集巨灾风险的相关背景资料和总结以往经验，归纳整理出巨灾风险情况的结构性说明，检查是否存在巨灾风险；如果预评估给出的结果是存在需要做出反应的巨灾风险，则需要开展后续的巨灾风险评估工作，通过了解巨灾风险的物理表象特征（科学性评估）及关联事物的预期影响（相关性评估），对巨灾风险进行全面认知，为后面的决策提供基础；然后，通过可接受风险水平验证，考评巨灾风险的社会影响，并按照“可接受”、“可容忍”或“不可容忍”三个等级来判断社会对该风险的可接受水平①；对于所有可容忍的巨灾风险，进行相应的巨灾风险管理，会涉及风险规避、降低、转移和自留等方面行动的采取。如图 2-5 所示，巨灾风险治理的全过程均需要以风险沟通模块为联结纽带，通过政府部门之间的内部沟通及所有参与方之间的沟通，参与巨灾风险治理的各方才能相互了解、增进信任，以便于各种应对措施的有效实施。

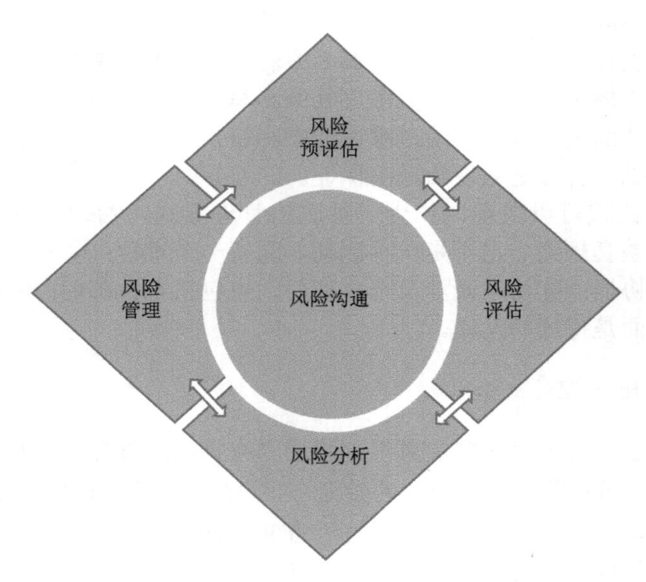

图 2-5　巨灾风险治理的框架

资料来源：根据 IRGC 提出的风险治理框架（risk governance framework）修改所得

巨灾风险治理并非由单一权威组织强制进行的风险管理过程，其遵循的基本准则是：①参与主体的多元化，强调将政府、企业、社会组织、个人/家庭、国际

① 对于“可接受”的巨灾风险，一般不需要采取降低风险的措施；对于“可容忍”的巨灾风险，则需要采取措施适当降低；对于“不可容忍”的巨灾风险，则需要采取一系列的措施来尽量规避和减轻其影响。

社会等利益相关者均囊括进来；②方式的民主化，强调各参与方之间的相互沟通，协商解决问题，而非传统上的单向沟通；③管理的协作化，强调将政府的风险管理权力下放至各部门或各参与方，并尽可能精细地划分责任，以便如实追究责任；④决策的社会化，强调重视社会因素（如社会价值观）、心理因素、风险认知、公众的风险可接受性、风险的社会放大、风险沟通、伦理等因素在风险管理和决策中的作用；⑤在充分考虑文化差异的前提下，广泛开展国际与区域合作。

总之，巨灾风险治理综合了科学、经济、社会和文化背景等多方面因素，不仅包含了“风险分析”和“风险管理”等传统环节，也考虑了多元参与者在决策过程中的观点、行为、目标等的协调和折中（Renn，2006），其目的在于寻找一个综合的、完整的、结构化的方法来研究巨灾风险问题和巨灾风险管理程序，从而为构建国家巨灾风险管理体系框架提供指导。

2.4.3　巨灾风险治理与巨灾风险管理的关系

尽管在图 2-5 中“风险管理”被表示为巨灾风险治理框架中的一个环节，但这并不说明它与巨灾风险治理是一种被包含与包含的从属关系。在构建国家巨灾风险管理体系的大背景下，两者既相互区别又密切联系。巨灾风险治理代表了应对巨灾风险的一种制度机制，规定了应对巨灾风险的基本体系框架。良好的巨灾风险治理可以推动各参与方共同努力来应对巨灾风险，起到导向作用；巨灾风险管理是由各参与方具体实施的管理工作过程，起到保证作用。完善的巨灾风险治理结构是实施巨灾风险管理的基础性保证；反过来，巨灾风险管理的实践结果也会对巨灾风险治理结构的完善起到调整作用。

第 3 章　境外巨灾风险管理实践

3.1　引　　言

巨灾风险是关乎人类生存与可持续发展的重大风险，不少饱受巨灾侵袭的国家和地区很早就开始了巨灾风险管理的探索和实践，形成了一些较为成熟有效的管理模式。尽管各国和地区所处的经济发展阶段不同，在政治制度和文化传统等方面也存在较大差异，但对巨灾的应对方式都是在不断探索中逐渐进步并完善起来的。

从国际上应对巨灾风险的基本思路和方法的发展实践看，大体都经历了这样一个过程：①从被动应对到主动预防；②从以单一、独立、临时的措施应对巨灾，发展到通过全面、协作和持久的措施应对巨灾；③从注重工程技术的利用走向注重法律和制度体系的建设。

近年来，我国国内已有很多对国际上巨灾风险管理体系建设情况的介绍和分析，但多集中于对各国现状的介绍，较少从不同国家的社会、政治、文化等角度剖析其巨灾风险应对方式产生的原因。我们认为，境外的一些好的做法和先进经验固然值得我们学习，但由于各国及地区具体情况不同，我们更需要对不同国家或地区现行巨灾风险管理体系有一个全面的认识，知其然并知其所以然，了解这些国家或地区形成今天这样的巨灾风险管理模式所依赖的经济、社会、文化和政治环境，使我们在建设符合中国国情的巨灾风险管理体系过程中，避免生搬硬套，少走弯路。

本章将选取在巨灾风险管理方面较为成熟的，以及和我国在地理、文化等方面较为相似的国家和地区作为对象，向读者介绍他们在巨灾风险管理体系建设过程中的主要做法和经验。

3.2　美　　国

3.2.1　自然环境与巨灾风险

美国位于北美洲中部，东临大西洋、西临太平洋，南面为墨西哥湾，其领土还包括北美洲西北部的阿拉斯加和太平洋中部的夏威夷群岛。总领土面积 937 万平方公里（其中陆地面积约 916 万平方公里，内陆水域面积约 21 万平方公里）。因领土纬度在北纬 19 度至北纬 70 度之间，美国几乎囊括了世界上所有的气候类型（地跨寒、温、热三带，本土处于温带）。

影响美国气候的主要是北极气流，每年太平洋带来大规模的低气压，这些低气压在通过内华达山脉、落基山脉和喀斯喀特山脉时夹带了大量水分，当这些气压到达中部大平原时便能进行重组，导致主要的气团相遇而带来激烈的大雷雨，尤其是在春季和夏季。有时这些暴雨可能与其他的低气压汇合，继续前往东海岸和大西洋，并会演变为更激烈的东北风暴，在美国东北的中大西洋区域和新英格兰形成广泛而沉重的降雪。大平原广阔无比的草原也形成了许多世界上最极端的气候转变现象。大盆地和哥伦比亚高原则是干旱而极少降雨的地区，最干旱时年平均降雨量少于 38 厘米。美国西南部是干旱的沙漠，夏季时最热的数周温度超过 38°C，受来自加利福尼亚湾的季风影响，偶尔会有少见的大雨。加利福尼亚州大多数区域都属于地中海气候，有时会在每年的 10 月至隔年的 4 月出现强烈暴雨，而其他月份几乎全无降雨。濒临太平洋的西北方地区则终年豪雨不断，但在冬季和春季降雨量最大。西部山脉吸收了充足的湿气，降雨量和降雪量都相当沉重。喀斯喀特山脉是世界上降雪量最多的地方之一，但海拔较低的沿海地区降雪不多。

美国也正是因领土面积广阔、气候多样，其发生的自然灾害种类也很多，其中以地震、飓风、洪水、陆地龙卷风、暴风、森林灾害最为频繁，而且损失严重。就受灾地区而言，美国 50 个州都或多或少面临着地震风险，其中有 39 个州经常受到中强地震的影响与破坏，加利福尼亚州和西部一些州发生破坏性大地震的概率最高。

就灾种而言，飓风是美国遭遇最频繁的自然灾害。如表 3-1 所示，根据 EM-DAT 的记录，1900～2020 年平均每年会有 5.68 次飓风袭击美国大陆。如果把大大小小的龙卷风全部算进来的话，每年总量将近 2000 个，平均每天 5 个，美国也因此被称为“龙卷风之乡”。不过，龙卷风虽然发生频繁，但影响范围实际上没有洪水广。洪水是美国影响面最广的自然灾害，近六分之一的城市处在百年一遇的洪泛平原内。例如，2017 年飓风“哈维”过境后，得克萨斯州哈里斯县被淹的家庭达 15.4 万个，其中 46%的家庭遭遇了“1/500”强度的洪水；而在 2018 年，艾奥瓦州得梅因的艾肯尼地区在 6 小时内就降下 221 毫米暴雨，致使 2000 户人家被淹。

如表 3-2、表 3-3 和表 3-4 所示，1900～2020 年，无论是从死亡人数还是从直接经济损失看，给美国造成最严重后果的都是飓风，地震次之。洪水因涉及的地域广，影响面积最大，影响人数最多，但在经济损失和人员伤亡方面不如飓风和地震。

表 3-1　1900～2020 年美国的自然灾害统计

灾害种类	细类	次数/次	死亡人数/人	受灾人数/人	直接经济损失/千美元（按 2019 年价格计算）
干旱	干旱	17	—	—	51 835 000
	平均每次		—	—	3 049 118
地震	地表晃动	41	1 125	163 120	40 840 520
	平均每次		27	3 979	996 110
	海啸	4	357	—	911 900
	平均每次		89	—	227 975
极端温度	寒潮	10	381	—	7 060 000
	平均每次		38	—	706 000
	极冬	2	19	—	200 000
	平均每次		10	—	100 000
	高温	25	4 393	31	9 025 000
	平均每次		176	1	361 000
洪水	山洪	20	227	65 756	6 728 830
	平均每次		11	3 288	336 442
	一般洪水	108	662	11 988 747	58 959 000
	平均每次		6	111 007	545 917
	风暴潮/沿海洪水	1	72	—	—
	平均每次		72	—	—
	其他	66	2 073	380 956	30 542 430
	平均每次		31	5 772	462 764
飓风	温带气旋（冬）	1	12	—	1 000 000
	平均每次		12	—	1 000 000
	局地风暴	372	8 096	85 554 140	272 446 770
	平均每次		22	229 984	732 384
	热带气旋	131	16 607	15 720 079	638 455 810
	平均每次		127	120 000	4 873 708
	其他	178	6 411	265 871	32 749 000
	平均每次		36	1 494	183 983
火灾	一般火灾（草原、灌木）	17	70	701 425	18 014 100
	平均每次		4	41 260	1 059 653
	森林火灾	61	1 398	373 756	44 107 500
	平均每次		23	6 127	723 074
	其他火灾	12	14	66 534	10 653 000
	平均每次		1	5 545	887 750

资料来源：EM-DAT

表 3-2　1900～2020 年美国死亡人数排名前十位的自然灾害

灾害名称	日期	死亡人数/人
加尔维斯顿飓风	1900/09/08	6000
奥基乔比飓风	1928/09	1836
卡特里娜飓风	2005/08/29	1833
极端气温	1980/06	1260
极端气温	1936/07	1193
明尼苏达州克洛凯火灾	1918/10/15	1000
三州龙卷风	1925/03/17	739
布拉斯加州奥马哈龙卷风	1913/03	732
旧金山大地震	1906/04/18	700
极端气温	1995/07/14	670

资料来源：EM-DAT

表 3-3　1900～2020 年美国受灾人数排名前十位的自然灾害

灾害名称	日期	受灾人数/人
乔纳斯暴风雪	2016/01/23	85 000 012
中西部大洪水	2008/06/09	11 000 148
费朗西斯飓风	2004/09/05	5 000 000
弗洛伊德飓风	1999/09/13	3 000 010
古斯塔夫龙卷风	2008/09/01	2 100 000
佛罗伦斯飓风	2018/09/18	1 500 000
艾琳娜飓风	1985/08/30	1 000 000
加利福尼亚州南部森林火灾	2007/10/21	640 064
哈维飓风	2017/08/25	582 024
卡特里娜飓风	2005/08/29	500 000

资料来源：EM-DAT

表 3-4　1900～2020 年美国直接经济损失排名前十的自然灾害

灾害名称	日期	直接经济损失/千美元（按 2019 年价格计算）
卡特里娜飓风	2005/08/29	125 000 000
哈维飓风	2017/08/25	95 000 000
艾尔玛飓风	2017/09/10	57 000 000
桑迪飓风	2012/10/29	50 000 000
洛杉矶地震	1994/01/17	30 000 000
艾克飓风	2008/09/12	30 000 000

续表

灾害名称	日期	直接经济损失/千美元（按2019年价格计算）
安德鲁飓风	1992/08/24	26 500 000
干旱	2012/06	20 000 000
伊万飓风	2004/09/15	18 000 000
加利福尼亚州坎普山火	2018/06/01	16 500 000

资料来源：EM-DAT

为有效管理自然灾害风险，将灾害损失降到最低程度，美国建立了一套比较完备的自然灾害管理体系，对自然灾害风险的管理已经制度化、常规化。

3.2.2 法律制度建设与行政实践的历史沿革

根据美国宪法，政府执政的目标是“保障国内安宁，规划共同防务，促进公共福利”，这自然有管理巨灾风险的责任之寓意。当然，宪法很难将这种寓意具体化，需要国会和政府行政管理去实践。

两个世纪以来，美国国会已充分认识到联邦政府在帮助公民渡过灾难过程中应发挥的重要作用。可以说，对美国联邦政府参与灾害管理的法律要求最早可追溯至1803年，当年通过的《国会法》被认为是美国建国后首次通过的灾难立法，其主要意义在于：第一，政府有责任帮助遭受大规模灾难的个人与社区；第二，联邦可以对地方灾难实施援助；第三，联邦的援助只是个案，而不是制度，且需要通过法案授权的形式实施，不能以行政行为实现。虽然当时通过这个法案的主要目的是给美国新罕布什尔州一个遭受重大火灾的乡镇提供重建援助，但也为以后直到1950年颁布的第一部《灾难救济法》（Disaster Relief Act）通过之前发生的128起有关自然灾害援助的法案提供了参照。尽管这些行政和立法行为没能形成一种制度，只是政府或立法机关对某一具体灾难事件实施的行政或立法行为，即一事一管、一事一议，不涉及以后发生的其他灾害事件，但人们心目中却逐渐形成了政府具有灾害风险管理责任的观念。这一约定俗成的过程，为后来的巨灾风险管理奠定了广泛的社会认识基础。

美国巨灾风险管理的制度性建设源于1929～1933年的世界性经济危机时期。当时，富兰克林•罗斯福当选总统后，一改前任胡佛总统实施的自由放任的经济政策，奉行凯恩斯经济理论，推行新政，实施全面政府干预，不仅推动国会颁布了一系列振兴金融、工业和农业的法律，而且对经济危机造成的大量工人失业、退休人员失去经济保障等公共问题也实施了政府干预。可以说，新政树立了政府可以而且应该干预公共安全事务、救人民于水火的先例。它虽然针对的是经济危机引起的失业问题，但为美国政府日后干预自然灾害和其他灾害奠定了立法和行政基础。1936 年，国会通过了《洪水控制法》（Flood Control Act），授权美国陆军工程兵团设计和建设洪水控制工程。

此后的冷战时期推动了美国民防事业的发展，也在一定程度上促进了美国巨灾风险管理向规范化发展。为准备发动核战争，1950 年 12 月，美国总统杜鲁门发布行政命令，成立联邦民防管理局（Federal Civil Defense Administration，FCDA），隶属于国防部，旨在对付来自苏联的攻击。同时还成立了与之平行的国防动员办公室（Office of Defense Mobilization），负责在战争爆发时迅速动员重要的战争物资和产品。美国在建立民防体制时，通过了相关的立法，建立了一套组织机构，确定了各级政府和社会组织的职责、权限与义务，制定了预案或行为方案，采购和储存了基本装备和物资，培训了许多懂得撤离、疏散、救援、急救、消防等专业知识的人员，并首次把广大平民组织动员起来，不仅培训他们自救、自保、互救、互保的技能和技巧，而且培养他们的公共安全意识。这些工作都为巨灾风险管理奠定了组织、人员和物质基础。

不过，预期的核战争没有到来，而重大的自然灾害却频频光顾。1950 年，美国国会通过了《灾难救济法》，首次授权总统可以宣布灾难状态，授权联邦政府对受灾的州和地方政府提供直接援助，这是美国在巨灾风险管理方面的首次制度性立法，具有里程碑意义。不过，法律规定联邦政府的援助只是用来将受损的公共设施和建筑修复到灾前的标准，而不包括对受灾的个人和社区的援助。1953 年 5 月 2 日，艾森豪威尔总统因为佐治亚州的 4 个县遭受了龙卷风袭击，将由总统宣布灾难状态和紧急状态的法律规定首次付诸实践。

进入 20 世纪 60 年代，美国自然灾害频繁发生。1960 年、1961 年、1962 年、1965 年和 1969 年发生的 5 次飓风灾害，1960 年蒙大拿和 1964 年阿拉斯加发生的强烈地震（强度达里氏 9.2 级），都造成了巨大损失。针对自然巨灾的频繁发生，肯尼迪政府于 1961 年把紧急事态准备的职能从国防动员办公室中分离出来，在白宫设立了专门应对自然灾难的紧急事态准备办公室，可以说这是美国巨灾风险管理组织的雏形。

由于先前的有关法律仅规定每次遭受自然灾害后，联邦政府只对公共设施进行拨款援助，受灾的个人常常难以承受巨大的损失和恢复的负担。于是，1968 年，美国国会通过《国家洪水保险法》（National Flood Insurance Act），据此创立了国家洪水保险计划（National Flood Insurance Program，NFIP），将保险机制引入了救灾领域。该法案规定，如果某社区参加了洪水保险计划，将可以享受联邦补贴，居民可以以很低的价格获得财产保险；同时，该法案还限制在易涝的低洼地修建住宅区。该法案的一个基本出发点是，减少政府对受灾地区的财政援助支出，将未来的洪灾救助转给保险公司。该法案的另一个贡献是，提出了“基于社区的减灾”（community-based mitigation）的概念，把社区列为防灾减灾的长期主体，推动了后来的“防灾型社区”的建设。

尽管政府对参加洪水保险计划的社区给予补贴，但由于当时人们的保险意识还比较薄弱，计划实施的前几年，参加的社区和居民甚少。1969 年，飓风卡米尔（Camille）袭击了路易斯安那、亚拉巴马和密西西比州沿岸，又一次造成政府在救灾方面的巨大支出。尼克松政府上台以后，为了改变这种状况，当时的联邦保险管理局实施强制措施，将参加洪水保险计划与获得联邦支持的住房抵押贷款挂钩。由于联邦支持的住房抵押贷款占房贷市场的比例较大，从而推进了洪水保险计划的迅速发展。

20 世纪 70 年代是美国巨灾风险管理发生革命性变革的年代。不断发生的重大自然灾害在促使国会两次通过洪水保险法后，也推动了国会向全面的灾难救助立法前进的历程。1970 年颁布的新的《灾难救济法》规定了政府应对受灾的个人提供直接帮助，建立了关于临时住房、法律服务、失业保险和其他个人帮助方面的计划。

1974 年发生的殃及 10 个州的龙卷风，导致了大量人员伤亡和财产损失，也促成联邦政府对 1970 年的《灾难救济法》进行了修订，修订后的法案不仅规定了对受灾家庭和个人的救助，更重要的是，将联邦政府在巨灾风险管理方面从以应对和恢复为主的反应性策略，拓展到事前做好减灾准备的预防性策略。

尽管有了某些相关的法律并成立了若干具有救助职能的机构，但在几次重大灾难的救助过程中，由于各个机构之间权限不明，给救灾工作带来了诸多不便。例如，住房与城市发展部通过它下设的联邦保险管理局和联邦灾难援助管理局（Federal Disaster Assistance Administration），掌握着抗灾救灾方面最大的权力；军方的民防准备局、美国陆军工程兵团等也介入其中。据初步统计，总共有约 100 个联邦部门在灾难、危险和紧急事态的某些方面承担责任。这些部门各行其是，甚至实施相互矛盾的平行政策，让州政府和地方政府深受其害，无所适从。为了改变这种局面，一些州组织起来，通过全国州长联合会，要求联邦政府整合巨灾风险管理机构。作为佐治亚州州长的卡特当选美国总统后，对这一混乱局面深有感触，决心从组织上强化联邦的巨灾风险管理职责。1979 年，卡特发布了 12127 号行政命令，将由不同机构管理的不同紧急事务的职能合并，组建了统一的 FEMA，直接向总统负责，下设国家应急反应队，由 16 个与应急救援有关的联邦机构组成，实施应急救援工作。John W. Macy, Jr 被任命为 FEMA 的首任局长，其首要任务不仅是要从实体上将分布在不同地区的不同机构联合到一起，而且要从观念上、认识上将它们联系成一个整体。为了将抵御自然灾害与应对核袭击的工作结合起来，Macy 反复强调二者的相似性，从准备、预警、应对到恢复都是异曲同工。从这一观念出发，发展出了具有全面风险管理功能的综合紧急事态管理系统的概念。

3.2.3　美国的巨灾保险体系

1. 加利福尼亚州的地震保险

美国加利福尼亚州是世界上地震灾害最严重的地区之一，也是保险业较发达的地区。1994 年 1 月，美国加利福尼亚州南部发生了里氏 6.7 级的北岭地震（Northridge earthquake），使得保险公司的总赔付额超过了 125 亿美元，相当于地震发生前 25 年美国加利福尼亚州所有地震保费（34 亿美元）的 4 倍。这次地震后，保险公司意识到中强地震的潜在风险被严重低估了。由于法律要求在加利福尼亚州销售屋主保单的保险公司必须承保地震风险，于是很多保险公司纷纷停止或缩减了屋主保险业务。到 1995 年 1 月，占屋主保险市场份额 93%的保险公司严格限制或者拒绝签发新的屋主保单。到 1996 年，屋主保单的缺乏导致许多家庭因无法申请到按揭贷款而不能购买或新建住宅，严重影响了加利福尼亚州房地产市场的发展。

在这种背景下，加利福尼亚州政府开始介入商业保险市场。1995 年加利福尼亚州政府立法创设了一种只覆盖保单持有人房屋而不覆盖游泳池、庭院等非生活必需品的“迷你保单”，保险公司可以在屋主保单的基础上附加地震保险。1996 年，加利福尼亚州正式成立了加利福尼亚州地震局（California Earthquake Authority，CEA），专司地震保险业务。

作为地震保险的管理机构和中枢机构，CEA 是一个由保险公司出资、政府管理的公司化组织，旨在为加利福尼亚州居民提供价格适中的地震保险，使其免遭地震损失。该组织由一个委员会管理，委员会成员来自政府部门和出资保险公司，包括加利福尼亚州州长、加利福尼亚州财政部部长、加利福尼亚州保险监督官等。在税收方面，CEA 同时享受联邦和州的免税地位。CEA 发售的地震保险保单已占到整个加利福尼亚州地震保险市场的三分之二以上，也是全球范围内最大的住宅地震保险供应商之一。

保险公司本着自愿原则，根据其市场份额参股 CEA，通过为 CEA 提供承保（可以获得 10%的佣金）、理赔（可以获得 3.65%的营业费用）等服务获得一定收入，并承诺在极端情况出现时，将按照约定承担一定比例的损失。不参加 CEA 的保险公司，则需要独立向客户提供地震保险，并承担相应的责任。

下面，我们对 CEA 向公众出售的地震保险保单（称为 CEA 保单）的相关内容介绍如下。

1）主要内容

（1）保险标的：房屋和屋内物品。

（2）保险责任：地震直接造成的房屋和屋内物品损失（地震间接引起的火灾、

盗窃、爆炸等损失除外）。

（3）保障范围：受损住宅的修复、重建费用。

（4）免赔额：在建筑物的结构遭受破坏时考虑免赔，免赔额为保险金额的15%，适用于全部损失。

（5）赔偿限额：独立住宅不设限额，由投保人选择，有10%或15%的免赔额；公寓最多赔偿25 000美元，有10%的免赔额；动产（个人财产）部分的赔偿可以从5000美元到10万美元，由投保人选择，有750美元的免赔额。最多可提供25 000美元的使用损失赔偿，1500美元的修理费。

（6）保险费率：实行差别费率，根据房屋的地理位置、房屋类型、建造年限、土壤状况、与地震带的距离等因素的不同，费率有所差别，平均为3.91‰，下限为1.1‰，上限为5.25‰。

2）购买方式

居民购买住宅地震保险，既可以选择通过CEA成员公司购买CEA保单，也可以选择通过非成员公司购买。CEA保单在美国已被看成行业标准，许多非CEA成员公司提供的地震保险单与CEA保单相似。

3）融资及基金管理

CEA是世界最大的住宅地震保险机构之一。凭借其多年的承保经验，该机构已在加利福尼亚州地区拥有了大量投保人，其签发的地震保险保单占到了全加利福尼亚州已销售住房地震保险保单的近2/3。值得注意的是，尽管CEA由政府进行管理，但政府财政与CEA的风险准备金并没有关联，因此政府的财政赤字并不会影响到基金财务的稳定。

从CEA的资金管理来看，主要通过以下几种方式运作。

（1）地震保险资金的积累主要来源于保费收入和会员公司向基金账户的缴费。

（2）为了确保满足当出现巨灾损失时的大额理赔要求，CEA除自身的积累外，还可以通过贷款、再保险等渠道获得资金。

（3）政府可以提供财政支持，如通过免除收入所得税、规定基金专款专用等形式来支持。

（4）CEA负责地震保险基金的日常运作，确保地震保险资金能够保值增值，资金可用于银行存款、政府债券等相对安全的投资渠道。投资组合的安全性、流动性和收益性依次是基金管理的三个目标。安全性主要通过两条措施达到，一是只投资于高信用级别的证券；二是在投资类别、发行人和到期时间上进行分散。为了达到流动性的目的，大约40%的基金资产的到期日在8天之内，大部分的资产到期日在180天之内。剩下的资产到期日分布在1.5年至5年之间。收益性是在保证达到前两个目标的基础上才考虑的目标。短期交易和做空都是不允许的。

4）赔偿及损失分摊机制

针对地震灾害可能引致的不同程度的损失，CEA 制定了一套多层次的保险责任分摊机制：由承保的保险公司承担第一层不超过 10 亿美元的理赔；超过部分，由 CEA 的盈余承担至多 30 亿美元的赔偿（当 CEA 的盈余不足时，可再向保险公司分摊）；当累计损失超过 40 亿美元时，将由再保险公司分担至多 20 亿美元的损失；如果损失金额超过 60 亿美元，CEA 可发行公债筹措资金；等等（表 3-5）。

表 3-5　CEA 保险责任层次划分与分摊机制

保险责任层次	保险责任范围	保险责任分摊机制
原保险市场层面	累计损失 10 亿美元以内	由在加利福尼亚州营业的保险公司依其市场占有率分摊
第一级行业层面	累计损失超过 10 亿美元	先用 CEA 的盈余支付；超过其盈余的部分再向保险公司摊收，摊收金额不超过 30 亿美元
再保险层面	累计损失超过 40 亿美元	由再保险公司分担至多 20 亿美元
政府公债层面	累计损失超过 60 亿美元	CEA 可以发行加利福尼亚州政府公债 10 亿美元
资本市场层面	累计损失超过 70 亿美元	CEA 可向资本市场发行 15 亿美元的巨灾债券筹措资金
第二级市场层面	累计损失超过 85 亿美元	可再向保险公司摊收 20 亿美元

2. 国家洪水保险计划

1）成立背景

洪水是美国最严重的自然灾害之一。洪水造成的直接经济损失，由 1916 年的 10 亿美元上升到 1985 年的 50 亿美元。1993 年美国中西部的大洪水就造成了 120 亿～160 亿美元的损失。洪水不仅造成财产损失和经济震荡，而且还造成人员伤亡。每年有 960 多万个家庭和 3900 亿美元的财产受到洪水威胁。在 1925 年至 1977 年间，洪水已使 4000 多人失去生命。在美国总统每年宣布的灾害中，灾害性洪水约占三分之二。

美国政府应对洪水灾害的对策，经历了由单一性工程减灾到工程减灾与非工程减灾并举、非工程减灾政策逐步健全与完善的过程。最初，美国政府针对洪水灾害所采取的主要措施是大规模兴建防洪工程，其目的是希望通过这些工程减少洪水灾害所造成的损失，减轻政府的财政救灾负担。但结果是，尽管政府为兴建防洪工程投入了大量资金，但洪水灾害所造成的损失依然不断增长，政府的救灾费用负担非但没有减轻，相反还越来越重。正是在这一背景下，美国政府开始在防洪工程建设之外寻找减轻政府财政救灾费用负担的其他路径。

2）法律建设

1956 年美国开始推行洪水保险，制定并通过了《联邦洪水保险法》。1968

年通过了《国家洪水保险法》，制定了关于洪水保险的详细计划、救灾措施、具体管理方法等。1973 年美国国会又通过了《洪水灾害防御法》，扩大了洪水保险的责任范围，并将洪水保险改为强制性保险。根据该法案，如果洪水风险资助的申请者不参加洪水保险计划，那么其将无法获得联邦政府的直接援助（如无偿救济、洪灾补助和灾区减免所得税等）、联邦机构保险和管理的各种贷款。如果洪水风险区的社区在接到联邦政府的通知后一年内不参加洪水保险计划，那么其将会受到惩罚。1994 年，美国国会颁布了《国家洪水保险改革法案》，进一步修正了美国国家洪水保险计划，重申了 1973 年的强制性洪水保险。

3）保险内容

美国国家洪水保单的基本内容如表 3-6 所示。

表 3-6　美国国家洪水保单的基本内容

项目	基本内容
保险责任	保险标的物由洪水导致的毁损与灭失。洪水是指因内陆河水或潮水溢流或任何来源的表面水的不正常累积及流窜造成原本干燥土地的一部分或全部、暂时或长期淹没的现象
保障范围	保险标的物限于建筑物及家庭财产或营业财产等项目。 （1）承保的建筑物类型：①单一家庭式住宅；②2～4 家庭式住宅；③其他类住宅；④非住宅类建筑物。承保建筑物一般均指已完工的建筑物，但针对建造、修缮或整修中的建筑物等，亦可投保洪水保险。 （2）家庭财产。 （3）标准的住宅洪水保险单还可以包括不超过保额总数 10%的附属建筑物，如与住宅分开的车库、车棚，但不包括工具储藏棚或类似的建筑物。预定的保险单可以包括 2～10 个建筑物，保单要求对其中的每个建筑物的保额都有明确规定，而且，所有的建筑物都属于同一个业主，并在同一地点
除外范围	完全在水上或地下的建筑、天然气和液体的储蓄罐、动物、鸟、鱼、飞机、码头、庄稼、灌木、土地、牲畜、道路、露天机器设备、机动车及地下室里的财产等

洪灾保险在承保和定价时的重要依据是 FEMA 统一绘制的洪水风险图和据此绘制的洪水保险费率图。FEMA 在绘制洪水风险图时，以 500 年一遇洪水的淹没范围为洪泛区，确定参加洪水保险的对象；以 100 年一遇的洪水为洪水保险区划的基准洪水，并标注行洪区与水位分布。由水位与地面高程可以确定水深分布，进而可以根据风险计算保险费率。对于新建的、实质性改建的和实质性损坏的建筑物就可采用精算的保险费。

为鼓励社区自行制定并采取较 NFIP 所设计的洪泛区管理准则更高的标准，减少洪水灾害，NFIP 于 1990 年起导入社区费率系统制度，以计点方式评估各社区的实际防洪规范及执行状况，经确认评定点数后，按一定标准给予投保洪水险的保费折扣优惠。

4）美国国家洪水保险计划的特点

A. 将洪水保险视为加强洪泛区管理的重要手段

NFIP 既是洪水保险计划，又是洪泛区管理计划。美国将改善洪泛区土地管理和利用方式、采取防洪减灾措施作为社区参加洪水保险计划的先决条件，将社区参加洪水保险计划作为社区中个人参加洪水保险的先决条件，这就对地方政府形成了双重压力，从而促使地方政府加强洪泛区管理，使洪水保险计划达到分担联邦政府救灾费用负担和减轻洪灾损失的双重目的。因此，强制性洪水保险，首先是针对地方政府而言的；对洪泛区中的个人、家庭和企业来说，强制性并不是强迫参加洪水保险，而是义务与权利的约定。

B. 洪水保险费率图的使用

美国内务部地质调查局从 1959 年起开始确认洪水风险区,陆续绘制了许多地区的洪水风险区边界图。此后，1960 年陆军工程兵团开始为各地区绘制洪水灾害地图及编制洪泛区信息通报。这些图基本上都是根据历史洪水资料或加上水文资料分析确定的洪水淹没范围图。根据洪水风险图，FEMA 制定了洪水风险研究与洪水保险费率图的统一规范，出钱资助指定的公司统一印制洪水保险费率图。目前，FEMA 统一印制的洪水保险费率图已覆盖全国，并根据环境与防洪工程条件的变化不断对洪水保险费率图进行修改。

C. 适当发挥私营保险公司的作用

私营保险公司在全国各地代售洪水保险，进行保险理赔，发挥了私营保险公司效率高的特点。此外，商业保险公司也利用 FEMA 的洪水保险费率图判断洪水风险，为部分私人和企业财产提供具有商业保险性质的洪水保险。

3.3 日　　本

受特殊的地理位置及气候等因素的影响，日本经常会受到地震、台风等灾害的袭击，也因此较早形成了灾害危机意识。为了应对这些自然灾害，日本早在 19 世纪末就从立法方面入手开始对巨灾及巨灾风险进行管理[①]，经过 140 多年的实践积累和调整改进，日本政府已建立了一个完善而细致周到的协调机制，和一个组织完备、责任明确、运行有序、精干高效的巨灾风险管理体系，有效地提高了日本应对巨灾风险的能力。

3.3.1 自然环境与巨灾风险

日本列岛北起北海道南至冲绳，呈东北－西南走向，自亚寒带向南依次过渡

① 1880 年，日本颁布了第一部涉及灾害管理的法律——《备荒储备法》。

到温带、亚热带，气候总体上呈现显著的海洋性特点，四季分明，降水量大且地域分布比较均匀，空气湿润，由此也导致了台风、洪水、泥石流等自然灾害。同时，日本处于环太平洋地震带上，板块运动活跃，地震等对其产生了严重的影响。表 3-7 统计了 1900～2020 年日本各种自然灾害发生的次数，导致的死亡或失踪人数、受灾人数及直接经济损失情况。在 1900 年后的 120 年间，虽然台风看似是日本发生最频繁的自然灾害，但地震给日本带来的人身伤亡和直接经济损失却是最重的。

表 3-7　日本 1900～2020 年不同自然灾害的死亡或失踪人数、受灾人数与直接经济损失汇总

灾种	次数/次	死亡或失踪人数/人	受灾人数/人	直接经济损失/千美元
山火	1	—	222	—
火山活动	15	578	100 048	132 000
极端温度	16	1 048	200 214	—
泥石流	21	1 084	25 773	248 000
洪水	57	13 513	9 383 631	30 374 300
地震	67	188 158	2 424 761	422 206 400
台风	186	34 920	8 619 055	108 697 800

资料来源：EM-DAT

表 3-8 统计了 1900～2022 年日本 70 次里氏 5 级以上地震的发生日期、里氏震级和造成的损害信息。这 70 次地震累计造成了近 19 万人死亡或失踪、近 245 万人受灾及 4393 亿美元的直接经济损失。

表 3-8　日本 1900～2022 年部分地震发生日期、里氏震级、死亡或失踪及受灾人数、直接经济损失情况汇总①

发生日期	里氏震级	死亡或失踪人数/人	受灾人数/人	直接经济损失/千美元
1900/06/15	8	12	1 266	—
1901/08/10	7.9	18	24	—
1905/06/02	7.8	11	177	—
1907/07/07	7	41	—	—
1909/08/14	6.9	41	2 928	—
1914/03/16	7.2	94	1 920	—
1922/12/08	—	27	—	—

① 本表仅包含震级在里氏 5 级以上且有明确人员伤亡或（和）有直接经济损失的地震信息，表中出现的数据与新闻报道不符的情形，和 EM-DAT 数据库的时间统计口径有关。

续表

发生日期	里氏震级	死亡或失踪人数/人	受灾人数/人	直接经济损失/千美元
1923/09/01	8.1	143 000	203 733	600 000
1925/05/23	6.6	395	9 999	—
1927/03/07	7.3	3 022	79 540	40 000
1930/11/26	6.9	259	26 122	—
1933/03/03	8.4	3 000	—	—
1939/05/01	7	27	1 489	—
1943/09/10	7	1 400	23 217	—
1944/12/07	7.9	1 223	80 573	—
1945/01/13	6.6	2 306	22 559	—
1946/12/21	8.3	2 000	—	—
1948/06/28	7.1	5 131	326 000	1 000 000
1952/03/04	8.1	33	200	—
1952/03/10	6.9	—	356	—
1960/05/22①	—	138	—	140 000
1961/08/19	6.8	10	—	—
1964/06/16	6.5	25	35 376	800 000
1968/05/17	6.5	47	2 781	131 000
1973/06/17	7.7	—	27	5 000
1974/05/09	6.5	30	73	—
1978/01/14	6.6	25	2 016	—
1978/06/12	7.7	28	2 500	865 000
1980/09/25	6.2	2	73	1 000
1982/03/21	6.7	110	1 100	1 000
1983/05/26	7.7	102	77	416 000
1983/08/08	5.3	1	28	—
1984/08/06	7.2	—	9	—
1984/09/14	6.9	20	—	43 000
1987/12/17	6	2	22 652	—
1992/02/02	5.9	—	32	—
1993/07/12	7.8	239	7 355	1 000 000
1993/01/15	7.5	2	10 522	358 000
1994/10/04	7.9	5	1 500	—

① 此次地震为 1960 年 5 月 21 日发生的智利大海啸，位于太平洋另一端的日本在一天后被波及。

续表

发生日期	里氏震级	死亡或失踪人数/人	受灾人数/人	直接经济损失/千美元
1994/12/28	7.5	2	285	170 400
1995/01/17	7.2	5 297	541 636	1×10^8
1995/04/01	5.3	—	1 551	—
2000/07/01	6.1	1	100	—
2000/10/06	6.7	—	7 132	500 000
2001/03/24	6.8	2	11 261	500 000
2003/05/26	7	—	2 303	233 000
2003/07/25	5.5	—	18 191	411 000
2003/09/25	7.4	2	773	563 000
2004/10/23	6.6	40	62 183	28 000 000
2005/03/20	6.6	1	3 535	400 000
2005/04/19	5.5	—	895	—
2007/03/25	6.7	1	41 027	250 000
2007/04/15	5.1	—	201	—
2007/07/16	6.6	9	14 000	12 500 000
2008/06/13	6.9	23	448	167 000
2008/07/23	6.8	1	470	110 000
2009/08/10	6.2	1	25 319	400 000
2011/03/11	9.1	19 846	368 820	2.1×10^8
2011/04/07	7.1	2	132	—
2013/04/12	5.8	—	8 438	—
2014/11/22	6.2	—	2 657	2 000
2016/04/14	6.5	9	120 800	38 000 000
2016/04/16	7.3	49	298 432	20 000 000
2016/10/21	6.2	—	493	100 000
2018/06/18	5.5	5	20 715	3 250 000
2018/09/06	6.6	41	6 280	1 250 000
2019/06/18	6.4	—	460	—
2021/02/13	7.1	1	7 892	7 700 000
2021/03/20	7	—	611	550 000
2022/03/16	7.3	3	741	8 800 000

资料来源：EM-DAT

震级最大的是 2011 年 3 月 11 日发生在日本东北部太平洋海域的里氏 9.1 级

地震，造成近 2 万人死亡或失踪、约 37 万人受灾。这次地震也是日本 1900～2022 年经济损失最大的一次，直接经济损失约 2100 亿美元，占累计直接经济损失的 48%。

死亡或失踪人数最多的是 1923 年 9 月 1 日发生的关东大地震，约有 14 万人因地震死亡或失踪，占 1900～2022 年累计死亡或失踪人数的 76%。

受灾人数最多的是 1995 年 1 月 17 日发生的里氏 7.2 级的阪神大地震。这是 20 世纪日本除关东大地震外影响第二大的地震，造成了 5000 多人死亡或失踪，54 万多人受灾，直接经济损失也达到约 1000 亿美元。

3.3.2　巨灾风险管理的演进

回溯历史不难发现，日本巨灾风险管理体系的发展历程与其巨灾发生的经历、政治经济形势变化及社会文化传统有紧密的联系。

首先，巨灾经历是日本调整巨灾风险应对策略的导火线。从图 3-1 中可以看出，日本每次对巨灾风险管理的相关法律法规进行较大修订和完善都发生在巨灾发生之后。例如，1946 年昭和南海地震引发了次年《灾害救助法》的颁布；1959 年伊势湾台风促使《灾害对策基本法》的出台和中央防灾会议的成立；1995 年阪神大地震更是引起了日本对灾害风险管理体系的反思，不仅全面修订了《灾害对策基本法》，还将巨灾风险管理逐渐从由政府主导阶段转向政府协调、全社会共同应对和管理阶段，强调对自然灾害相关知识的普及教育和情感教育；2011 年“3·11”东日本大地震及福岛核电站核泄漏事故发生后，整个日本社会都对巨灾形成的灾害链问题进行了反思，由此于 2013 年修订的《灾害对策基本法》有针对

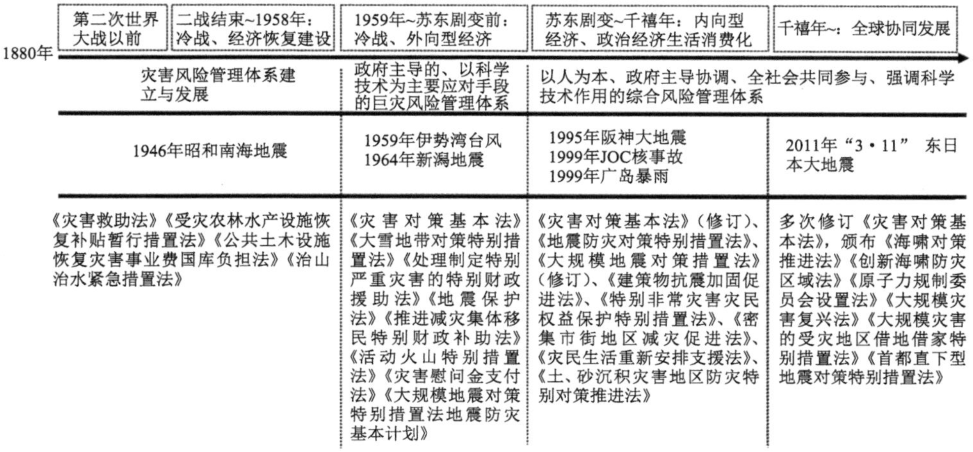

1880年
第二次世界大战以前
二战结束~1958年：冷战、经济恢复建设
1959年~苏东剧变前：冷战、外向型经济
苏东剧变~千禧年：内向型经济、政治经济生活消费化
千禧年~：全球协同发展
灾害风险管理体系建立与发展
政府主导的、以科学技术为主要应对手段的巨灾风险管理体系
以人为本、政府主导协调、全社会共同参与、强调科学技术作用的综合风险管理体系
1946年昭和南海地震
1959年伊势湾台风
1964年新潟地震
1995年阪神大地震
1999年JOC核事故
1999年广岛暴雨
2011年“3·11” 东日本大地震
《灾害救助法》《受灾农林水产设施恢复补贴暂行措置法》《公共土木设施恢复灾害事业费国库负担法》《治山治水紧急措置法》
《灾害对策基本法》《大雪地带对策特别措置法》《处理制定特别严重灾害的特别财政援助法》《地震保护法》《推进减灾集体移民特别财政补助法》《活动火山特别措置法》《灾害慰问金支付法》《大规模地震对策特别措置法地震防灾基本计划》
《灾害对策基本法》（修订）、《地震防灾对策特别措置法》、《大规模地震对策措置法》（修订）、《建策物抗震加固促进法》、《特别非常灾害灾民权益保护特别措置法》、《密集市街地区减灾促进法》、《灾民生活重新安排支援法》、《土、砂沉积灾害地区防灾特别对策推进法》
多次修订《灾害对策基本法》，颁布《海啸对策推进法》《创新海啸防灾区域法》《原子力规制委员会设置法》《大规模灾害复兴法》《大规模灾害的受灾地区借地借家特别措置法》《首都直下型地震对策特别措置法》

图 3-1　日本巨灾风险管理的演进

性地拓宽了灾后救援物资的来源，并规定了若干提高政府反应速度的规定，将抗灾能力提升至“3・11”东日本大地震的13倍。这些反应说明，日本十分擅长对巨灾风险管理的经验教训进行总结。日本内阁每年发布的《防灾白皮书》也是一份值得其他国家学习的经验汇编。

其次，不同历史时期的政治经济形势和社会文化也会影响日本巨灾风险管理体系的构建。就传统而言，受岛国情结和儒家文化的双重影响，日本民众有很强的“集体主义”特征，这就决定了日本中央和地方政府在巨灾风险管理体系中理所当然地处于核心地位。当然，这种核心地位同时也随着日本所面临的国内国际政治经济形势的变化而变化。

二战结束后，受“冷战思维”的影响，经济恢复重建和附庸美国冷战大旗的双重目标比应对巨灾风险显得更为重要，致使日本政府虽处于巨灾风险管理的主导地位，但未形成系统性的和全国性的管理体系。随后，待经济基本恢复和外向型经济模式形成后，日本才再度重视巨灾风险管理，开始着手建立系统性的管理体系。同时，因整个日本对科学技术相当推崇，所以1961年颁布的《灾害对策基本法》赋予了日本政府在巨灾风险管理方面的主导地位，并于此后一系列的法律法规及其修订中强调了科学技术的功能和作用。可以说，这一阶段日本的巨灾风险管理体系是政府主导的、以科学技术为主要应对手段的巨灾风险管理体系。

20世纪80年代末，随着东欧剧变和“冷战思维”的影响越来越小，以及日本逐渐从“外向型经济”转向“内向型经济”，社会各个层面的个体自由主义开始慢慢侵蚀“集体主义”传统，在巨灾风险管理中表现为“分散化决策”逐渐取代政府主导体制。1995年的阪神大地震就是一个契机，引发了整个日本对政府主导且完全依赖科学技术的巨灾风险管理体系的反思。遂对《灾害对策基本法》进行了修订，在其后对《灾害对策基本法》等一系列法律法规的修订中，开始强调个体在巨灾风险管理体系中的作用和责任，其中的一个重要体现是强化了灾害情感教育，通过各层面的教育来普及灾害知识，注重对由自然灾害所引起的心理创伤的抚慰。可以说，20世纪末日本的巨灾风险管理体系已开始形成以人为本、政府主导协调、全社会共同参与、强调科学技术作用的综合风险管理体系。

2011年发生的“3・11”东日本大地震不仅让世界震惊，也让日本政府从巨灾风险管理过程中深刻反思当时存在的问题：对灾害的估计是否恰当？应对海啸和地震的对策是否完善？应对大规模地震灾害的对策是否充分？对受灾者的支援是否到位？此次灾害加速推动了日本灾害管理的法治建设，并促使日本政府着力提高综合防灾能力，在加大防灾投入的同时极力推进灾害对策的标准化研究。

3.3.3　日本的地震保险制度

1. 发展历史

日本由北海道、本州、四国、九州 4 个大岛和 6000 多个小岛组成，位于我国的东北偏北海域上。日本列岛地壳活动十分活跃，因而地震频繁，火山爆发也时有发生，海上发生的地震还会引起海啸。同时，日本地少人多，城市化程度高，面临着非常巨大的地震风险损失，EM-DAT 的统计资料显示，仅 20 世纪 90 年代以来，日本就发生了 20 余起 7 级及以上的大地震。

19 世纪后期，日本地震频发，造成了数次重大损失。关于建立地震住宅保险制度的呼声不断。但由于地震风险的特殊性，地震住宅保险计划迟迟没有出台。直到 1964 年 6 月 16 日，日本新潟地区发生了 7.5 级的地震，造成 26 人死亡，2250 座房屋倒塌。这次地震让政府和国民意识到对家庭财产地震保险的需求，随之促成了日本地震灾害保险体系的建立。两年之后的 1966 年，日本颁布了《地震保险法》，标志着由政府和私人财产保险公司共同经营的地震保险体系建立。1966 年 5 月 30 日，日本的 20 家非寿险保险公司出资 10 亿日元成立了日本地震再保险株式会社（Japan Earthquake Reinsurance Co., Ltd.，JER）。

日本的地震保险分家庭保险和企业保险两种。《地震保险法》主要针对的是家庭财产地震保险，企业财产地震保险则完全由保险公司采取商业化运作方式运作，政府不参与。我们下面的介绍集中于政策性的家庭财产地震保险。

2. 家庭财产地震保险

JER 是日本家庭财产地震保险体系的中枢机构，负责所有地震保险保单的再保险安排和地震风险基金的运作。

JER、各保险公司和政府之间，根据以下三个协议进行地震保险的再保险安排。

（1）协议 A：JER 和日本境内的保险公司签订合同，承担所有住宅地震保险保单的保险责任。

（2）协议 B：JER 根据地震保险基金和其他因素，将地震保险责任再分保给各家保险公司。

（3）协议 C：JER 与政府之间有一个超额损失再保险合同。

当家庭财产地震保险的投保人向保险公司购买了地震保险保单，保险公司根据协议 A 将保单全额分保给 JER，JER 再根据协议 B 和协议 C 分保给保险公司和政府。

投保人遭受地震损失后，首先向保险公司索赔，保险公司向投保人支付赔偿。其次，保险公司再根据协议 A 从 JER 获得支付给投保人的全部金额。最后，根据协议 B 和协议 C，由 JER、政府和保险公司共同承担损失。图 3-2 是日本家庭财产地震保险再保险的运作流程图。

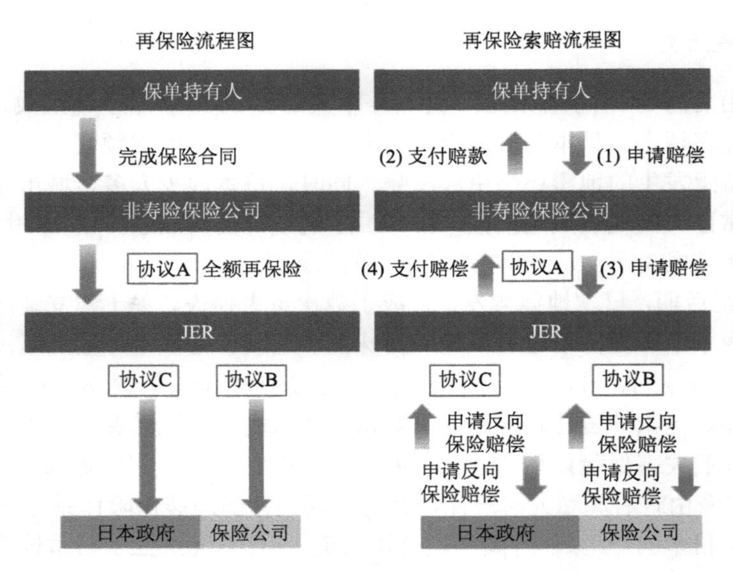

图 3-2　日本家庭财产地震保险再保险的运作流程图

资料来源：JER 2010 年年报

如果保险公司破产，日本的保单持有人保障公司会代替保险公司承担保险责任，也就是说，日本的家庭财产地震保险是由政府担保的。在 2006 年税制修订后，日本政府出台了地震保险税收优惠政策，投保了地震保险的纳税人可以从个人所得税税基和地方居住税税基中分别扣除 5 万日元和 2.5 万日元。

3. 保险产品

日本的家庭财产地震保险是非强制的，由居民自愿购买，一般是作为家庭火灾保险的可选附加险，不能单独购买。保险期限可以是一年的，也可以是多年的（2～5 年）。保险责任覆盖了地震、火山爆发、海啸和由地震引起的火灾。保额一般为火灾保险保额的 30%～50%。建筑物的保额上限是 5000 万日元，家庭财产的保额上限是 1000 万日元。

赔付则按不同损失程度确定，具体赔偿标准如表 3-9 所示。建筑物和家庭财产的损失赔偿标准是一样的。当损失程度低于 5%时，保险是免赔的，即免赔额是保险标的损失的 5%。

表 3-9　日本地震保险损失赔偿标准（2017 年 1 月 1 日起生效）

保险标的	损失等级	损失赔偿额
建筑物及家庭财产	全部损失	保险标的损失的 100%（不超过保险标的的当前价值）
	损失大部分	保险标的损失的 60%（不超过保险标的当前价值的 60%）
	损失小部分	保险标的损失的 30%（不超过保险标的当前价值的 30%）
	部分损失	保险标的损失的 5%（不超过保险标的当前价值的 5%）
建筑物及家庭财产	全部损失	保险标的损失的 100%（不超过保险标的的当前价值）
	一半损失	保险标的损失的 50%（不超过保险标的当前价值的 50%）
	部分损失	保险标的损失的 5%（不超过保险标的当前价值的 5%）

资料来源：JER 2020 年年报

4. 费率厘定

日本地震保险的费率由日本一般保险定价机构（General Insurance Rating Organization of Japan）[①]计算。保费费率等于纯风险费率与附加费率之和，其中纯风险费率是基于未来预期的赔付，主要根据最新修订的损失预测方法计算得到；附加费率与保险公司的经营费用及佣金相关。

首先，房屋的位置和基本结构决定了基本费率。根据地震调查研究推进本部（The Headquarters for Earthquake Research Promotion）出版的地质灾害地图，考虑到预期的灾害性地震，通过计算得到基本费率。2010 年，负责计算基本费率的机构——非寿险费率厘算组织（Non-life Insurance Rating Organization）将日本划分为 8 个地震风险不同的区域，在每个区域中，木质结构建筑的基本费率要高于非木质结构的基本费率，基本费率最低是 0.5%，最高达到 3.13%。

其次，再根据房屋的建筑质量，屋主可以享受费率折扣。例如，如果建筑物是根据法律规定建造的隔震建筑物，并按要求安置家庭财产，投保人可直接享受 50%的费率折扣。如果建筑物符合法律规定的相应抗震等级，户主也可享受相应的 10%、30%或 50%的费率折扣。根据建筑抗震性能决定的折扣分为 10%、30% 和 50%三档。如果建筑物原来不符合要求，但经过抗震改造后满足了抗震等级要求，户主可享受 10%的费率折扣。如果建筑物是 1981 年 6 月以后建造的，户主可直接享受 10%的费率折扣。

以上是一年期保单的费率，如果购买长期保单，费率还可以更加优惠。如表 3-10 所示，长期保单的费率等于一年期保单的费率乘以优惠系数。

---

① 是日本唯一一家以促进一般保险业务健康发展、保护投保人利益等为宗旨，依据《非寿险费率厘算组织法》成立的保险评级机构，主要业务是计算和提供参考损失成本费率和标准全额费率。

表 3-10　长期保单的优惠系数

保单期限	2 年	3 年	4 年	5 年
系数	1.90	2.80	3.70	4.60

资料来源：JER 2020 年年报

表 3-11 给出了日本典型地震区域的家庭参保情况。

表 3-11　大地震区家庭参保地震保险的比例

地震区（区域名）	家庭数量（A）/千户	保单数量（B）/千份	家庭投保比例（B/A）	未来 30 年发生地震的概率
关东	26 770	9 333	34.9%	0～6%
东京大都会	18 970	6 663	35.1%	约 70%
南海海槽	45 112	15 218	33.7%	70%～80%

资料来源：JER 2020 年年报

5. 赔付体系及赔付机制

日本地震保险采用“二级再保险”模式，地震风险由政府、商业保险公司与 JER 共同承担。保险责任被划分为三个层次。

（1）当地震引起的损失在 871 亿日元以下时，商业保险公司承担 100%的保险责任。

（2）如果总损失额在 871 亿至 1537 亿日元之间，则超过 871 亿日元的部分由 JER 和原承保公司共同承担 50%，政府承担另外的 50%。

（3）如果总损失额超过 1537 亿日元且低于 11.7 万亿日元，由 JER 和原承保公司共同承担超过部分的 0.1%，政府承担剩余的 99.9%。

（4）根据 JER 于 2019 年 4 月 1 日的规定，单次地震的赔付上限为 11.7 万亿日元，如果单次损失总额超过此赔付上限，将按比例减少各保单的赔款。

风险分担机制如图 3-3 所示。在此风险分担机制中，JER 与保险公司单次地震灾害的赔付限额为 1338 亿日元，而日本政府的赔付限额为 115 662 亿日元。

根据以上风险分担机制，表 3-12 给出了 JER 近年来支付的索赔情况包括了 2018 年北海道胆振东部的北海道地震和 2018 年大阪北部的大阪地震等，保单索赔件数共计 52 551 项，赔付金额约为 333.78 亿日元。

用于地震损失的赔款来自地震保险的保费收入及相应的投资收益，即 JER 和保险公司将投保人支付的保险费中的风险保险费作为地震保险风险准备金，用于可能支付的地震保险索赔；政府则依法将政府准备金存入地震再保险专项账户。此外，从这些累积负债准备金中获得的所有投资收益也必须作为准备金累积。在

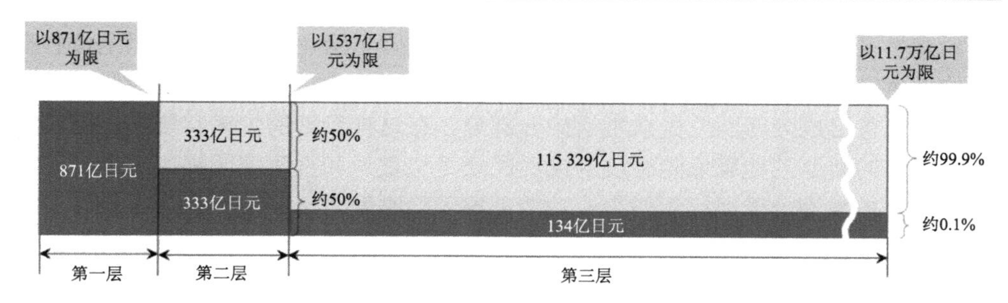

图 3-3　日本地震保险风险分担机制

资料来源：JER 2020 年年报

表 3-12　近年 JER 的赔付情况

地震区域	发生日期	震级	保单数量/项	再保险赔付额/百万日元
2018 年北海道胆振东部	2018/09/06	6.7	18 046	10 772
2018 年大阪北部	2018/06/18	6.1	15 122	9 066
胆振中东部	2019/02/21	5.8	4 551	3 280
2011 年东北地方太平洋近海	2011/03/11	9.0	3 982	2 839
2016 年熊本	2016/04/14	7.3	2 729	2 404
其他地震区域			8 121	5 014
合计			52 551	33 375

资料来源：JER 2020 年年报

发生地震并造成损失或损害时，JER、保险公司和政府分别按再保险方案规定的各项责任支付保险索赔。截至 2019 财年底，JER、保险公司和政府的地震风险准备金情况如表 3-13 所示。

表 3-13　2019 财年底 JER 和保险公司的风险准备金余额及政府责任准备金情况

参与方	风险（责任）准备金/亿日元
JER	2 228
保险公司	316
政府	18 970
合计	21 515*

资料来源：JER 2020 年年报

*表示据原始数据所得

3.4　新　西　兰

新西兰位于世界上两个主要的构造板块——太平洋板块和澳大利亚板块的边

界，有“震动的岛屿”之称。每年，新西兰地震信息网（GeoNet）可以定位和存档的发生在新西兰的地震次数就超过 1.5 万次，其中 100～150 次为有感地震，抗击地震灾害已成为新西兰民众生活的一部分。在这样频繁的灾害背景下，新西兰政府建立的新西兰地震保险制度为灾后民众尽快重返和重建家园提供了及时的资金支持，被誉为全球现行运作最成功的灾害保险制度之一。

3.4.1　地震保险制度的历史

新西兰是世界上最早建立地震保险制度的国家之一。与其他国家相比，较高的投保率与可视化的成果使其在国际上的评价颇高，部分学者称其为“世界上最成功的巨灾保险制度”。新西兰地震保险制度的历史实际上是新西兰地震委员会（Earthquake Commission，EQC）的成长史。

1941 年 10 月，新西兰政府遵循英国先例，成立了战争损害委员会。1942 年，惠灵顿和怀拉拉帕地区发生的里氏 7.2 级地震暴露出对地震损失保障的需求，战争损害委员会的保障范围扩展至涵盖地震风险，该组织也因此更名为地震与战争损害委员会（Earthquake and War Damage Commission）。根据 1944 年颁布的《地震与战争损害法》，所有的火险保单必须保障地震和战争风险，保险公司因此多收的 0.05%的保费交给由地震与战争损害委员会管理的地震和战争损害基金，并由政府担保基金的赔偿能力。1950～1954 年，该项目的承保风险范围扩展至洪水、风暴、火山爆发及山地滑坡[①]。随着保险制度的日渐成熟，到了 1967 年，一切地质灾害带来的损失都成为该保险计划覆盖的风险。进入 20 世纪 80 年代，地震与战争损害委员会的资金储备已无力应对单次大地震的经济损失，且这种状况持续了许多年，约 40%的新西兰人未投保或投保不足。1988 年，地震与战争损害委员会改组成自主运营的商业公司形式，但仍由政府提名的委员会进行管理，并向财政部汇报。

新西兰出台了《1993 年地震委员会法案》（Earthquake Commission Act 1993），对地震保险制度进行了改革。改革的主要目标是降低政府承担的巨灾风险，并让地震保险计划的运行更加商业化，但针对住宅地震保险的“低成本、广覆盖和强制性”原则仍没有改变。同时，取消了对战争损害的保障，相应地在机构名称上也去掉了“战争”二字，将“地震与战争损害委员会”改为“地震委员会”。EQC 从 1994 年 1 月开始运行，已持续到今天。

3.4.2　地震保险运作机制

新西兰的地震保险采取的是政府与市场相结合的方式，由三部分构成——

---

① 1984 年 5 月又取消了对洪水和风暴风险的覆盖。

EQC、保险公司和保险协会，它们分别属于政府、商业保险机构和社会组织。EQC作为整个机制的中枢机构，全权负责地震保险的各类经营活动、自然灾害基金的运作、对自然灾害的风险控制研究、对居民进行宣传教育等，基本囊括了有关地震保险的所有职能，负责整个国家包括地震保险在内的巨灾保险的统筹运营。在这一机制里，保险公司主要扮演 EQC 的代理商角色。

EQC 运作和支付赔偿的资金主要来自投保人缴纳的保费。根据相关法律规定，保费中将有一部分存入自然灾害基金。EQC 利用基金中的资金，按照《1993年地震委员会法案》开展工作，包括：处理向 EQC 提出的索赔；从国际金融市场购买再保险；满足 EQC 计划的管理成本；加强对自然灾害风险的理解，以及通过资助研究和教育来减少自然灾害风险。

新西兰政府设立自然灾害基金的目的在于确保在发生自然灾害时，拥有房屋和财产保险的投保人提出的损失索赔能够得到赔偿。该基金中的资金主要来源于新西兰人缴纳的税费和基金本身的投资回报。在 2010 年坎特伯雷地震之前，该基金累积的资金已达到 59 亿美元，但 2010 年的坎特伯雷地震和 2016 年的凯库拉地震几乎耗尽了该基金的全部资金。为了确保 EQC 收取的保费能足够应对以后的地震损失，2017 年 11 月，EQC 征收保费的比例从每 100 美元征收 15 美分增加到 20 美分。随着时间的推移，预计保费的增加将有助于坎特伯雷地震和凯库拉地震后自然灾害基金的重建。

除了使用自然灾害基金中的资金进行赔付以外，1988 年以来，EQC 还通过购买再保险，在重大灾害发生后提供及时、高额的额外赔付。按计划，EQC 每年都在国际市场上购买再保险。再保险通过与国际再保险经纪人协商得到，大约有 40 家再保险公司参与其中。比如，在 2021 年，EQC 为 70 亿美元的再保险保障支付了约 1.9 亿美元的再保险保费。与许多其他形式的保险一样，再保险只负责 EQC 索赔中超过免赔额且低于超赔的部分。EQC 目前购买的再保险的免赔额为 17.5 亿美元，意味着只有当 EQC 支付的所有索赔金额超过 17.5 亿美元后，才能获得再保险的赔付。而且，每次自然灾害事件都有免赔额的约定。例如，凯库拉地震已让 EQC 损失了 5.3 亿美元，这笔资金是由自然灾害基金支付的，而非再保险公司。自 1988 年以来，EQC 已经支付了 20 多亿美元的再保险保费，并从再保险公司获得了 40 多亿美元，以支付坎特伯雷地震序列的索赔费用。

在再保险的保障下，EQC 还通过每年向政府支付 1000 万美元的形式，寻求政府的最终担保。这意味着，如果基金的资金被全部用完，余下的所有向 EQC 提出的索赔将由政府支付。

3.4.3　地震保险产品

EQC 的保险被称为 EQCover。EQCover 为住宅、土地和财产提供自然灾害保险。其中住宅不包括游泳池、室外水系统和网球场等。家庭财产不包括宠物、牲畜、摩托车、船、飞机、首饰、艺术品和文件。土地特指住宅下面的土地和有围墙的土地，且离房屋不能超过 60 米。如果家庭目前有包含火险的房屋、财产保险的商业保险保单（大部分都有），被保险人就会自动拥有 EQCover。换句话说，该地震保险是火灾保险的强制附加险，不能单独购买。

该保险承保的风险包括地震、海啸、自然土地滑坡、火山爆发、热液活动，风暴和洪水对住宅土地产生的损失，以及以上灾害带来的火灾。在承保风险范围内，EQCover 承保住宅用地遭受风暴和洪水破坏的经济损失，承保由这些自然灾害造成的火灾的损失。若被保险的房屋在灾难发生后没有受到直接损坏，而只是形成了某种安全隐患，EQCover 也可能适用。但自 2019 年 7 月 1 日起，EQC 将不再赔偿房屋内部的财产。

地震保险的费率为 0.1%～0.5%。每 100 新西兰元的家庭或财产保险中有 0.2 新西兰元是交给 EQCover 的。这笔款项包括在交给保险公司的保费中，经由保险公司交给 EQC。

一旦发生承保范围内的灾害损失，被保险人可在发生损害的 30 天内（EQC 可以根据情况延长到 3 个月）向保险公司或 EQC 索赔。EQC 根据独立专家的核损意见支付赔偿。EQC 也可以选择整修、复原或重建保险标的。

根据《1993 年地震委员会法案》，赔偿金额的上限是保额和修复重建成本的较低值。房屋的保额上限是 10 万新西兰元加 12.5%的税，共 11.25 万新西兰元。个人财产的保额上限是 2 万新西兰元，加税共 2.25 万新西兰元。超过限额的部分，居民可以向私营保险公司购买地震保险。自 2019 年 7 月 1 日起，EQCover 提供的保障上限从 10 万新西兰元增加到 15 万新西兰元。赔偿上限的增加会要求保费缴纳上限的相应增加。所以，自 2019 年 7 月 1 日起，房屋保险的房主支付 EQC 的最高保费从 276 新西兰元提高到 345 新西兰元。另外，取消了屋内财产的部分保障，EQC 服务费也已经从 240 新西兰元上调到 300 新西兰元。

当然，新西兰住宅地震保险也是有免赔额的。具体而言，住宅的免赔额是每户住所 200 新西兰元和 1%的赔偿金额中的较高值；屋内财产的免赔额是 200 新西兰元；对于土地，如果索赔额在 5000 新西兰元以内，则免赔额是 500 新西兰元；超过 5000 新西兰元则是 10%的赔偿金额。

3.5　土　耳　其

土耳其大部分国土位于内陆，与我国西南地区相似，面临高发的地震风险。土耳其在很长一段时间内也只是在灾后依靠政府救助、国际援助和社会救助来补偿灾害损失。1999 年马尔马拉（Mármara）地震和伊兹密特（Izmit）地震后，土耳其在世界银行帮助下建立了巨灾保险共同体。

3.5.1　地震保险发展历史

土耳其位于地中海和黑海之间，地处安纳利托亚断裂带，地质构造不稳，属于地震多发地区，地震灾害导致的经济损失占自然灾害总损失的 65%。据统计，1925 年至 1988 年，平均每年因地震死亡的人数就达 1100 人，约 5600 栋建筑物被毁坏。由于没有一个专门的制度安排，一方面保险公司经营地震保险的风险无法得到有效分散，从自身经营稳定性的角度考虑，其不愿意开展地震保险；另一方面保险意识相对落后，居民存在一定的依赖思想，缺乏投保的积极性。1992 年埃尔津詹（Erzincan）地震发生后，不少专家呼吁建立专门的地震保险制度，但由于社会的认识不统一，加上政府也没有积极性，因此，地震保险制度的建设议而不决。

推动土耳其建立地震保险制度的契机是 1999 年的两次大地震，即 8 月 17 日发生的马尔马拉地震和 11 月 12 日在土耳其西部发生地震，两次地震导致 1.8 万人死亡，4.3 万人伤残，60 万人无家可归，经济损失达 200 亿美元。一年之内发生两次大地震，给社会生产和生活带来了巨大影响，同时，土耳其政府也面临着前所未有的社会管理和财政压力，认识到建立地震保险制度的重要性。于是，2000 年在世界银行的帮助下，土耳其开展了政府、保险公司和国际组织合作建设巨灾保险制度的尝试，设立了土耳其巨灾保险共同体（Turkish Catastrophe Insurance Pool，TCIP）；同时，推动巨灾保险相关法律法规的制定工作，构建了以《强制地震保险法令》为主的法律制度体系，为巨灾保险的开展奠定了制度基础（王和，2014）。

作为中枢机构的 TCIP 是一个非营利机构，它的资金主要来自保费收入，不需要政府补贴。政府财政部门负责监督地震保险项目，审计所有的 TCIP 运营活动和账目，并由独立的会计师事务所每年审计 TCIP 的账目。TCIP 享有税收和一切费用的豁免权，其积累的基金在独立账户中管理，基金的管理和投资遵循 TCIP 管理委员会制定的原则。为尽量降低成本和提高运营效率，TCIP 的大部分具体职能都是外包的。比如，运营管理外包给了一家在土耳其再保险行业中处于龙头地位的再保险公司 Milli Re[①]；保险公司及其代理机构负责营销和销售地震保险保单；聘请独立的损失评估机构负责评估损失。截至 2021 年，已经有 32 家保险公司被授权销售地震保险保单，这些保险公司通过出售保单可以获得佣金收入。

① Milli Re 是世界上第一家经营法定再保险业务的公司，由土耳其的伊斯坦布尔银行、国家财政部等 24 家股东共同出资于 1929 年 7 月 19 日成立，成立的初衷是确保土耳其法定再保险相关法案的严格执行。

如表 3-14 所示，截止到 2021 年底，TCIP 累计为 988 次地震造成的 9 万多份灾后索赔提供了超过 10 亿里拉的损失赔付。

表 3-14　2000～2021 年 TCIP 的赔付情况

年份	地震次数/次	索赔数量/份	赔付金额/里拉
2000	1	6	23 022
2001	17	336	126 052
2002	21	1 558	2 292 146
2003	20	2 504	5 203 990
2004	31	587	768 927
2005	41	3 489	8 134 352
2006	23	500	1 303 673
2007	42	997	1 492 767
2008	45	496	2 060 526
2009	37	268	525 174
2010	37	461	936 100
2011	42	7 931	145 773 883
2012	56	1 665	5 694 656
2013	23	174	813 995
2014	37	828	4 363 766
2015	33	299	991 201
2016	27	204	893 911
2017	45	2 051	8 873 476
2018	54	244	860 856
2019	93	8 923	69 233 281
2020	161	56 428	748 386 378
2021	102	2 570	32 443 269

资料来源：土耳其巨灾保险共同体网站（http://www.dask.gov.tr/）

3.5.2　地震保险产品

土耳其所有的城市住宅都必须投保强制性地震保险，这种强制性地震保险是申请住宅产权登记和申请水、电、天然气和电话等公用事业服务的必要前提条件。强制性地震保险条款全国统一，并独立于火灾保险或家庭财产保险。

强制性地震保险标的是城市区域的住宅，不包括屋内财产。保障的风险有：地震，地震引发的火灾、爆炸、滑坡等。保险公司可以对家庭财产提供自愿的保险。

强制保险的最大保额为 64 万里拉[①]，且根据每年的消费价格指数（consumer price index，CPI）进行调整，以反映建筑成本的提升。如果房屋的价值超过了这个限额，投保人可以向商业保险公司购买附加保险。

核损时，TCIP 的主要依据是重建成本，赔偿额不能高于保额。对于砖石房屋或者小房屋，实际保额通常低于最大保额，实际保额的计算方法是：总平方米×单位重建成本。

强制性地震保险有 2%的免赔额，2%以上没有共保。

TCIP 有一个简单的费率矩阵，以反映不同的地震风险和建筑类型。该费率矩阵将土耳其分成了 5 个地震风险不同的区域，建筑种类分成钢筋混凝土、砖石结构和其他 3 种，因而共有 15 种费率。

赔偿由 TCIP 直接支付。如表 3-15 所示，自从 TCIP 成立以来，截至 2021 年底，TCIP 已经累计支付了超过 10.4 亿里拉的赔款。

3.5.3　再保险安排

TCIP 将风险汇总后，通过国际再保险市场、世界银行的或有贷款和风险自留等方式来分散风险。

在最开始的设计中，政府对 TCIP 没有任何担保责任，但很快这一做法受到了强烈批评，被认为是一种不负责任的行为。于是政府开始为 TCIP 担任最后偿付人的角色，但这种担保责任并不是法定的，仍不能保证政府会一直承担这种担保责任。

在强制保险计划刚开始的 5 年中，TCIP 一般会自留 2000 万美元的风险，保持 9.9 亿美元的支付能力。之后 TCIP 逐渐减小了再保险的购买比例，增加了自留额度。到 2004 年，TCIP 的总赔偿能力已经足以抵御 200 年一遇的大地震，达到了巨灾再保险人要求的投资评级的最低限度。

3.6　经 验 比 较

3.6.1　不同国家和地区地震保险运行机制比较

如表 3-15 所示，以上四个国家（地区）的地震保险都是政策性的，其诞生都有私营巨灾保险市场供给不足的原因。政府机构在这些地方的地震保险中均扮演了举足轻重的角色，但参与方式并不完全相同。相同的是，政府都提供了立法上的支持，这是政策性地震保险能够推行的基本条件。相比而言，市场化程度较高

① 截至 2022 年 11 月 25 日。

的是美国加利福尼亚州的地震保险，是完全自愿性质的保险，政府不提供财政担保或分担损失。市场化程度较低的是土耳其的住宅地震保险，有一定的强制性，且政府提供担保或分担损失。日本有一套世界领先的国家巨灾防范体系，地震保险是该体系的一个组成部分。从不同国家和地区的经验可以看出，越是保险市场发达的地方，政府越是可以依赖市场的力量。在财产保险和巨灾保险不发达的地方，政府需要承担更多的责任，发挥更大的推动作用。

表 3-15　不同国家和地区地震保险运行机制的比较

国家（地区）	中枢机构	政府作用	保险公司作用	强制/自愿
日本	JER	立法、免税、分担损失	销售保单、核损、分担损失	火灾保险的可选附加险
新西兰	EQC	立法、免税、担保	销售保单	火灾保险的强制附加险
美国加利福尼亚州	CEA	立法、免税	销售保单、核损、分担损失	独立的自愿保险
土耳其	TCIP	立法、免税、成立初期担保	销售保单	独立的强制保险

各地区住宅地震保险制度的一个共同特征是都会有一个中枢机构。政府通过中枢机构执行巨灾风险管理的法律，推动地震保险体系的建设。中枢机构有的是以再保险人的身份出现，如日本；有的是以直接保险人的身份出现，如美国加利福尼亚州、新西兰和土耳其。虽然形式上有所不同，但都会承担下面三项职能：①提供标准化的保单；②将风险汇聚后再利用再保险、巨灾债券等方式进行分散；③管理巨灾风险基金（或准备金）。比如，虽然日本的 JER 扮演的是再保险公司的角色，但根据协议 A，所有保险公司的保单会全额分保给 JER，且所有保险公司的保单都是标准化的。这样，JER 在地震保险体系中实际承担的责任和直接保险人没有什么不同。

上述国家和地区的政策性地震保险体系的建立都没有离开保险公司的协助。在这些体系中，保险公司承担了代理销售保单的职责。日本、美国加利福尼亚州的地震保险体系中，保险公司发挥的作用还包括核损和分担损失。美国的 CEA 和日本的 JER 都是由保险公司出资建立的，充分调动保险公司的能力已成为政策性住宅地震保险成功运行的一条经验。

在实行强制保险还是自愿保险的选择方面我们看到，保险基础较好的国家和地区往往会选择自愿保险，保险市场本来就不发达且投保率较低的国家（如土耳其），则会实行强制保险制度。

3.6.2　保单设计的比较

从表 3-16 中可以看出，土耳其地震保险的保险标的只包括房屋本身，不包括屋内财产，这是简化保单和核损过程的一种方式。新西兰的保险标的最多，不仅包括房屋、家庭财产，还包括房屋下面的土地和有围墙的土地。新西兰地震保险覆盖的巨灾风险种类也是最多的，几乎包括了一切地质灾害给住宅带来的损失。美国加利福尼亚州的地震保险覆盖的风险范围最小，连地震引发的火灾和爆炸也被排除在外。

表 3-16　不同国家和地区地震保险保单的比较

国家（地区）	保险标的	覆盖风险	保额	免赔额（共保）
日本	房屋和家庭财产	地震、火山爆发、海啸和由地震引起的火灾	所属火险保额的 30%～50%，建筑物保额上限为 5000 万日元，家庭财产的保额上限为 100 万日元	没有免赔额，建筑物损失达到 3%、家庭财产损失达到 10%才能得到赔偿
新西兰	房屋、家庭财产和土地	地震、海啸、滑坡、火山、风暴和洪水	房屋保额上限为 11.25 万新西兰元，家庭财产保额上限为 2.25 万新西兰元	房屋免赔额为 200 新西兰元和 1%保额的高值，家庭财产的免赔额是 200 新西兰元
美国加利福尼亚州	房屋和家庭财产	地震造成的直接损失，引发的火灾、爆炸除外	建筑物无限额，家庭财产保额上限为 5000 美元，紧急住宿费用为 1500 美元	15%
土耳其	房屋	地震及地震引发的火灾、爆炸、滑坡	约 6.25 万美元，根据 CPI 调整	2%

上述国家和地区都对地震保险的保额做出了限制，除了美国加利福尼亚州对住宅的保额上限没有限制以外。对保单保额进行限制是一种控制总体风险的方式，值得我国在发展住宅地震保险时借鉴。

在免赔额的规定方面，美国加利福尼亚州、新西兰和土耳其都规定了免赔额。其中美国加利福尼亚州住宅地震保险的免赔率达到了 15%。日本虽然没有规定免赔额，但在达到部分损失标准的情况下才会赔偿，即对于一定程度以下的损失，日本的住宅地震保险是不会赔偿的。

3.6.3　再保险安排和损失分担机制的比较

上述国家和地区的地震保险中枢机构在再保险安排上都是通过国际再保险市场或发行巨灾债券将部分风险（通常是超额损失风险）分出去，其余部分自留。

日本设置了针对一次地震的损失赔偿上限，如果超过了这个上限，则按比例降低原定的赔偿责任。这是控制巨灾保险基金偿付能力不足的风险、保障住宅地震保险体系财务安全的有效措施。由于地震保险的可持续性本质上也符合投保人的利益，因此这种措施对投保人的长期利益来说也是有利的。

由于自留了风险，中枢机构均会积累地震风险准备基金，管理风险准备基金成为中枢机构的重要职责。除了新西兰可以将该基金中的部分资金投入全球股票市场外，其余国家和地区对基金的投资均主要以流动性强和信用评级高的债券为主，资金的流动性和安全性是最重要的管理标准，只有在充分考虑了这两方面要求的基础上，才会考虑投资的收益性。

第 4 章　中国巨灾风险管理的实践

4.1　历 史 沿 革

我国是一个自然灾害频发的国家。新中国成立以来，国家在应对自然灾害方面付出了巨大努力，制定了各种方针和政策，投入了大量人力、物力和财力，兴建了大批减灾工程项目，使我国在应对巨灾风险方面已经具备了强大的物质基础和初步的管理经验。

图 4-1 描述了半个多世纪以来，我国在巨灾风险应对及管理方面的重要方针政策和实施举措。不难看出，我国在巨灾风险的应对方面经历了不同寻常的历程，表现在：①参与主体由开始的以民间为主逐步转为政府主导或引导下的举国体制；②应对灾害的目标也由单一经济目标向经济、政治、社会等多元化目标发展；③应对方式由被动的灾后救助逐渐演变为注重加强前期的预防；④管理体制由以单一部门为主过渡到党中央集中统一领导、有关部门统一指挥、上下联动的协同式管理；⑤在机构设置方面，不断积极探索和总结经验，整合各部门资源，建立了拥有统一管理对象、管理职责和管理程序的国家应急管理体系。

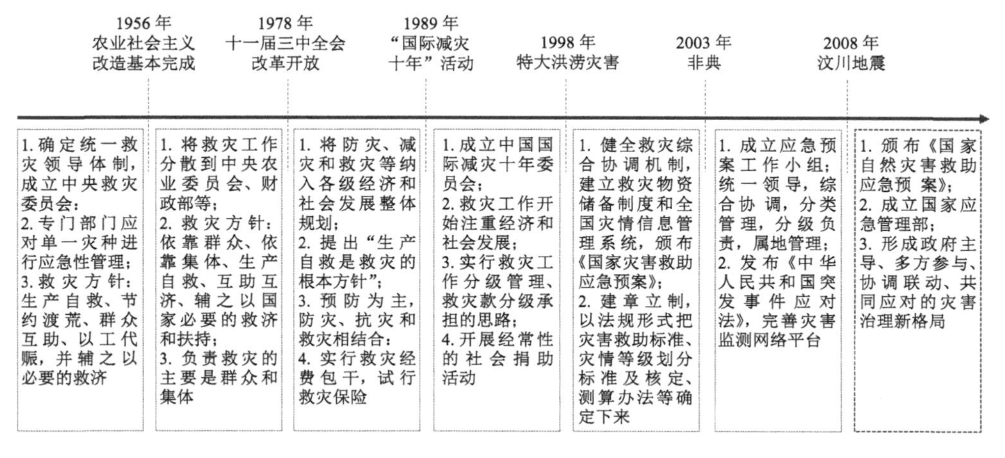

图 4-1　我国应对自然巨灾和突发事故的措施的历史沿革

经过多年努力，我国应对自然灾害的能力取得了长足进步，重大自然灾害对社会和经济发展的影响得到了一定程度的抑制；由重大灾害导致的死亡人数相对减少；政府和社会应对重大自然灾害的能力和信心不断增强；我国在应对重大自然灾害方面的一些基本经验特别是举国体制，已经得到国际社会的广泛赞许和认同。但我们也必须清醒地看到，我国在巨灾风险整体管理体系建设方面还存在很多问题和不足，面临着许多困难和挑战，如果解决不当，可能会对我国未来社会和经济的长期稳定和可持续发展造成较大影响。

4.2 立法及行政部门的角色

本节将从立法、行政规章及主要实施部门等三个视角，介绍我国目前对自然灾害和突发事件的应对及管理体系。

4.2.1 全国人大

全国人民代表大会作为我国最高国家权力机关，拥有立法权。随着我国法律体系的不断完善，有关巨灾风险应对和管理方面的法律法规也逐渐增多，已经初步形成了有关巨灾风险管理的法律体系，其中既有综合类的法律，如《中华人民共和国突发事件应对法》等；也有针对不同类型风险的专门法律，如《中华人民共和国防震减灾法》《中华人民共和国防洪法》《中华人民共和国水法》《中华人民共和国气象法》《中华人民共和国传染病防治法》等。除了立法机关颁布的法律外，国务院及有关部门也颁布了一系列部门规章，依法落实对自然灾害及突发事件的应对和管理。目前，已颁布的与应对自然灾害和突发事件有关的法律和法规包括：《中华人民共和国突发事件应对法》《中华人民共和国防震减灾法》《中华人民共和国防洪法》《中华人民共和国传染病防治法》《中华人民共和国水法》《中华人民共和国气象法》《中华人民共和国防沙治沙法》《中华人民共和国森林法》《中华人民共和国公益事业捐赠法》《中华人民共和国慈善法》《中华人民共和国防汛条例》《水库大坝安全管理条例》《蓄滞洪区运用补偿暂行办法》《人工影响天气管理条例》《军队参加抢险救灾条例》《破坏性地震应急条例》《森林防火条例》《森林病虫害防治条例》《中华人民共和国森林法实施条例》《草原防火条例》《中华人民共和国自然保护区条例》《地质灾害防治条例》《中华人民共和国海洋石油勘探开发环境保护管理条例》《气象灾害防御条例》《自然灾害救助条例》等。

以上法律和法规基本包括了我国目前对主要巨灾风险的应对管理措施，在巨灾风险管理实践中具有重要的指导和规范作用。

4.2.2 中央政府

一般来看，国际上的巨灾风险管理机制主要有两类：一是以政府为主导的巨灾风险管理和损失补偿机制；二是以商业保险为主导的市场化的巨灾风险管理和损失补偿机制。我国的巨灾风险管理是典型的由政府主导的，这一机制特征与我国长期以来形成的政府对经济和社会发展实施较大程度的管理这一特点紧密相关。中国政府拥有强大的调动和整合社会各类资源的能力，对社会风险管理承担最终的无限责任。长期以来，无论是政府的自我定位还是民间的预期，人们都普遍认为灾后救助乃至恢复重建都应该是政府义不容辞的责任。

总体而言，我国政府在巨灾风险管理中的作用可以概括为两个方面：第一是主导作用，第二是引导作用。一方面，政府通过立法保障、组织实施、财政补贴、税收优惠、指挥协调、制定规划等方面，在巨灾风险管理方面起着主导作用，确保自然巨灾发生前的防损、发生时的紧急救援和临时救济、发生后的恢复重建等措施的落实；另一方面，政府通过政策激励、舆论宣传、规范指导等方式，引导商业保险、社会捐助等方面力量加入，形成更加有效的全方位的对巨灾风险的应对。

在管理上，我国实行“政府统一领导，部门分工负责，灾害分级管理，属地管理为主”的减灾救灾领导体制，中央政府相关部门负责不同领域的风险应对。比如，民政部门主要负责自然灾害救灾，消防部门主要负责火灾事故救援，安监部门主要负责矿企业事故灾难救援，水利部门主要负责水旱灾害防治，农业部门主要负责草原防火，林业部门主要负责森林防火，国土资源部门主要负责地质灾害防治等。这种分类管理体制的优点是专业化和垂直化，符合专业分工的要求。

本节主要介绍国务院及其相关部门在巨灾风险管理中的主要职能及相互关系。

1. 国务院组成部门[①]

国务院是自然巨灾及突发公共事件应急管理工作的最高行政领导机构，在国务院总理领导下，通过国务院常务会议和国家相关突发公共事件应急指挥机构，负责突发公共事件的应急管理工作，必要时，派出国务院工作组指导有关工作。国务院的上述职能是通过以下机构的具体职能实现的。

1）国务院应急管理办公室[②]

为加强应急管理工作，全面履行政府职能，根据《国务院关于实施国家突发公共事件总体应急预案的决定》（国发〔2005〕11 号）和中编办《关于增设国务院办公厅国务院应急管理办公室的批复》（中央编办复字〔2005〕47 号），国务院办公厅于 2006 年 4 月设置国务院应急管理办公室（国务院总值班室），承担国务院应急管理的日常工作和国务院总值班工作，履行值守应急、信息汇总和综合

① 源自中国政府网。

② 2006 年成立，2018 年 9 月不再保留，相应职责划入应急管理部。

协调职能，发挥运转枢纽作用[①]。

国务院应急管理办公室的主要职责是：①承担国务院总值班工作，及时掌握和报告国内外相关重大情况和动态，办理向国务院报送的紧急重要事项，保证国务院与各省（区、市）人民政府、国务院各部门联络畅通，指导全国政府系统值班工作；②办理国务院有关决定事项，督促落实国务院领导批示、指示，承办国务院应急管理的专题会议、活动和文电等工作；③负责协调和督促检查各省（区、市）人民政府、国务院各部门应急管理工作，协调、组织有关方面研究提出国家应急管理的政策、法规和规划建议；④负责组织编制国家突发公共事件总体应急预案和审核专项应急预案，协调指导应急预案体系和应急体制、机制、法制建设，指导各省（区、市）人民政府、国务院有关部门应急体系、应急信息平台建设等工作；⑤协助国务院领导处置特别重大突发公共事件，协调指导特别重大和重大突发公共事件的预防预警、应急演练、应急处置、调查评估、信息发布、应急保障和国际救援等工作；⑥组织开展信息调研和宣传培训工作，协调应急管理方面的国际交流与合作；⑦承办国务院领导交办的其他事项。

2）应急管理部

随着经济社会的发展，特别是城市化程度的提高，大量灾害事故呈现连锁性、衍生性和综合性等特征，横向上涉及多个部门，纵向上涉及多个层级，并非单个部门能承担和应对的。为防范化解重特大安全风险，健全公共安全体系，整合优化应急力量和资源，推动形成统一指挥、专常兼备、反应灵敏、上下联动、平战结合的中国特色应急管理体制，提高防灾减灾救灾能力，确保人民群众生命财产安全和社会稳定，根据第十三届全国人民代表大会第一次会议批准的《国务院机构改革方案》，国务院于 2018 年 3 月批准组建了应急管理部。

如图 4-2 所示，应急管理部将原来 11 个部门的 13 项应急救援职责，以及 5 个国家议事协调机构的职责进行了整合，增强了巨灾风险管理工作的系统性、整体性、协同性。整合后的应急管理部包含 5 个议事机构、22 个机关司局、5 个部属单位[②]（图 4-3）。其主要职责包括：组织编制国家应急总体预案和规划，指导各地区各部门应对突发事件工作，推动应急预案体系建设和预案演练。建立灾情报告系统并统一发布灾情，统筹应急力量建设和物资储备并在救灾时统一调度，组织灾害救助体系建设，指导安全生产类、自然灾害类应急救援，承担国家应对特别重大灾害指挥部工作。指导火灾、水旱灾害、地质灾害等防治。负责安全生产综合监督管理和工矿商贸行业安全生产监督管理等。

① 《国务院办公厅关于设置国务院应急管理办公室（国务院总值班室）的通知》，https://www.gov.cn/gongbao/content/2006/content_320626.htm，2008-03-28。

② 2023 年 1 月，应急管理部消防救援局和森林消防局整合而成国家消防救援局。

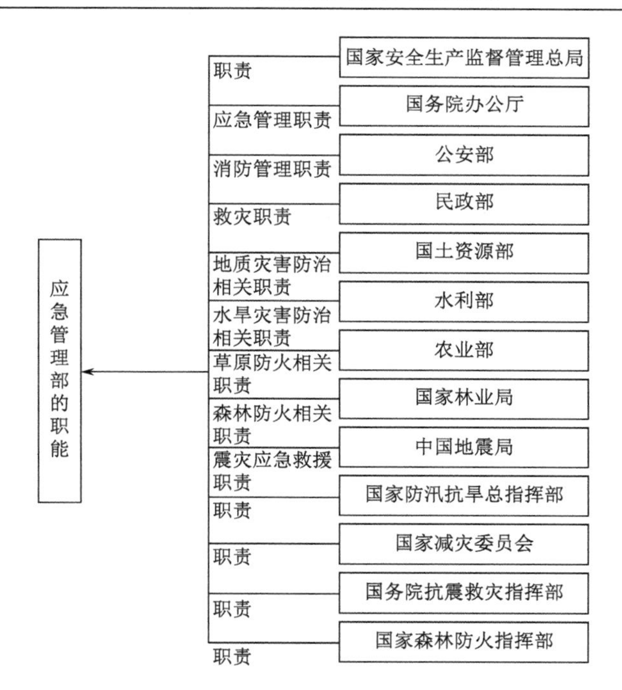

图 4-2　应急管理部的职责整合

同时，按照分级负责的原则，一般性灾害由地方各级政府负责，应急管理部代表中央统一响应支援；发生特别重大灾害时，应急管理部作为指挥部，协助中央指定的负责同志组织应急处置工作，保证政令畅通、指挥有效。

3）财政部

在巨灾风险管理中，各级财政资金首先是在灾中紧急救济方面发挥着举足轻重的作用。根据《中华人民共和国预算法》的相关规定，中央和地方各级财政都安排了救灾资金方面的预算。《国家自然灾害救助应急预案》规定："县级以上地方党委和政府将灾害救助工作纳入国民经济和社会发展规划，建立健全与灾害救助需求相适应的资金、物资保障机制，将自然灾害救灾资金和灾害救助工作经费纳入财政预算。中央财政每年综合考虑有关部门灾情预测和此前年度实际支出等因素，合理安排中央自然灾害救灾资金预算，支持地方党委和政府履行自然灾害救灾主体责任，用于组织开展重特大自然灾害救灾和受灾群众救助等工作。"①

政府财政的作用不限于对灾民生活的救济。事实上，在灾后恢复重建特别是基础设施的恢复重建方面，政府财政一直也承担着重要的基础性责任，在这方面的投入往往比灾害救助方面的投入大得多。

① 《国家自然灾害救助应急预案》（2024 年）。

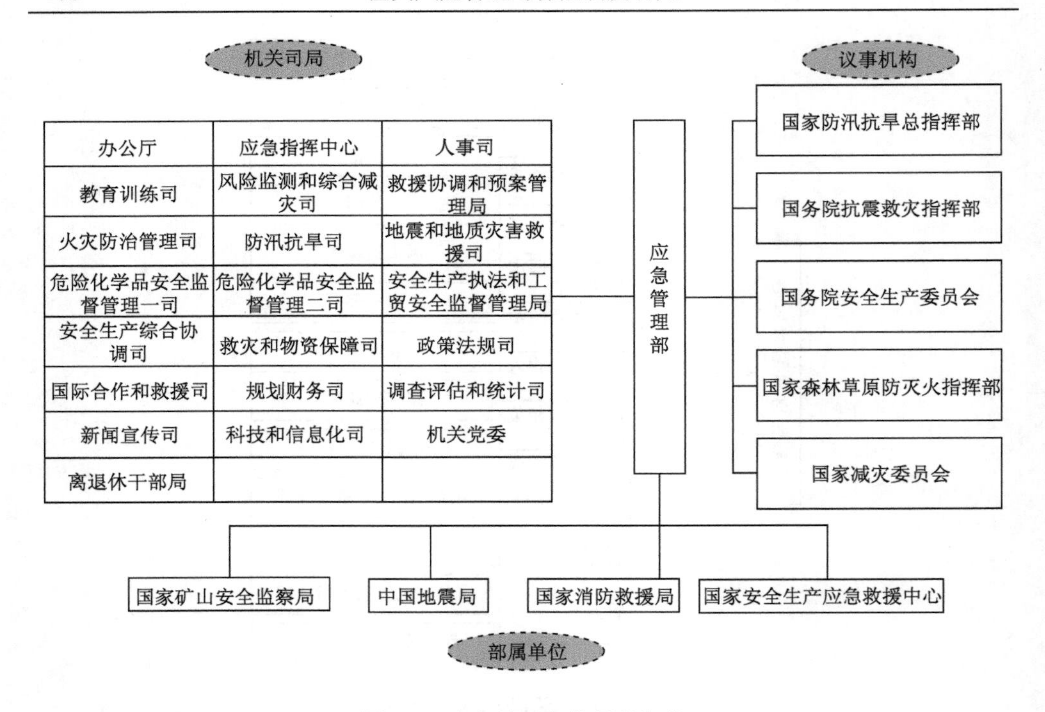

图 4-3　应急管理部的组织机构

4）国家发展改革委员[1]

在国家发展改革委的各职能部门中，涉及巨灾风险管理的相关部门有：国民经济综合司、经济运行调节局、应对气候变化司[2]等。

国民经济综合司提出国家重要物资储备政策建议，拟订并协调国家重要物资储备计划，其中将涉及灾前中央救灾物资的储备。

经济运行调节局负责协调解决经济运行中的重大问题；组织煤、电、油、气及其他重要物资的紧急调度和交通运输综合协调；组织应对有关重大突发性事件；提出安排重要应急物资储备和动用国家物资储备的建议；等等。

应对气候变化司负责综合分析气候变化对经济社会发展的影响，组织拟订应对气候变化的重大战略、规划和重大政策等，其工作职能与气候领域的灾害预防有密切关系。

5）中国人民银行

中国人民银行建立了中央银行在应对公共突发事件方面的职责和组织、运行

① 部分内容源自中华人民共和国国家发展和改革委员会网站。

② 2018 年并入新成立的生态环境保护部。

体系，这些应急制度的安排，对于金融系统快速、有序应对巨灾起到了重要的制度保障作用。

首先，中国人民银行可以运用多种货币政策工具缓解受灾地区金融机构的流动性问题。例如，中国人民银行通过对贷款的调剂，适当向灾区增加再贷款额度，相应拓宽其使用范围。同时，对受灾地区金融机构执行倾斜的存款准备金政策，允许灾区金融机构提前支取特种存款等多种政策措施，以确保满足灾区金融机构为救灾和灾后恢复重建发放贷款的流动性需求。2008 年初，我国南方发生了严重的雨雪冰冻自然灾害，中国人民银行紧急安排 50 亿元支农再贷款，重点解决重灾区中小金融机构发放救灾贷款的流动性需求。2008 年汶川地震发生后，中国人民银行紧急安排增加了 200 亿元再贷款（再贴现）额度①。

其次，中国人民银行采取倾斜的信贷政策，加大对灾区的信贷支持力度。汶川地震发生后，国家出台了一系列金融支持政策，要求金融机构从授信审查、资金调度等多方面给予优先支持，将信贷资源向灾区倾斜，加大对灾区重点基础设施、“三农”、中小企业、因灾失业人员等的信贷支持力度。

最后，中国人民银行可以采取特殊措施，保障受灾地区企业和群众的特殊权益。例如，各金融机构对汶川地震前已经发放、灾后不能按期偿还的各项贷款，可延期 6 个月收款，在 2008 年 12 月 31 日前不催收催缴、不罚息，不作为不良记录，不影响其继续获得灾区的其他信贷支持，等等。

由此可见，中央银行及整个银行体系通过其服务体系和巨灾发生后的特殊金融政策，可以为救灾工作的及时有效实施和灾后恢复重建工作的顺利展开提供强有力的资金支持。

2. 国务院相关议事协调机构

1）国家减灾委②

国家减灾委由 1989 年 4 月成立的中国国际减灾十年委员会演变而来，属于国务院议事协调机构③，2018 年以前为我国应对自然灾害的政府最高机构，其办公室设在民政部，由民政部负责具体工作，2018 年后隶属于新成立的应急管理部。

国家减灾委的主要任务是：研究制定国家减灾工作的方针、政策和规划，协调开展重大减灾活动，指导地方开展减灾工作，推进减灾国际交流与合作。

---

①《中国人民银行 银监会 证监会 保监会关于汶川地震灾后重建金融支持和服务措施的意见》（银发〔2008〕225 号）。

② 部分内容源自国家减灾网。

③ 国务院议事协调机构，一般不单设实体性办事机构，不单独核定人员编制和领导职数。但保留行政级别，从而使这些机构协调能力较强，各部门和地方响应程度较高。该类机构的日常具体工作由国务院有关部门承担，这些部门可以在日常工作中以国务院议事协调机构的名义发布文件、牵头协调。

根据国务院办公厅于 2020 年 5 月 13 日发布的《国务院办公厅关于调整国家减灾委员会组成人员的通知》（国办函〔2020〕31 号），图 4-4 整理出了 2020 年 5 月以后的国家减灾委组成人员所在单位的情况。国家减灾委对组成部门具有统一领导和协调作用，是中央政府进行巨灾风险管理的核心部门。国家减灾委办公室设在应急部，承担国家减灾委日常工作。

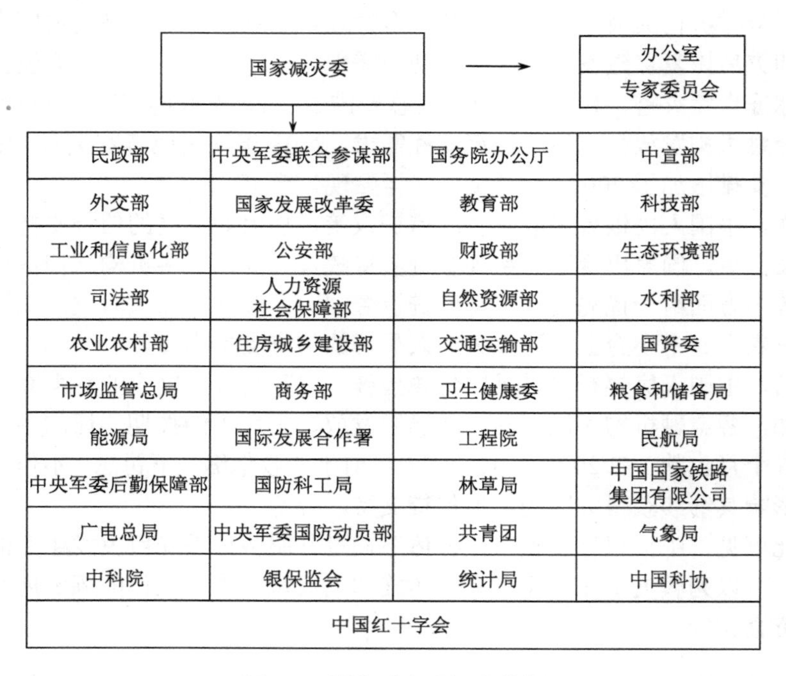

图 4-4　国家减灾委组成单位

2）国家防汛抗旱总指挥部

国家防汛抗旱总指挥部（简称国家防总），前身为 1950 年经中央人民政府政务院批准成立的中央防汛总指挥部。1992 年正式改名后，在国务院领导下，负责领导组织全国的防汛抗旱工作，具体工作由水利部承担。2018 年应急管理部成立后，国家防总在应急管理部设立办事机构（国家防总办公室），承担总指挥部日常工作。

国家防总的主要职责是：贯彻落实党中央、国务院关于防汛抗旱工作的决策部署，领导、组织全国防汛抗旱工作，研究拟订国家防汛抗旱政策、制度等；依法组织制定长江、黄河、淮河、海河等重要江河湖泊和重要水工程的防御洪水方案，按程序决定启用重要蓄滞洪区、弃守堤防或破堤泄洪；组织开展防汛抗旱检查，督促地方党委和政府落实主体责任，监督落实重点地区和重要工程防汛抗旱责任人，组织协调、指挥决策和指导监督重大水旱灾害应急抢险救援救灾工作，指导监督防汛抗旱重大决策部署的贯彻落实；指导地方建立健全各级防汛抗旱指挥机构，完善组织体系，建立健全与流域防汛抗旱总指挥部（以下简称流域防总）、省级防汛抗旱指挥部的应急联动、信息共享、组织协调等工作机制[①]。

考虑到长江、黄河、淮河、海河、珠江、松花江、太湖等流域是每年洪灾的高发地区，国家防总在这些流域设立了流域防总，负责指挥所管辖范围内的防汛抗旱工作。

3）国务院抗震救灾指挥部[②]

为加强防震减灾工作，提高对破坏性地震的应急反应和指挥能力，依照《中华人民共和国防震减灾法》、《破坏性地震应急条例》和《国家破坏性地震应急预案》，国务院成立抗震救灾指挥部，并建立了国务院防震减灾工作联席会议制度。国务院抗震救灾指挥部下设抢险救援、群众生活保障、医疗救治和卫生防疫、基础设施保障和生产恢复、地震监测和次生灾害防范处置、社会治安、救灾捐赠与涉外事务、涉港澳台事务、国外救援队伍协调事务、地震灾害调查及灾情损失评估、信息发布及宣传报道等工作组。开始时，国务院抗震救灾指挥部办公室设在中国地震局[③]，一旦发生造成特大损失的严重破坏性地震，中国地震局在迅速向国务院报告后，随即会建议国务院抗震救灾指挥部开始运作。

国务院抗震救灾指挥部的主要职责是统一领导、指挥和协调地震应急与救灾工作，具体包括：分析、判断地震趋势和确定应急工作方案；部署和组织国务院有关部门和受灾地区按照《国家破坏性地震应急预案》，对受灾地区进行紧急援救；协调总参谋部和武警总部迅速调集部队参加抢险救灾；必要时，提出跨省、自治区、直辖市的特别管制措施以及干线交通管制或者封锁国境等特别管制措施的建议；其他有关地震应急和救灾的重大事项。

4）国家森林草原防灭火指挥部[④]

为进一步加强对森林防火工作的领导，完善预防和扑救森林火灾的组织指挥体系，充分发挥各部门在森林防火工作中的职能作用，国务院办公厅于 2006 年 5 月成立了国家森林防火指挥部。成立之初，该指挥部办公室设在国家林业局，主要职责为：负责指导全国森林防火工作和重特大森林火灾扑救工作，协调有关部门解决森林防火中的问题，检查各地区、各部门贯彻执行森林防火的方针政策、

① 参考国务院办公厅于 2022 年 7 月 6 日发布的《国务院办公厅关于印发国家防汛抗旱应急预案的通知》（国办函〔2022〕48 号）。

② 部分内容源自《国家地震应急预案》（2012 年 8 月修订）。

③ 应急管理部成立后，该办公室设在应急管理部。

④ 引自《国务院办公厅关于成立国家森林防火指挥部的通知》（国办发〔2006〕41 号）。

法律法规和重大措施的情况，监督有关森林火灾案件的查处和责任追究，决定森林防火其他重大事项。

根据2018年3月发布的《国务院机构改革方案》，国家林业局的森林防火相关职责、农业部的草原防火相关职责、国家森林防火指挥部的职责均被整合进新组建的应急管理部，成立了新的国家森林草原防灭火指挥部，并将该指挥部办公室设在应急管理部。

4.2.3 地方政府

中国目前基本上实行的是中央集权的政府管理体制。根据《中华人民共和国宪法》第一百一十条："地方各级人民政府对上一级国家行政机关负责并报告工作。全国地方各级人民政府都是国务院统一领导下的国家行政机关，都服从国务院。"同时，《中华人民共和国宪法》第一百零七条规定了地方政府的职责是："县级以上地方各级人民政府依照法律规定的权限，管理本行政区域内的经济、教育、科学、文化、卫生、体育事业、城乡建设事业和财政、民政、公安、民族事务、司法行政、计划生育等行政工作……"由此可以看出，我国各级地方政府在巨灾风险管理方面，一方面要因地制宜，实施属地管理，承担主体责任；另一方面，也要遵循中央政府的统一规划和部署，在特别重大灾害发生时，还需要中央政府的指导和支持。

2017年1月10日发布的《中共中央　国务院关于推进防灾减灾救灾体制机制改革的意见》（下称《意见》）中明确指出，防灾减灾工作应"坚持分级负责、属地管理为主"的原则，各级政府应"根据灾害造成的人员伤亡、财产损失和社会影响等因素，及时启动相应应急预案，中央发挥统筹指导和支持作用，各级党委和政府分级负责，地方就近指挥、强化协调并在救灾中发挥主体作用、承担主体责任"。

在这个《意见》中，特别明确了地方政府在防灾减灾中的责任。《意见》要求："强化地方应急救灾主体责任。坚持分级负责、属地管理为主的原则，进一步明确中央和地方应对自然灾害的事权划分。对达到国家启动响应等级的自然灾害，中央发挥统筹指导和支持作用，地方党委和政府在灾害应对中发挥主体作用，承担主体责任。省、市、县级政府要建立健全统一的防灾减灾救灾领导机构，统筹防灾减灾救灾各项工作。地方党委和政府根据自然灾害应急预案，统一指挥人员搜救、伤员救治、卫生防疫、基础设施抢修、房屋安全应急评估、群众转移安置等应急处置工作。规范灾害现场各类应急救援力量的组织领导指挥体系，强化各类应急救援力量的统筹使用和调配，发挥公安消防以及各类专业应急救援队伍在抢险救援中的骨干作用。统一做好应急处置的信息发布工作。"

在灾后恢复重建方面，《意见》也提出了由中央和地方政府共同承担的基本原则："特别重大自然灾害灾后恢复重建坚持中央统筹指导、地方作为主体、灾区群众广泛参与的新机制，中央与地方各负其责，协同推进灾后恢复重建……中央根据灾害损失情况，结合地方经济和社会发展总体规划，制定相关的支持政策措施，确定灾后恢复重建中央补助资金规模；在此基础上，结合地方实际组织编制或指导地方编制灾后恢复重建总体规划。地方政府作为灾后恢复重建的责任主体和实施主体，应加强对重建工作的组织领导，形成统一协调的组织体系、科学系统的规划体系、全面细致的政策体系、务实高效的实施体系、完备严密的监管体系……特别重大以外的自然灾害恢复重建工作，由地方根据实际组织开展。”

4.3　我国现行巨灾风险管理体系建设情况

目前，我国已经基本建立了巨灾风险的应急和预案体系，其中既包括国家整体应急预案，也包括各部门、各地区、一些主要风险类别的专项预案，我国的灾害应急预案体系建设已经逐渐走向法治化、制度化、规范化的发展道路。

4.3.1　综合性巨灾风险应急管理体系的建设

本节主要介绍我国综合性巨灾风险应急管理体系的建设情况，包括：《自然灾害救助条例》《国家自然灾害救助应急预案》《国家突发公共事件总体应急预案》。

1.《自然灾害救助条例》

《自然灾害救助条例》是为规范自然灾害救助工作，保障受灾人员基本生活制定的，由国务院于 2010 年 7 月公布，2019 年 3 月修订，共七章三十五条，包括：总则、救助准备、应急救助、灾后救助、救助款物管理、法律责任、附则。

1）总则

总则部分阐述了该条例的编制目的、工作原则、工作主体及相应职责。编制目的是：规范自然灾害救助工作，保障受灾人员基本生活。工作原则是：以人为本、政府主导、分级管理、社会互助、灾民自救。工作主体及相应职责是：自然灾害救助工作不仅涉及政府部门，而且需要社会各方面的支持和参与。条例对政府及社会组织在救灾中的职责进行了规定，见表 4-1。

2）救助准备

针对一些地方对自然灾害救助准备不足、灾害发生后应对不力的情况，条例对自然灾害救助准备措施做了相应规范。

（1）县级以上地方人民政府及其有关部门应当根据有关法律、法规、规章，上级人民政府及其有关部门的应急预案以及本行政区域的自然灾害风险调查情况，制定相应的自然灾害救助应急预案。

表 4-1 《自然灾害救助条例》中对各工作主体及其职责的界定

主体	职责内容
国家减灾委	负责组织、领导全国的自然灾害救助工作，协调开展重大自然灾害救助活动
国务院应急管理部门	负责全国的自然灾害救助工作，承担国家减灾委的具体工作
国务院有关部门	按照各自职责做好全国的自然灾害救助相关工作
县级以上地方人民政府或者人民政府的自然灾害救助应急综合协调机构	组织、协调本行政区域的自然灾害救助工作
县级以上人民政府	将自然灾害救助工作纳入国民经济和社会发展规划，建立健全与自然灾害救助需求相适应的资金、物资保障机制，将人民政府安排的自然灾害救助资金和自然灾害救助工作经费纳入财政预算
各级人民政府	加强防灾减灾宣传教育，提高公民的防灾避险意识和自救互救能力
县级以上地方人民政府应急管理部门	负责本行政区域的自然灾害救助工作
县级以上地方人民政府有关部门	按照各自职责做好本行政区域的自然灾害救助相关工作
村民委员会、居民委员会以及红十字会、慈善会和公募基金会等社会组织	依法协助人民政府开展自然灾害救助工作
村民委员会、居民委员会、企业事业单位	根据所在地人民政府的要求，结合各自的实际情况，开展防灾减灾应急知识的宣传普及活动

（2）县级以上人民政府应当建立健全自然灾害救助应急指挥技术支撑系统，并为自然灾害救助工作提供必要的交通、通信等装备。县级以上地方人民政府应当根据当地居民人口数量和分布等情况，利用公园、广场、体育场馆等公共设施，统筹规划设立应急避难场所，并设置明显标志；应当加强自然灾害救助人员的队伍建设和业务培训，村民委员会、居民委员会和企业事业单位应当设立专职或者兼职的自然灾害信息员。

（3）国家建立自然灾害救助物资储备制度，设区的市级以上人民政府和自然灾害多发、易发地区的县级人民政府应当设立自然灾害救助物资储备库。

3）应急救助

为了更好地应对自然灾害，减小损失，条例确立了自然灾害预警响应机制和应急响应机制。

（1）根据自然灾害预警预报启动预警响应：县级以上人民政府或者人民政府的自然灾害救助应急综合协调机构应当根据自然灾害预警预报启动预警响应。及时向社会发布避险警告，开放应急避难场所，组织避险转移，做好基本生活的救助准备。

（2）启动自然灾害救助应急预案：灾害发生并达到应急预案启动条件的，县级以上人民政府或者人民政府的自然灾害救助应急综合协调机构应当及时启动自然灾害救助应急响应。立即向社会发布政府应对措施和公众防范措施，紧急转移安置受灾人员，紧急调拨资金和物资，及时向受灾人员提供食品、饮用水、衣被、取暖、临时住所、医疗防疫等应急救助，抚慰受灾人员，处理遇难人员善后事宜，组织开展自救互救，分析评估灾情趋势和灾区需求，采取相应的自然灾害救助措施，组织救助捐赠活动。

4）灾后救助

为了保障受灾人员的基本生活，条例在总结实践经验的基础上，规范了灾后生活救助制度：

（1）受灾人员过渡性安置：受灾地区人民政府应当在确保安全的前提下，对受灾人员进行过渡性安置。

（2）因灾损毁民房修缮与恢复重建：受灾地区人民政府应当组织重建或者修缮因灾损毁的居民住房。

（3）灾民冬令和春荒生活救助：在受灾的当年冬季和次年春季，受灾地区人民政府应当为生活困难的受灾人员提供基本生活救助。

5）救助款物管理

为了减少乃至杜绝自然灾害救助工作中违法侵占和骗取救助款物的现象，确保救助款物用于自然灾害救助，条例强化了对救助款物的监管措施。

（1）救助物资管理发放：县级以上人民政府财政部门、民政部门负责救助资金的分配、管理并监督使用情况，县级以上人民政府应急管理部门负责调拨、分配、管理救助物资。

（2）救助物资发放范围及对象：救助款物应当专款（物）专用、无偿使用，专项用于灾民紧急转移安置，基本生活救助，医疗救助，教育、医疗等公共服务设施和住房的恢复重建，遇难人员亲属抚慰，以及救助物资的采购、储存和运输等项支出。

（3）救助物资筹集和使用信息公开：受灾地区人民政府应急管理、财政等部门和有关社会组织应当通过报刊、广播、电视、互联网，主动向社会公开所接受的自然灾害救助款物和捐赠款物的来源、数量及其使用情况；受灾地区村民委员会、居民委员会应当公布救助对象及其接受救助款物数额和使用情况。

（4）监督检查制度：各级人民政府应当建立健全监督检查制度，及时受理投诉和举报，县级以上人民政府监察机关、审计机关应当依法对救助款物和捐赠款物的管理使用情况进行监督检查。

6）法律责任

条例对行政机关工作人员违反条例的行为、涉及自然灾害救助款物或捐赠款物的违法行为、阻碍自然灾害救助工作人员依法执行职务的行为分别进行了明确界定。

7）附则

这一部分规定除自然灾害以外，发生事故灾难、公共卫生事件、社会安全事件等突发事件，需要由县级以上人民政府应急管理部门开展生活救助的，也可参照该条例执行。

2.《国家自然灾害救助应急预案》

《国家自然灾害救助应急预案》最早由国务院于2006年印发，在后来的使用过程中，为适应我国自然灾害和救灾工作新形势、新变化，在总结历次重特大自然灾害应对工作经验和做法的基础上，国务院对该预案分别于2011年、2016年和2024年进行了三次修订。当前有效的是由国务院办公厅于2024年1月20日正式印发的修订后的《国家自然灾害救助应急预案》。与以前版本相比，最新版预案进一步规范和完善了自然灾害救助工作内容及应急响应程序。

该预案共包括八个部分，分别是：总则、组织指挥体系、灾害救助准备、灾情信息报告和发布、国家应急响应、灾后救助、保障措施、附则。

1）总则

总则部分阐述了该应急预案的编制目的、编制依据、适用范围和工作原则。

预案的编制目的是：以习近平新时代中国特色社会主义思想为指导，深入贯彻落实习近平总书记关于防灾减灾救灾工作的重要指示批示精神，加强党中央对防灾减灾救灾工作的集中统一领导，按照党中央、国务院决策部署，建立健全自然灾害救助体系和运行机制，提升救灾救助工作法治化、规范化、现代化水平，提高防灾减灾救灾和灾害处置保障能力，最大程度减少人员伤亡和财产损失，保障受灾群众基本生活，维护受灾地区社会稳定。

灾害救助的工作原则是：坚持人民至上、生命至上，切实把确保人民生命财产安全放在第一位落到实处；坚持统一指挥、综合协调、分级负责、属地管理为主；坚持党委领导、政府负责、社会参与、群众自救，充分发挥基层群众性自治组织和公益性社会组织的作用；坚持安全第一、预防为主，推动防范救援救灾一体化，实现高效有序衔接，强化灾害防抗救全过程管理。

2）组织指挥体系

国家减灾委为国家自然灾害救助应急综合协调机构，统筹指导、协调和监督全国防灾减灾救灾工作，研究审议国家防灾减灾救灾的重大政策、重大规划、重要制度以及防御灾害方案并负责组织实施工作，指导建立自然灾害防治体系；协调推动防灾减灾救灾法律法规体系建设，协调解决防灾救灾重大问题，统筹协调开展防灾减灾救灾科普宣传教育和培训，协调开展防灾减灾救灾国际交流与合作；完成党中央、国务院交办的其他事项。

国家减灾委还设立了专家委员会，对国家防灾减灾救灾工作重大决策和重要规划提供政策咨询和建议，为国家重特大自然灾害的灾情评估、灾害救助和灾后恢复重建提出咨询意见。

3）灾害救助准备

要求各有关部门将自然灾害预警预报信息及时向国家减灾委办公室和履行救灾职责的国家减灾委成员单位通报。国家减灾委办公室根据灾害预警预报信息，结合可能受影响地区的自然条件、人口和经济社会发展状况，对可能出现的灾情进行预评估，当可能威胁人民生命财产安全、影响基本生活时，明确了需要提前采取的应对措施。

4）灾情信息报告和发布

该部分包括灾情信息报告和灾情信息发布两方面的内容，要求县级以上应急管理部门按照党中央、国务院关于突发灾害事件信息报送的要求，以及《自然灾害情况统计调查制度》和《特别重大自然灾害损失统计调查制度》等有关规定，做好灾情信息统计报送、核查评估、会商核定和部门间信息共享等工作。

5）国家应急响应

根据自然灾害的危害程度、灾害救助工作需要等因素，国家自然灾害救助应急响应分为Ⅰ级、Ⅱ级、Ⅲ级、Ⅳ级。Ⅰ级响应级别最高。

Ⅰ级响应——由国家减灾委主任统一组织、领导、协调。

Ⅱ级响应——由国家减灾委副主任（民政部部长）组织协调。

Ⅲ级响应——由国家减灾委秘书长组织协调。

Ⅳ级响应——由国家减灾委办公室组织协调。

每一级响应均包括：①启动条件（由死亡人数、受灾人数、损坏房屋数、干旱造成的需政府救助的人数等四个因素决定，见表 4-2）；②启动程序；③响应措施。

表 4-2　发生重大自然灾害的应急响应启动条件

响应等级	启动条件
Ⅰ级响应	a. 一省（自治区、直辖市）死亡和失踪 200 人以上； b. 一省（自治区、直辖市）紧急转移安置和需紧急生活救助 200 万人以上； c. 一省（自治区、直辖市）倒塌和严重损坏房屋 30 万间或 10 万户以上； d. 干旱灾害造成缺粮或缺水等生活困难，需政府救助人数占该省（自治区、直辖市）农牧业人口 30%以上或 400 万人以上
Ⅱ级响应	a. 一省（自治区、直辖市）死亡和失踪 100 人以上 200 人以下； b. 一省（自治区、直辖市）紧急转移安置和需紧急生活救助 100 万人以上 200 万人以下； c. 一省（自治区、直辖市）倒塌和严重损坏房屋 20 万间或 7 万户以上、30 万间或 10 万户以下； d. 干旱灾害造成缺粮或缺水等生活困难，需政府救助人数占该省（自治区、直辖市）农牧业人口 25%以上 30%以下或 300 万人以上 400 万人以下

续表

响应等级	启动条件
Ⅲ级响应	a. 一省（自治区、直辖市）死亡和失踪 50 人以上 100 人以下； b. 一省（自治区、直辖市）紧急转移安置和需紧急生活救助 50 万人以上 100 万人以下； c. 一省（自治区、直辖市）倒塌和严重损坏房屋 10 万间或 3 万户以上、20 万间或 7 万户以下； d. 干旱灾害造成缺粮或缺水等生活困难，需政府救助人数占该省（自治区、直辖市）农牧业人口 20%以上 25%以下或 200 万人以上 300 万人以下
Ⅳ级响应	a. 一省（自治区、直辖市）死亡和失踪 20 人以上 50 人以下； b. 一省（自治区、直辖市）紧急转移安置和需紧急生活救助 10 万人以上 50 万人以下； c. 一省（自治区、直辖市）倒塌和严重损坏房屋 1 万间或 3000 户以上、10 万间或 3 万户以下； d. 干旱灾害造成缺粮或缺水等生活困难，需政府救助人数占该省（自治区、直辖市）农牧业人口 15%以上 20%以下或 100 万人以上 200 万人以下

注：表中所称以上含本数，以下不含本数

对灾害发生在敏感地区、敏感时间或救助能力薄弱的革命老区、民族地区、边疆地区、欠发达地区等特殊情况，或灾害对受灾省（自治区、直辖市）经济社会造成重大影响时，相关应急响应启动条件可酌情降低。

救灾应急工作结束后，经研判，国家减灾委办公室提出建议，按启动响应的相应权限终止响应。

6）灾后救助

该部分规定了在过渡期生活救助、倒损住房恢复重建、冬春救助等三个过程中，国家减灾委各有关成员单位的具体职责和措施。

7）保障措施

该部分分别在资金保障、物资保障、通信和信息保障、装备和设施保障、人力资源保障、社会动员保障、科技保障、宣传和培训等方面，规定了中央政府和地方各级政府的职责和应采取的措施。

8）附则

该部分包括术语解释、责任与奖惩、预案管理、参照情形、预案实施时间。

3. 《国家突发公共事件总体应急预案》

2006 年 1 月，我国开始实施由国务院发布的《国家突发公共事件总体应急预案》。该预案是为了提高政府保障公共安全和处置突发公共事件的能力，最大程度地预防和减少突发公共事件及其造成的损害，保障公众的生命财产安全，维护国家安全和社会稳定，促进经济社会全面、协调、可持续发展，是依据宪法及有关法律、行政法规而制定的。

预案适用的突发公共事件包括四类：①自然灾害，主要包括水旱灾害、气象灾害、地震灾害、地质灾害、海洋灾害、生物灾害和森林草原火灾等；②事故灾难，主要包括工矿商贸等企业的各类安全事故、交通运输事故、公共设施和设备事故、环境污染和生态破坏事件等；③公共卫生事件，主要包括传染病疫情、群体性不明原因疾病、食品安全和职业危害、动物疫情，以及其他严重影响公众健康和生命安全的事件；④社会安全事件，主要包括恐怖袭击事件、经济安全事件和涉外突发事件等。

各类突发公共事件按照其性质、严重程度、可控性和影响范围等因素，可分为四个等级：Ⅰ级（特别重大）、Ⅱ级（重大）、Ⅲ级（较大）和Ⅳ级（一般）。

预案适用于涉及跨省级行政区划的，或超出事发地省级人民政府处置能力的特别重大突发公共事件应对工作。

预案的内容包括：①总则；②组织体系；③运行机制；④应急保障；⑤监督管理；⑥附则。其中在总则部分，特别提到了建立全国突发公共事件应急预案体系的要求，指出全国突发公共事件应急预案体系应包括以下方面。

（1）突发公共事件总体应急预案。总体应急预案是全国应急预案体系的总纲，是国务院应对特别重大突发公共事件的规范性文件。

（2）突发公共事件专项应急预案。专项应急预案主要是国务院及其有关部门为应对某一类型或某几种类型突发公共事件而制定的应急预案。

（3）突发公共事件部门应急预案。部门应急预案是国务院有关部门根据总体应急预案、专项应急预案和部门职责为应对突发公共事件制定的预案。

（4）突发公共事件地方应急预案。具体包括：省级人民政府的突发公共事件总体应急预案、专项应急预案和部门应急预案；各市（地）、县（市）人民政府及其基层政权组织的突发公共事件应急预案。上述预案在省级人民政府的领导下，按照分类管理、分级负责的原则，由地方人民政府及其有关部门分别制定。

（5）企事业单位根据有关法律法规制定的应急预案。

（6）举办大型会展和文化体育等重大活动，主办单位应当制定应急预案。

经过多年努力，我国已经初步建成了较为完整的突发公共事件预案体系，专项和部门应急预案有 112 件（李宏和唐新，2021）。以下列出了 19 项国家专项应急预案：①《国家自然灾害救助应急预案》；②《国家防汛抗旱应急预案》；③《国家地震应急预案》；④《国家突发地质灾害应急预案》；⑤《国家森林草原火灾应急预案》；⑥《国家安全生产事故灾难应急预案》；⑦《国家处置铁路行车事故应急预案》；⑧《国家处置民用航空器飞行事故应急预案》；⑨《国家海上搜救应急预案》；⑩《国家城市轨道交通运营突发事件应急预案》；⑪《国家大面积停电事件应急预案》；⑫《国家核应急预案》；⑬《国家突发环境事件应急预案》；⑭《国家通信保障应急预案》；⑮《国家突发公共卫生事件应急预案》；⑯《国家突发公共事件医疗卫生救援应急预案》；⑰《国家突发重大动物疫情应急预案》；⑱《国家食品安全事故应急预案》；⑲《国家粮食应急预案》。

4.3.2　针对主要自然灾害的应急管理体系

本节主要介绍我国现行的两个针对具体灾害类型的应急管理体系：地震应急管理体系和气象灾害应急管理体系。

1. 地震应急管理体系

2012 年国务院发布了《国家地震应急预案》的修订版，标志着我国在对破坏性地震的应急管理方面达到了一个新的高度。该预案包括：①总则；②组织体系；③响应机制（表 4-3）；④监测报告（包括地震监测预报、地震速报、灾情报告）；⑤应急响应（包括搜救人员、开展医疗救治和卫生防疫、安置受灾群众、抢修基础设施、加强现场监测、防御次生灾害、维护社会治安、开展社会动员、加强涉外事务管理、发布信息、开展灾害调查与评估、应急结束）；⑥指挥与协调（针对不同级别的灾害，国家和地方政府的应急处置）；⑦恢复重建（包括恢复重建规划和恢复重建实施）；⑧保障措施（包括队伍保障，指挥平台保障，物资与资金保障，避难场所保障，基础设施保障，宣传、培训与演练）；⑨对港澳台地震灾害应急；⑩其他地震及火山事件应急；⑪附则。依据该预案，如图 4-5 所示，我国也形成了周密的地震灾害事件应急响应流程。

表 4-3　地震灾害应急响应机制

灾害分级	响应等级	灾情描述
特别重大	Ⅰ级	造成 300 人以上死亡（含失踪），或者直接经济损失占地震发生地省（区、市）上年国内生产总值 1%以上的地震灾害。 当人口较密集地区发生 7.0 级以上地震，人口密集地区发生 6.0 级以上地震，初判为特别重大地震灾害
重大	Ⅱ级	造成 50 人以上、300 人以下死亡（含失踪）或者造成严重经济损失的地震灾害。 当人口较密集地区发生 6.0 级以上、7.0 级以下地震，人口密集地区发生 5.0 级以上、6.0 级以下地震，初判为重大地震灾害
较大	Ⅲ级	造成 10 人以上、50 人以下死亡（含失踪）或者造成较重经济损失的地震灾害。 当人口较密集地区发生 5.0 级以上、6.0 级以下地震，人口密集地区发生 4.0 级以上、5.0 级以下地震，初判为较大地震灾害
一般	Ⅳ级	造成 10 人以下死亡（含失踪）或者造成一定经济损失的地震灾害。 当人口较密集地区发生 4.0 级以上、5.0 级以下地震，初判为一般地震灾害

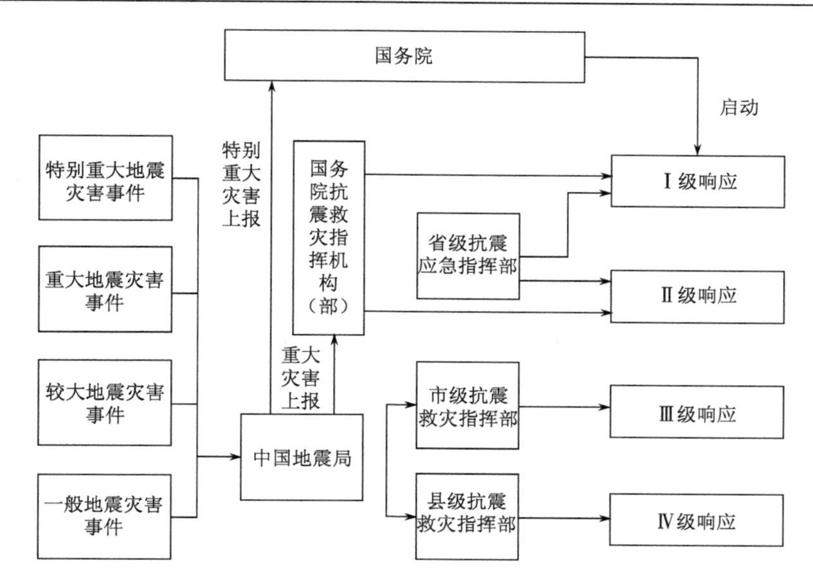

图 4-5　地震灾害事件应急响应流程图

2. 气象灾害应急管理体系

在我国，根据气象灾害种类的不同，相应的负责救助应急的组织领导机构也不同。当气象灾害为台风、暴雨、干旱或其他气象灾害，并影响到群众生活时，应急管理部负责指挥；当气象灾害为暴雪、冰冻、低温、寒潮等，并影响到交通、电力、能源时，国家发展改革委经济运行调节局负责进行煤、电、油、气的部际协调工作；当发生海上大风等灾害时，交通运输部、农业农村部和国家海洋局（现已并入自然资源部）联合负责救灾指挥工作（图 4-6）。

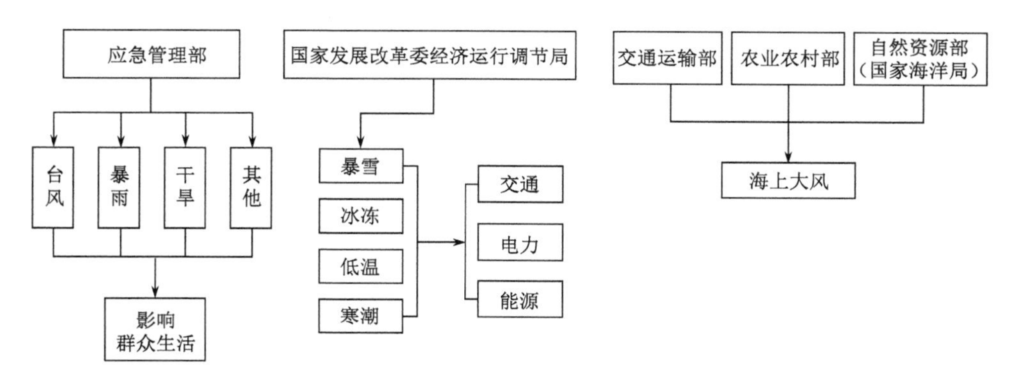

图 4-6　气象灾害应急管理体系

4.3.3 巨灾损失融资体系

我国目前针对巨灾损失建立的融资体系包括三个方面。第一，灾前储备方面。由财政部、民政部[①]、国家发展改革委、商务部等部门联合，负责中央救灾物资的储备、采购、资金安排与管理、分配、监督使用，拟定救灾基金预算。第二，灾中救济方面。由应急管理部负责统筹安排，财政部、民政部、国家发展改革委、商务部负责安排和调配中央紧急救灾物资、资金；粮食局[②]负责救灾食品筹措；中国人民银行负责发放紧急贷款；国务院办公厅可以根据灾情动用总理特别基金。第三，灾后重建方面。由财政部、民政部、国家发展改革委、商务部等部门联合，负责下拨中央救济补助费，拨发灾后物资、资金，用于灾后重建；国家税务总局负责制定灾区税收优惠政策；中国人民银行制定倾斜的存款准备金、信贷政策等（图 4-7）。

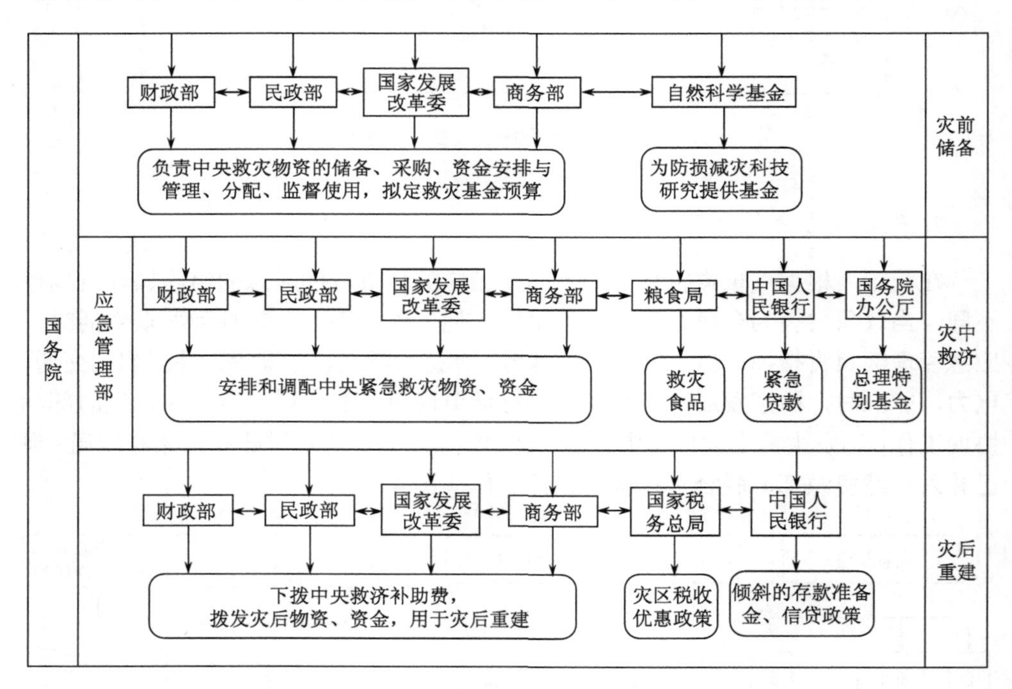

图 4-7 我国现行的巨灾损失融资体系框架

4.3.4 巨灾风险管理中保险机制的运用

从我国的实际情况看，补偿巨灾所致经济损失的资金主要来自政府救济和社

① 民政部的某些职责后来划入了应急管理部。

② 2018 年 3 月，国务院将国家粮食局的职责整合，组建国家粮食和物资储备局，不再保留国家粮食局。

会捐赠等，商业保险提供的灾后损失补偿占比很低。2004 年美国和加勒比地区系列飓风共造成了 622 亿美元的经济损失，其中保险业赔付了 315 亿美元，占 51%。2020 年全世界巨灾（包括自然灾害和人为灾难）造成的经济损失为 2020 亿美元，保险业共赔付了 890 亿美元，占 44%。相比之下，我国保险对巨灾损失的补偿还有极大提升空间。例如，2008 年 5 月汶川地震的直接经济损失为 8451 亿元[①]，截至 2009 年 5 月 10 日，保险业合计赔付 16.6 亿元[②]，保险赔付率仅为损失的 0.2%；又如，2021 年 7 月 17 日至 23 日，河南省遭遇历史罕见的特大暴雨，发生严重的洪涝灾害，特别是 7 月 20 日，郑州市遭受重大人员伤亡和财产损失，河南全省直接经济损失为 1200.6 亿元[③]；据同年 9 月银保监会的统计，河南保险业当时的初步估损为 124.04 亿元，已决赔款 68.85 亿元，保险赔付率为 10.3%，低于国际水平。

在保障领域方面，作为一个农业大国，我国农业巨灾保险起步较早。2007 年我国开始大力发展政策性农业保险。经过长期探索与努力，政策性农业保险的保障责任已逐渐涵盖了所有的自然灾害，包括洪水、台风、干旱等，承保范围也由 2007 年的 5 个品种扩大至 16 个大宗农产品及 60 余个地方优势特色农产品，基本覆盖了关系国计民生和粮食安全的主要大宗农产品。截至 2020 年，我国农业保险保费收入已达 815 亿元，我国成为世界上农业保险保费规模最大的国家，其中各级财政共承担保费补贴 603 亿元，为农民提供农业风险保障 4.13 万亿元。2007 年中央财政启动农业保险补贴以来，农业保险市场规模迅速壮大，保障作用有效发挥，截至 2019 年底已累计支付赔款 2400 多亿元（曲哲涵，2020），是农民抵御自然灾害、稳定农业生产、保障收入水平的重要“保护伞”。2014 年 11 月，具有农业保险经营资质的 23 家具有农业保险经营资质非寿险公司与中国财产再保险有限责任公司在北京成立了中国农业保险再保险共同体，标志着我国农业保险进入了一个新的发展阶段。

在保障责任方面，我国保险公司的财险业务基本上包含了所有自然灾害风险损失，但对地震风险的承保却有一段曲折的历程。从 1949 年国内第一家国有保险公司成立到 1958 年国内保险业务停办这段时间，中国人民保险公司经营的保险业务是涵盖地震保险责任的。1979 年，国内保险业务恢复后，保险产品条款设计沿袭了原有的办法，仍将地震损失作为财产保险的基本保险责任。直到 1996 年，当时负责对保险业监管的中国人民银行，考虑到地震等巨灾风险对保险公司经营稳

① 《汶川地震直接经济损失 8451 亿元人民币》，http://news.sina.com.cn/c/2008-09-04/112216231758.shtml，2008-09-04。

② 《保监会：5·12 汶川地震保险理赔工作基本完成》，http://business.sohu.com/20090512/n263902357.shtml，2009-05-12。

③ 《河南郑州“7·20”特大暴雨灾害调查报告》，https://www.mem.gov.cn/gk/sgcc/tbzdsgdcbg/202201/P020220121639049697767.pdf，2023-09-11。

定性的影响，在新的保险产品条款中取消了地震等巨灾风险的保险责任，地震等巨灾损失不再作为财产保险的基本责任，而改为可以附加责任的形式单独承保。2000 年 1 月，中国保监会[①]下发的《关于企业财产保险业务不得扩展承保地震风险的通知》中规定，未经中国保监会同意，任何保险公司不得随意扩大保险责任、承保地震风险，中国再保险公司也不得接受地震保险的法定分保业务；任何保险公司不得采取向国际市场全额分保的方式承保地震风险；对于特殊情况，确需拓展承保地震风险的，保险公司应按照“个案审批”原则，报中国保监会批准[②]。2001 年 8 月，中国保监会发布通知，规定地震风险可以作为企业财产保险的附加险承保，但需要保险公司自行制定单独的地震保险条款，并报中国保监会事前备案[③]。2002 年 12 月，中国保监会取消了地震保险的报批制度，给予了保险公司在企业财产地震保险方面较大的自由度[④]。2003 年后，中国保监会一直会同中国地震局、财政部、国家税务总局等相关部门，就推动我国家庭财产的地震保险制度进行探索和研究。

经过各个方面的共同努力，2016 年 5 月 11 日，中国保监会、财政部联合印发了《建立城乡居民住宅地震巨灾保险制度实施方案》，标志着我国城乡居民住宅地震巨灾保险制度的正式确立。城乡居民住宅地震保险的推出，是我国巨灾保险制度由理论向实践迈出的重要一步。

4.3.5 巨灾风险管理中社会捐助的运用

社会捐助也是自然灾害发生后的一种重要的损失补偿方式，“一方有难、八方支援”既体现了社会各界对灾区人民的关心和爱心，也体现了我国动员和鼓励社会力量支援受灾地区的独特优势。比如，2008 年汶川地震发生后，社会各界的捐助款物高达 700 多亿元；2021 年 7 月 20 日郑州发生特大暴雨后，短短 18 天内，郑州慈善总会就累计接收到社会捐助资金 13.73 亿元。可见，社会捐助在巨灾损失补偿方面发挥了重要作用。但这种形式的捐助的最大问题就是具有不确定性，因为社会捐助属于公众自发行为，其捐助金额受多方面因素影响且无法事先规划。

---

① 2018 年国务院机构改革后，中国保监会不再保留，将其与中国银监会的职责整合，组建中国银保监会。2023 年中共中央、国务院印发《党和国家机构改革方案》，要求组建国家金融监督管理总局，不再保留中国银保监会。

② 《中国保险监督管理委员会关于企业财产保险业务不得扩展承保地震风险的通知》（保监发〔2000〕18 号），https://wenku.baidu.com/view/ea7674b753d380eb6294dd88d0d233d4b14e3f90.html?_wkts_=1709136237944，2000-01-18。

③ 中国保险监督管理委员会关于印发《企业财产保险扩展地震责任指导原则》的通知（保监发〔2001〕160 号），https://pkulaw.com/chl/6057f1a8207ea9f6bdfb.html?way=listView，2001-08-30。

④ 《中国保险监督管理委员会关于取消第一批行政审批项目的通知》，http://wzs.mofcom.gov.cn/article/n/200301/20030100066428.shtml，2023-09-10。

平常年份的社会捐助数额往往十分有限，且难以积累，只有在发生特大灾害后才可能获得相对较多的捐助资金。所以，并不能将巨灾损失补偿寄希望于社会捐助。

为了规范社会捐助和加强对捐助财物的管理，我国相继出台了相关法律法规，如《中华人民共和国慈善法》《国家自然灾害救助应急预案》等。国务院指定民政部门负责管理全国救灾捐赠工作，县级以上人民政府民政部门负责管理本行政区域内的救灾捐赠工作。国务院民政部门还可以根据灾情组织开展跨地区或全国性救灾捐赠活动，县级以上地方人民政府民政部门按照部署组织实施。

4.4　我国在巨灾风险管理方面存在的问题

本节主要从灾前防损减损、灾后救援、恢复重建三个视角，归纳和分析我国现行巨灾风险管理中存在的问题。

1. 巨灾风险管理职能分散，缺乏有效协调机制

2018年，国务院将国家安全生产监督管理总局的职责，国务院办公厅的应急管理职责，公安部的消防管理职责，民政部的救灾职责，国土资源部的地质灾害防治、水利部的水旱灾害防治、农业部的草原防火、国家林业局的森林防火相关职责，中国地震局的震灾应急救援职责，以及国家防总、国家减灾委、国务院抗震救灾指挥部、国家森林防火指挥部的职责进行了整合，组建了应急管理部，作为国务院的组成部门。

从国务院赋予应急管理部的职能来看，我国政府在提高综合应对巨灾风险的能力方面向前迈了一大步：将过去分散在不同部门的应对灾害的职能进行了整合。但不难发现，应急管理部在国家巨灾风险管理方面还缺少部分职能，基本上还是以应急为主，巨灾风险管理的一些重要职能目前仍分散在不同部门，并且缺乏有效协调机制。比如，地震风险的分析还是在中国地震局，气象灾害的风险分析还是在中国气象局，风险管理教育还是在教育部，防损减损还是主要由住房和城乡建设部、水利部等负责，灾后的恢复重建更是涉及众多的政府部门如国家发展改革委、财政部等。

2. 轻视灾前防损减损

从一个完整的巨灾风险管理体系架构来看，巨灾发生前的防损与减损措施的落实是非常重要的。特别是鉴于巨灾发生频率低、人员伤亡和财产损失惨重的特点，做好灾前的防损和减损工作与灾后提供损失补偿相比，具有更为重要的意义。

灾前的防损减损体系建设涉及巨灾风险识别与评估、防损减损体系建设、国民教育与沟通、风险信息管理等多个环节。

从最近几年造成重大破坏的自然灾害的例子中可以看出，我国灾前的防损减损体系建设较为薄弱，工作重心仍集中于灾害事件发生后的救援，对灾前可以采取的风险控制措施考虑较少，落实相对不到位。例如，在地震中很多学校教学楼和居民住宅因抗震标准不够或施工质量低劣而倒塌，造成巨大人员伤亡；一些生产或生活设施的选址未认真考虑过防洪、防风、防震等方面的要求，甚至违规在高风险地区建设。另外，各地区经济发展水平不同，制定的防灾标准也不尽相同，直接导致一些地区特别是经济落后地区防损减损能力不足。从公众教育角度看，灾前防损减损教育较缺乏，人民群众的防灾意识、灾害发生时的自救和自助能力等也较缺乏。

造成灾前防损减损体系建设薄弱的根本原因在于，政府有关部门还不习惯把防损减损体系建设看成是比灾后救援和恢复重建更加重要的工作，也就是说我国对巨灾风险的管理还侧重于灾中和灾后的应对，相对忽视在损失控制方面做出必要的更多努力。究其原因，是因为防损减损体系建设往往投入巨大、实施难度更大，需要得到社会各方面特别是民众的积极配合。但如此大的投入往往见效少、见效慢，因此，政府部门习惯于将工作重点放在社会影响大、工作效果明显的灾中紧急救援和灾后恢复重建等方面的工作。

3. 缺乏灾前的风险分析

我国目前在巨灾风险分析方面还较为缺乏。风险分析包括风险识别和风险评估。应该说，自然巨灾的风险识别相对比较简单，主要是对可能面临的自然巨灾类型及导致巨灾发生的风险因素进行识别。比较困难的是巨灾风险量化评估，需要对巨灾发生的可能性及可能造成的损失程度进行量化描述和评估。由于某些巨灾发生的频率低，涉及的因素十分复杂，因而预测其发生的概率很困难，尤其是在地震预测方面。尽管包括中国在内的很多国家，在自然巨灾的预测和预警方面投入了巨大力量，且已经取得了显著成效，但对小概率巨灾事件发生的可能性的估计仍然很难达到比较精确的水平。

我国在巨灾风险分析方面存在的突出问题是对巨灾损失的量化评估进程较缓慢。我国首个拥有自主知识产权的地震巨灾模型“中国地震巨灾模型 3.0”是在汶川地震发生 12 年后，即 2020 年 11 月才被中再集团与中国地震局联合发布并逐渐被相关行业应用[①]，这在一定程度上也制约了保险公司参与巨灾保险的积极性。

① 《中再集团与中国地震局联合发布中国地震巨灾模型 3.0》，http://finance.people.com.cn/n1/2020/1106/c1004-31922012.html，2020-11-06。

4. 巨灾发生后的应急救援主要由政府承担，市场机制特别是保险机制发挥的作用十分有限

巨灾发生后，迅速组织各方力量进行救援是政府义不容辞的责任，我国政府在这方面的快速反应能力和调动资源的能力确为世人瞩目。但政府可提供的抗灾救灾资金毕竟有限，并且难以在短时间内迅速到位；同时，商业保险目前在巨灾保险方面提供的保障非常少，其所拥有的灾害补偿资金可以迅速到位的优点无法得到发挥，影响了灾后企业和居民生产和生活的迅速恢复。

5. 单一依赖政府财政补偿损失的方式给财政的压力不断增加，还会带来一些其他负面影响

我国目前的巨灾损失补偿仍然主要来自政府财政。巨灾发生后，通常是由政府先从灾害救济准备金中拨付救灾所需资金。但受财政预算的限制，救济准备金的规模有限，难以应对特别巨大的灾害事件。因此，在较大灾害发生的年份，政府不得不调整预算，削减其他项目开支，从而影响了其他方面的财政支出。

从表4-4中可以看出，政府财政用于救灾的资金呈逐渐上升趋势，占全部损失的比重也呈增加趋势。这一方面说明政府在救灾方面不断加大投入力度，另一方面也说明财政救济资金仍然难以为重大损失提供较充分的补偿。

表4-4　1995年至2009年我国灾害损失与补偿数据

年份	受灾人口/亿人	农作物受灾面积/万公顷	直接经济损失/亿元	政府拨款/亿元	政府拨款占比
1995	2.4	4 533	1 863	24	1.3%
1996	3.23	4 698	2 882	31	1.1%
1997	4.78	5 343	1 975	29	1.5%
1998	3.5	5 015	3 007	83	2.8%
1999	3.53	4 998	1 962	36	1.8%
2000	4.56	5 469	2 045	48	2.3%
2001	3.7	5 215	1 942	41	2.1%
2002	3.7	4 712	1 717	56	3.3%
2003	4.9	5 439	1 884	53	2.8%
2004	3.4	3 711	1 602	40	2.5%
2005	4.1	3 882	2 042	43	2.1%
2006	4.3	4 109	2 528	49	1.9%
2007	4	4 900	2 363	80	3.4%
2008	4.8	3 999	11 752	291	2.5%
2009	—	47 213	2 524	140	5.5%

资料来源：根据历年民政事业统计年鉴及国家统计局数据计算所得

此外，长期以来我国政府一直对灾区人民生活进行无偿救助，包括提供食品、衣物、临时住所，甚至很多地方恢复重建的资金也基本由政府承担下来，灾民几乎不需要自身的任何投入即可住上比受灾前更好的房屋。由此也引发了社会公众对政府承担巨灾损失的不恰当预期，降低了灾前采取风险控制措施的积极性，形成了“等、靠、要”的思维方式和习惯做法，十分不利于灾前防损减损工作的开展。

6. 缺乏对市场机制和社会资源的统筹利用

商业保险是补偿巨灾损失的重要来源。国际经验表明，巨灾保险较为发达的国家的保险业，大约能为受灾的企业和居民提供相当于全部经济损失 20%左右的保险赔偿金，这在很大程度上满足了受灾地区恢复生产和生活的需要，也极大减轻了政府灾后救助的压力。我国商业保险对巨灾损失的赔付通常不足全部经济损失的 1%，基本上没有起到保险业应起的作用。因此，应该认真研究如何通过市场机制来解决灾后资金的补偿问题。另外，社会各界的捐助也是损失补偿的重要来源。在这方面，我们缺乏统筹规划、相关配套政策和有效的监督管理。

7. 缺少统一的、有长期规划的巨灾风险基金

我国目前还没有国家层面的统一的巨灾风险基金。从市场层面看，农业巨灾保险方面仅仅是允许各保险公司自己提留部分大灾准备金。地震共保体则是要求每个成员公司每年计提保费的 15%交给地震共保体统一管理使用，具有一定的长期风险基金的功能，但积累慢、规模小，一旦发生重大灾害损失，现有的以保险基金形式积累的风险基金仍然难以满足巨额赔付的需要。从政府财政层面看，目前并没有专项资金储备用于大灾后的救助、恢复重建等。尽管政府财政每年都会安排一定数量的救灾资金，但在巨灾发生之年往往是杯水车薪，在巨灾未发生之年又不能进行累积，无法做到实现对巨灾损失补偿的长期安排。

8. 没有建立多层次的巨灾损失分担机制

由于我国尚未建立巨灾损失的多方、多层次的分担机制，所以，除了由政府承担一部分救助资金外，大部分经济损失还是要由受灾的企业和个人自己承担。我国需要认真研究建立包括企业和个人、政府财政、商业保险、再保险和资本市场在内的多层次巨灾损失分担机制，既可以减轻政府的财政负担，也能大大提高巨灾损失的补偿力度。

9. 灾前防损与灾后恢复重建没有形成完整体系

我国已发布的各类自然灾害和突发事件的应急预案大多集中于灾害事件发生后如何进行应急处置，很少涉及灾前防损、灾后恢复重建等方面的内容。一次巨

灾发生后，国家或地方政府层面往往会成立临时性的指挥部门以应对危机，主要领导也会参与其中，负责协调救灾工作。巨灾过后，临时性的指挥部门随即解散，使得巨灾处理的经验和教训得不到传承。

4.5　发展巨灾保险的制约因素

前面已多次指出，国际上已经成功地将商业保险引入了巨灾风险管理，使其成为灾后损失融资的重要来源。我国多年来虽一直在研究建立巨灾保险的问题，但迟迟没有推出有效的方案，以至于 2008 年汶川地震已经过去了多年，其间还发生过多次破坏性较大的地震及其他形式的自然巨灾，但巨灾保险一直没有很好地发展起来，虽然我国在 2016 年推出了城乡居民住宅地震保险，但发展缓慢，投保率低，保障程度有限。那么，究竟是什么原因导致发展巨灾保险如此困难呢？

4.5.1　观念方面的原因

商业保险在我国的发展历史并不长，加之人们长期已经形成的救灾靠政府的思维定式，以及一些政府部门通过直接参与救灾和恢复重建可以控制可观的资源，因此无论是民间还是某些政府相关部门，都不认为商业保险在灾害补偿方面能发挥较大的作用。

4.5.2　保险业缺乏制定费率的历史数据和风险评估的技术支撑

巨灾保险费率的确定需要大量历史数据和对巨灾损失的科学评估作为支撑，而我国目前在这方面还比较欠缺。一是我国灾害相关保险发展历史较短，相应行业数据积累不多；二是很多保险公司的经营重心仍然在传统保险业务上，无力也很难通过自身力量收集相关历史损失数据和建立巨灾模型对巨灾损失进行科学的评估。很多自然灾害发生和损失的历史数据，被分别收集在中国地震局、中国气象局、水利部、民政部、自然资源部、国家林业和草原局、国家统计局等各部门，很难做到数据共享，特别是和商业保险公司的共享。保险公司由于难以对巨灾保险业务可能带来的损失进行量化评估，自然也就不愿轻易涉足。

4.5.3　发展巨灾保险缺乏巨灾风险基金的支持

发展巨灾保险，拥有政府支持的巨灾风险基金尤为重要。如果巨灾事件发生在保险公司开展巨灾保险业务的前几年，此时还未建立起充足的巨灾风险基金，保险公司就可能会因此陷入无偿付能力的困局。对于是否需要建立这样一个基金，以及这样一个基金的资金来源、管理方式等一系列问题，目前尚未形成较为一致的看法。

第 5 章　巨灾风险评估

5.1　巨灾风险的客观评估：风险建模

巨灾风险与传统风险如火灾、意外事故等相比，由于发生频率低，往往很难获得大样本；同时，由于巨灾事件的发生往往会导致一个地区的建筑物及其他财产同时出现大范围损毁，因而传统上利用大数法则对风险损失进行评估的做法并不适用于对巨灾风险的评估。由于巨灾事件发生的频率通常较低，加之人类对其成因的了解相对缺乏，因而难以在灾害发生前做出准确预测，从而影响了防损和减损方面措施的及时采取。例如，对于地震而言，目前人类尚无有效方法能对地震发生的时间、震级、烈度等事先做出准确估计。鉴于上述原因，传统的特别是在保险行业普遍采用的风险评估方法对巨灾风险并不适用，需要建立适合巨灾风险的评估模型。

本节首先对巨灾风险模型的发展历史进行了回顾。其次对巨灾风险模型的一般架构进行了介绍，并以地震风险为例，对巨灾风险模型的三个基本模块进行了细致分析。最后，讨论了巨灾风险评估模型在巨灾风险管理中的应用问题。

5.1.1　巨灾风险建模的历史

国际上对巨灾风险的建模可以追溯到 19 世纪初，其发展的一个主要推动力是商业保险公司承保巨灾风险的需要。当时的保险公司为了对房屋遭受雷电或火灾的风险进行分析，在地图上标记出不同地域、不同房屋遭受相应灾害的频率和受损情况，据此对保险标的所面临的风险进行了量化评估，即为巨灾风险建模的雏形。

在保险公司开展巨灾保险业务的初期，由于实际发生的巨额理赔并不多见，所以保险业对巨灾风险模型的研发并未给予特别重视。1992 年，安德鲁飓风（hurricane Andrew）的发生是巨灾风险建模的一个转折点。安德鲁飓风从 8 月 16 日一直持续至 8 月 28 日，期间席卷巴哈马群岛、佛罗里达州和路易斯安那州，造成 27 人死亡，经济损失高达 155 亿美元（按照 1992 年价格计算），并直接导致美国佛罗里达州的 8 家保险公司陷入破产[①]。此次事件后，保险业开始认识到对

---

① 根据保险信息研究所（Insurance Information Institute）2011 年的报告，共有 8 家保险公司因安德鲁飓风造成的损失而破产。

巨灾风险进行量化评估的重要性。1995 年，佛罗里达州成立了佛罗里达飓风损失预测方法委员会（Florida Commission on Hurricane Loss Projection Methodology，FCHLPM），聘请众多专家进行相关研究，制定了一系列对飓风风险进行度量的计算机模型和精算方法。

与此同时，一系列地震的发生也引起了美国政府的重视。1992 年，FEMA 资助了一个地震风险评估项目。该项目于 1994 年发布了一份详尽的研究报告，对当时世界上有关地震损失的研究进行了归纳，并分析了建立一个标准化的地震研究方法的可能性。报告分析了当时的研究与标准化方法的差距，并对如何弥补当时研究的不足提出了意见建议。

为进一步加强对巨灾风险的量化研究，美国 FEMA 在 1997 年资助了一项名为“美国灾害”（Hazards United States，HAZUS）模型的研究项目，旨在建立一个标准化的、通用的自然灾害损失评估方法[①]，用以对巨灾事件造成的物质损失、经济损失及相关社会影响进行综合研究。HAZUS 模型作为一个开源模型，在国际上的应用十分广泛。随着国际上越来越多的来自风险管理与保险、自然灾害评估、地理信息系统等领域的专家加入到对 HAZUS 模型的研究，HAZUS 模型不断得到完善，从之前只能对地震这种单一风险进行评估，逐渐拓展到可以对洪水、飓风等多种类型的巨灾事件进行研究，形成了如今的 HAZUS-MH 模型体系。

随着巨灾保险业务的开展，保险公司对巨灾风险建模的研究也不断深入。其中 Verisk、RMS 及 EQECAT 三家公司在巨灾模型的研究方面处于领先地位。

Verisk 公司成立于 1987 年，最初名为 AIR Worldwide，主要致力于巨灾模型的研究及相关软件的开发工作。目前 Verisk 公司在为世界上 90 个以上的国家提供对自然灾害以及恐怖袭击等巨灾事件的建模工作。有超过 400 家保险公司、部分再保险公司及政府部门使用 Verisk 公司的模型来开展巨灾风险管理、巨灾风险证券化等相关业务。

RMS 公司成立于 1989 年，位于美国新泽西州纽瓦克，是目前世界上最大的巨灾风险建模公司。注册使用 RMS 公司开发的模型的公司有 2000 余家，其中包括多家世界排名前 10 位的保险公司和再保险公司。RMS 公司在巨灾模型研究方面也进行了持续投入，并取得了显著成果。

EQECAT 公司成立于 1994 年，在三家公司中规模相对较小，其业务范围涉及地震、洪水、飓风等多个领域。EQECAT 公司建立了一个专门用于巨灾风险建模的平台，称为 RQE（Risk Quantification & Engineering，风险量化和工程），可用于对 96 个国家的 180 余种自然灾害进行分析。

---

① 参考美国 FEMA 官方网站：http://www.fema.gov/hazus/。

我国近年来在巨灾风险评估模型研究方面也取得了一些进展。中国人民财产保险股份有限公司于 2006 年开始与 Verisk（原 AIR Worldwide）公司合作，使用 Verisk 公司的巨灾模型对中国的巨灾风险进行研究。中国再保险（集团）股份有限公司也与 RMS、Verisk 公司多次签署合作协议，学习国际先进技术，将其应用到我国巨灾保险的实践中。

5.1.2　巨灾风险模型的构成

在利用巨灾模型进行分析时，需要综合利用自然灾害评估技术、地理信息技术、风险管理与保险学等多方面的知识进行综合评估。早期，巨灾风险评估的标记方法是在纸质地图上直接进行标记。随着科技的发展，尤其是地理信息系统（GIS）技术的发展，对巨灾风险进行量化评估的可行性逐渐提高。GIS 与纸质地图相比，不仅可以方便地记录多种信息，如巨灾事件发生的时间、地点、强度、损失情况等，还便于随时进行修改。利用 GIS 还可以对巨灾风险进行建模，对未来的巨灾事件进行预测。GIS 的出现及其功能的不断改进，大大促进了巨灾风险建模的发展。

目前，国内外常用的巨灾风险模型大致包括三个模块：危险性（hazard）评估模块、易损性（vulnerability）分析模块、风险暴露（exposure）分析模块。前两个模块分别用于对巨灾事件本身的性质及保险标的的性质进行分析，第三个模块侧重于研究巨灾事件带来的经济损失，三个模块之间的关系可用图 5-1 来表示。

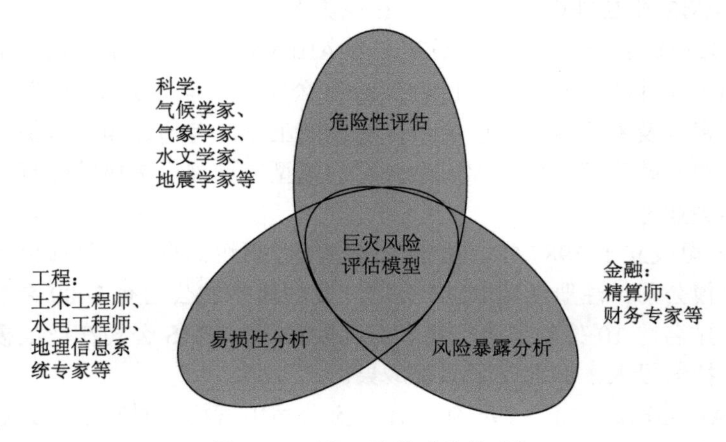

图 5-1　巨灾风险模型的构成[①]

① 图片来源：RMS 公司报告。

1. 危险性评估模块

该模块主要用于对巨灾事件本身的性质进行分析，具体包含四个部分。

1）未来巨灾事件最可能发生的地点

基于地质学、气象学等学科的分析，对巨灾事件可能发生的地点及路径进行分析。以地震为例，利用该模块可以获得不同震中位置、地震强度、地震地面运行的衰减速率等对地震灾害导致的后果具有明显影响的相关参数的信息；对于飓风事件，可以获得包括风暴路径、登陆地点和登陆轨迹角等有关参数的信息。

2）巨灾事件发生的频率

对巨灾事件每年发生频率的估计通常是灾害模块中不确定程度最高的。由于严重程度越高的巨灾事件发生频率越低，现有的模型往往很难适用，同时，限于历史数据的不足，缺乏严重性程度很高的巨灾事件的数据资料，因而往往需要借助相关学科的理论对未来可能发生的巨灾事件进行模拟预测。

3）巨灾事件的严重性程度

严重性程度主要涉及巨灾事件的级别，如对于飓风灾害，可以描述飓风严重性程度的基本参数包括中心气压、移动速度、最大风速半径和登陆轨迹角；对于地震灾害，影响其严重性程度的参数包括地震震级、震源深度和不同的地质断裂带特征等。

4）巨灾事件的位置效应

巨灾事件不只是对一两个建筑物本身有影响，而是对周围地域也有影响，该部分用于捕捉灾害在被影响地区的传播及其强度的变化状况。例如，在地震风险评估中，地震的震中部分受到的地震强度最高，而震中周围也会受到相应的影响，因此在进行风险评估时不能仅关注震中部分。

2. 易损性分析模块

该模块主要用于估计不同水平的巨灾事件对标的建筑物造成的损害程度，模块中广泛应用的评估方法是基于工程学科的易损性评价技术，主要有两个步骤。

1）典型建筑物的定义与识别

在调查一个地区的建筑物存量时，最重要的是评估不同类型建筑物的统计构成。不同类别建筑物的识别需要考虑建筑材料（钢或钢筋混凝土）、建筑结构（矩形框架或支持框架）和建筑高度等因素，从而给出所研究地区典型建筑物的划分。

2）建筑物抗灾能力的评估

建筑物抗灾能力由外部施加的强度对建筑物造成的损害程度来衡量，即分析建筑物在潜在的飓风或地震等巨灾事件发生时的受损情况。建筑物的抗灾能力通常用易损性曲线来描述，用于刻画在一个给定损害状态（损害状态可划分为轻度、中度和严重损害及完全损害等状态）下，标的地区的巨灾强度变化引起的建筑物实际损害超出指定损害状态的概率变化。

另外，在研究巨灾带来的生命损失的情况时，还需要对人员对地震的应急反应情况进行分析。因此在进行易损性分析时，需要根据研究对象的性质，结合相关领域的知识，如土木工程学、公共安全应急科学等方面的知识进行科学分析。

3. 风险暴露分析模块

该模块主要从经济角度进行分析，通过分析一个区域内的财产价值，来分析巨灾事件可能带来的经济损失。从微观角度看，分析时会将区域进行细化，然后对每一个小区域中各建筑物的价值进行评估，进而得出该区域的总体价值。从宏观角度看，可以对历史上发生的巨灾事件进行分析，分析出巨灾事件发生时经济损失的分布规律，从而从整体上对巨灾事件造成的经济损失进行分析。

对于不同的模型使用者来说，需要处理的数据也不尽相同。政府部门主要对所在区域内的总资产进行分析，而保险公司则对承保资产的价值比较重视。相应地，政府在分析时可能更多地利用经济普查数据，保险公司则需要对所承保的保单中的相关数据进行记录，以便进行分析。

在进行巨灾风险建模时，需要将三个模块结合起来进行综合分析。巨灾建模是一个多学科融合的过程，在进行建模时需要结合灾害学、土木工程学、气象学、保险学等多学科知识进行研究。巨灾模型的输出结果往往是以损失的概率分布的形式来表现的，或以超越概率曲线（exceedance probability curve）的形式来表现，其中超越概率曲线用来刻画在某一特定时间内，发生的损失超过一定数额的概率。

接下来，本书将以地震风险评估建模为例，具体介绍巨灾风险建模的原理和方法。地震风险是巨灾风险的重要组成部分。我国位于世界上两大地震带——环太平洋地震带与欧亚地震带的交汇处，地震活动频繁，地震灾害严重。据统计，我国平均每年发生 20 次 5 级以上地震，且绝大多数省区市都发生过 6 级以上强烈地震。地震对人民生命财产造成了严重损失，如 2008 年 5 月 12 日的汶川地震造成的直接经济损失高达 8451 亿元。目前，科学技术的发展尚不能对地震发生的时间和地点进行准确预测，而且地震造成的损失还会受地域内经济发展水平等多重因素影响，因此很难在事前对地震损失进行评估，这也成为制约地震保险发展的重要因素。随着我国地震保险研究的逐步开展，商业保险公司已经逐渐将地震风险列为可保风险，并开设了相应的保险业务，所以地震风险的建模显得尤为重要。

5.1.3　地震风险模型中的危险性评估模块

一个区域的地震危险性是指在一定时期内可能遭受地震作用的大小和频次。

目前，对地震危险性分析的方法主要有确定性方法和概率方法两种。

确定性方法根据历史地震重演和地质构造外推的原则，利用某区域历史上地震活动特征、地震地质构造背景、地震烈度衰减关系等资料，估计该区域未来发生的地震的烈度水平，并以确定的数值来表达（马玉宏和赵桂峰，2008）。1970 年以前，确定性方法被广泛应用。但随着时间的推移，该方法的弊端不断暴露出来。一方面，确定性方法的基础是历史上的地震记录，数据的数量在一定程度上制约了该方法的使用；另一方面，目前科技发展水平对地震的预测还无法达到较高的精度，因此确定性方法的结果本身往往存在较大的不确定性。

概率方法对某一特定地域内所有可能发生地震的地区，以及不同震级的地震通盘进行分析，最终估计出该地域内地震运动参数超过一定阈值的可能性，以超越概率曲线的形式来表现。概率方法克服了确定性方法中数据限制带来的困难，是目前地震危险性评估中运用最为普遍的方法。接下来，本节对概率方法进行简要介绍。

1. 概率方法的基本假定

概率方法涉及对特定地域内地震风险的全面衡量，但若直接将该地域进行网格化，分析每一个网格内区域的地震风险，会使计算太过复杂。因此，需要对区域内地震活动的时间、空间特性及地震强度的分布特征进行相应简化。在地震工程学中，为保证一定的精确度，概率方法通常针对某个小区域进行分析；对于面积较大的区域，可以先将其按照一定规则（如根据更细的行政区划）划分为小范围区域，然后在各小范围区域分析的基础上对区域整体风险进行衡量。在划分区域时，各小区域应满足以下三个假定条件。

（1）区域内地震活动是非均匀的，存在潜在震源区，且在潜在震源区内某一震级地震在空间上是均匀的。

对潜在震源区的划分一般根据研究工作区的地震地质构造条件、历史地震资料、近代小地震活动及其他地球物理场的分布来综合确定。通常，根据区域的几何形状可将潜在震源区理想化地分为点源模型、线源模型和面源模型。点源模型，指历史上地震集中在一小块区域，但又无明显断层存在。火山地震就是这类震源的例子，点源模型将地震断层简化为一点，认为场地的地震动仅与震级和震中距有关。线源模型，指构造结构显露于地表，而历史上地震又集中在已知断层周围。面源模型，指历史上地震发生在某一区域，但与该地区的已知断层或构造结构无明显相关，或者该地区分布着许多小断层。

（2）在每个潜在震源区内，地震事件的震级分布服从截断指数分布。

此假定主要涉及对震级-频度关系的假设。震级-频度关系是指一个地区内地震活动水平与地震级别之间的关系。设 $N(M)$为一个地区震级大于等于 M 的次数，

则不同地区的历史地震资料表明，地震发生次数 N 的对数值与震级 M 之间近似存在着线性关系，即

$$\mathrm{Log}(N)=a-bM,\ M\in[M_0,M_u] \tag{5-1}$$

式（5-1）也称为古登堡-里克特关系式，其中常数 a 为统计区域内某时间段的地震活动水平；常数 b 为地震危险性分析中的一个重要参数，它反映了大、小地震之间的比例关系，这种比例关系取决于统计地区介质强度和地应力大小；M_u 和 M_0 分别为震级的上下限。

（3）在每个潜在震源区内，地震事件相互独立，在时间上服从泊松分布。

泊松分布常用来描述在单位时间中稀有事件的发生数，服从泊松分布的随机变量满足如下条件：①平稳性，即在相同长度的时间区间内，发生特定事件的概率是一致的；②独立性，即各区域内的事件发生的概率是相互独立的；③无重复性，即当给定时间区间长度趋于 0 时，区间内发生两件及以上事件的概率趋于 0。

研究表明，在一定区域内，由某个潜在震源区内的地震事件造成地震动值超过指定阈值的事件服从泊松分布，即由第 i 个潜在震源区中的地震事件导致在 T 年内指定场地的地震动值越过指定阈值的事件发生 k 次的概率为

$$\Pr(N=k)=\frac{(vT)^k\mathrm{e}^{-vT}}{k!} \tag{5-2}$$

其中，v 为震级为 M 的地震的年平均发生率，在时间段 T 内，至少发生一次 M 级地震的概率为

$$\Pr(N\geqslant 1)-\Pr(N=0)=1-\mathrm{e}^{-vT} \tag{5-3}$$

对区域内地震活动的时空特征及强度关系的简化是利用概率法分析地震危险性的重要前提条件与基础。潜在震源区的划分是三个假设的基础。由于每个震源区内某一震级在空间上分布均匀，因此在分析时可以将每个震源区作为一个整体来进行分析，大大简化了计算。在每个潜在震源区内，对震级分布与时间分布也分别利用截断指数分布模型与泊松分布模型做出了相应的假设。根据潜在震源区的几何形状特征建立的点源模型、线源模型、面源模型具有普适性，对于形状较为复杂的区域，也可以设置为三种模型的组合以方便计算。在对区域内地震活动特征进行假设后，接下来将详细分析利用概率方法进行危险性分析的具体方法。

2. 概率方法的分析步骤

利用概率方法进行危险性分析，主要是通过对潜在震源区的划分，分析出每个区域内地震动参数超过一定阈值的可能性，进而得到整个区域的地震危险性，并用超越阈值的概率的形式进行表达，主要分析步骤如下。

1）划分潜在震源区

潜在震源区的划分是危险性分析的基础。应根据地质条件与历史资料，划分出在给定时间段内破坏性地震潜在可能发生的地区。

2）确定潜在震源区的地震活动性参数

对地震活动性参数的评估，主要是考察这些地震活动性参数，包括震级上限 M_u，震级下限 M_0，震级-频度关系式中刻画地震活动水平和大、小地震之间比例关系的参数 a、b 及震级为 M 的地震的年平均发生率 v 等。

3）分析地震活动的概率密度函数

对概率密度函数的分析主要基于地震活动性参数来进行。在式（5-1）中确定了地震发生次数 N 与震级 M 之间的数量关系之后，即可相应得到 N 的概率密度函数。

4）确定适合本地区的烈度或地震动参数随震级和距离的误差关系式

对误差关系式的确定需要区分地震发生的时期，分别进行。对于早期地震，主要统计烈度的衰减关系；对于有仪器记录的近代地震，主要利用强地震动衰减规律的资料。

5）确定地震发生的概率模型

地震发生的概率模型可以使用泊松过程模型，也可以采用马尔可夫过程模型、更新过程模型等，其中泊松过程模型是目前地震工程学中最为常用的模型。随着时间的推移，地震危险性评估模型也在不断改进，以使评估结果更加精确，如假设地震事件在时间上为非时齐泊松过程、复合泊松过程、马尔可夫过程等。

6）计算烈度或地震动参数的超越概率，画出危险性曲线

综上所述，危险性评估模块在对潜在震源区进行划分的基础上，通过对地震年平均发生率、震级等参数的综合分析，对灾害发生的概率进行研究，并以超越概率曲线的形式给出结果。该模块通过对巨灾风险发生的频率和大小进行量化分析，对地震危险性进行数值化度量，是地震风险评估的重要组成部分。

5.1.4　地震风险模型中的易损性分析模块

地震事件一旦发生，往往会造成大量建筑损毁和人员伤亡，其中地震造成的人员伤亡往往以附加险的方式包含于人身保险中。就财产保险而言，房屋地震保险是一个重要的组成部分，因此对建筑物的地震易损性进行分析非常重要。

建筑物的地震易损性是指在一个给定区域内，建筑由地震可能造成的损失的期望程度。建筑物的地震易损性分析是对其风险进行评估的重要组成部分。由于建筑物的抗震性能与其结构作用形式及使用的建筑材料有密切关系，因此在从工程角度对建筑物的地震易损性进行分析时，常常需要先对建筑物按其结构及建筑材料进行识别与分类，在此基础上，利用地震工程学中的易损性指数评价方法计

算得到建筑物的地震易损性指数。最后，利用上述方法对一个特定区域内的建筑物的整体易损性进行计算。

1. 建筑物的分类

建筑物的抗震性能与其自身结构和材料有密切关系，不同类型建筑物的设防标准也存在较大差异，因此，在建立地震灾害评估模型时，应首先将建筑物根据抗震性能进行分类。目前常用的分类方法可参见国家标准《建（构）筑物地震破坏等级划分》（GB/T 24335−2009），该标准将建筑物根据其工程特性和结构特点分为：砌体房屋、底部框架房屋、内框架房屋、钢筋混凝土框架结构、钢框架结构，以及土、石结构房屋等。

在判断建筑物受地震破坏的等级时，主要以承重构件的破坏程度为主，兼顾非承重构件的破坏程度，并以修复的难易和功能丧失程度的高低为划分原则。不同类型的建筑物，在地震发生时的受损情况不尽相同，需要对不同类型建筑物的受损情况进行分析，进而综合评估区域内的整体受损情况。在进行地震灾害评估时，通常会将建筑物的破坏等级分为五个等级，即Ⅰ级，基本完好；Ⅱ级，轻微破坏；Ⅲ级，中等破坏；Ⅳ级，严重破坏；Ⅴ级，毁坏。对受损情况的判别是基于建筑物的破坏等级的，不同类型建筑物的构件不同，因此在同样的灾害水平下的破坏等级也不同，具体可参见国家标准《建（构）筑物地震破坏等级划分》（GB/T 24335−2009）。

2. 建筑物易损性评估

当地震灾害发生时，通过对区域内各种类型建筑物的受损情况进行分析，可以得到区域内建筑物总体受损情况，便于对灾害损失进行快速评估。目前通用的方法是利用房屋建筑的地震易损性指数来对建筑物的抗震能力进行衡量。该方法对各种类型的建筑物风险分别进行评估，分析其易损性指数，对不同类型建筑物的评估方法是一致的。

例如，对某一类房屋而言，其地震易损性指数为

$$\mathrm{VID}=\frac{1}{5}\sum_{i=6}^{10}\sum_{j=1}^{5}\Pr(D=j\mid I=i)\lambda_j \tag{5-4}$$

其中，$D=1,2,\cdots,5$ 分别为建筑物受损的五种情况，$D=1$ 为“基本完好”，$D=5$ 为“毁坏”，其他以此类推。

I 为地震烈度，表示一定地区内地面和各类建筑结构在单次地震时遭受的平均损失程度，它是对该地区单次地震的各种地震动参数综合强度的总平均水平的衡量。地震烈度受到多种地震动参数的影响，如地震震级、震源深度、震中距离、

震源机制等。

λ 为房屋建筑在遭受地震破坏时的损失比，指某类房屋在不同破坏等级下修复或重建时，单位面积所需费用与重建单价之比。其中重建单价是指被破坏的建筑物按原结构形式和使用功能修复或重建时，单位面积所需费用，它以当地造价为准，由当地政府有关部门提供，并在现场调查时核实。

$\Pr(D=j \mid I=i)$ 为房屋建筑的震害概率矩阵，指在一定地震烈度下，房屋发生不同级别损坏情况的概率，如 $\Pr(D=1 \mid I=6)$ 表示在发生地震烈度为 6 级的地震时，房屋"基本完好"的概率。在实际操作中，通常用矩阵的形式来表示这些概率，因此称为房屋建筑的震害概率矩阵。

在得到各个参数之后，即可得到建筑物的地震易损性指数。地震易损性指数是地震工程学中基于地震级别、房屋的类型、房屋建筑在遭受地震破坏时的损失比等因素得到的综合评估，是地震保险的重要依据之一。地震易损性指数越大，抗震性能越差；反之，地震易损性指数越小，其抗震性能越好。

5.1.5　地震风险模型中的风险暴露分析模块

风险暴露分析模块主要是对巨灾事件可能造成的经济损失进行分析，既可以从微观角度进行分析，也可以从宏观角度进行分析。

从微观角度分析时，通过对区域进行细化，分别分析每一个小单元（如一栋建筑物）的价值，从而分析整体的风险暴露。在进行区域细化时，常用的一种方法是根据邮编来进行细化，然后使用公里网格的 GDP 数据对小区域内的经济情况进行分析。当小区域充分细化后，使用上述方法就可以得到较为精确的结果。另一种方法是以建筑物为单位进行风险暴露分析。首先将区域内的建筑物进行分类，如分为商用建筑、住宅建筑、工业建筑等，其次统计出每种建筑物的数量及平均价值，则可得到区域内建筑物的总体价值，即为该区域内的风险暴露。

微观分析方法可以较精确地得到特定地区内的风险暴露情况，对于巨灾保险有重要的意义。但微观分析方法也存在缺点，如为了提高统计精确度，需要将区域进行尽可能的细化，增加了分析的成本。对建筑物进行分析时，最精确的方法当然是入户调研，但当区域较大时，调研成本会非常高，为实施带来了一定困难。

宏观分析方法根据地区内历史上巨灾损失情况来进行分析，从而得到巨灾损失的分布，对风险暴露有一个直观了解。与微观分析方法相比，精确度有所下降，但实施起来较为方便。历史上的巨灾事件的损失通常在相关部门会有明确记载，对历史损失数据进行分析即可得到巨灾损失的分布。

下面，我们以我国云南省的地震灾害为例，利用宏观分析方法对其风险暴露进行分析。

云南省地处我国西南边陲，是地震多发地区，近年来地震事件频频发生，造成了重大经济损失。对地震灾害可能对云南省造成的经济损失进行分析，从而对地震灾害严重程度有一个宏观上量的把握，对建立相应的巨灾保险制度具有重要的意义。

1. 地震损失拟合模型的选择

地震造成的经济损失与传统风险相比有一个显著的特点——厚尾性，表现为造成经济损失的可能性非常大，没有特定的上限值，一旦重大地震发生将导致区域内的经济受到非常严重的损毁，且无法事先预测损失的规模。地震损失的强厚尾性使得保险公司面临高额度的地震保险赔付的概率并不趋近于 0。

在使用模型对地震损失进行拟合时，传统上常使用的对数正态分布、伽马（gamma）分布等，理论上都可以用于对地震风险的拟合。但由于保险公司在提供承保时，对厚尾分布的尾部更为看重，因为尾部意味着更大的风险，因此，传统非寿险领域使用的某些分布往往不能满足保险公司的要求。近年来，极值分布模型渐渐得到了应用，成为评估地震风险损失的重要方法，本节也将用极值分布模型来对单次地震造成的经济损失进行拟合。

极值分布模型主要分为分块极大值模型（block maxima model，BMM）和峰值超阈值（peaks over threshold，POT）模型。BMM 需要的样本量很大，容易造成数据的浪费。POT 模型是新兴的一种方法，用来研究样本中超过某一特定值（这一特定值称为阈值）的损失分布的尾部行为，这种方法对极值数据的利用比较充分。由于 POT 模型关注的是损失超过某一特定值的超额部分的分布，所以可以很好地解决损失分布中的厚尾特性，国内外已经开始使用这种方法来研究股指收益率数据、保险索赔数据的发生规律等。实践中，由于地震损失金额数据具有强烈右偏厚尾的性质，在损失模型的估计中常用的指数分布、伽马分布、威布尔分布、对数正态分布、帕累托分布等模型的拟合效果都不太理想，尤其是在估计尾部概率时会出现高估或低估的情形。下面，我们将选择 POT 模型中的广义帕累托分布（generalized Pareto distribution，GPD）模型，来刻画地震损失的尾部特征。

根据极值理论，对于充分高的阈值 μ，超越阈值变量近似服从广义帕累托分布。广义帕累托分布的分布函数为

$$G_{\xi,\mu,\alpha}=\begin{cases}1-\left[1+\dfrac{\xi(x-\mu)}{\alpha}\right]^{-\frac{1}{\xi}}, & \xi\neq 0\\ 1-\exp\left(-\dfrac{x-\mu}{\alpha}\right), & \xi=0\end{cases} \tag{5-5}$$

其中，ξ 为形状参数；α 为尺度参数。

根据极值理论的原理，分析损失数据的尾部分布主要有以下三个步骤。

1）选取一个合适的阈值 μ

在 POT 模型中阈值 μ 的选取十分重要，过高的阈值会导致超额样本量太少，参数估计的方差会太大，同时过小的阈值会产生有偏的估计量。

定义 $e(\mu)$ 为损失的平均超额函数（mean excess function，MEF），其定义为

$$e(\mu)=E[X-\mu \mid X>\mu] \tag{5-6}$$

对于广义帕累托分布，给定 $\xi<1$，其平均超额函数可以表示为

$$e(\mu)=\frac{\alpha+\mu\xi}{1+\xi} \tag{5-7}$$

样本平均超额函数图 $(\mu,\hat{e}(\mu))$ 是横轴为阈值 μ、纵轴为样本的平均超额函数值的散点图，其作用是观察样本数据的尾部特征。一般我们用经验估计样本平均超额函数 $\hat{e}(\mu)$ 代替平均超额函数 $e(\mu)$，样本量为 n 时，则有

$$\hat{e}(\mu)=\frac{\sum_{i=1}^{n}(X_i-\mu)}{n} \tag{5-8}$$

通过上述方法做出散点图后，如果从某一个 $\hat{\mu}$ 开始，散点图呈现出近似正线性关系，则可以认为大于 $\hat{\mu}$ 的尾部损失部分适合运用广义帕累托分布来构造损失模型，该数值即为阈值 $\hat{\mu}$ 的估计值。

2）用极大似然法来估计 POT 模型的参数 ξ,α

POT 模型的参数估计可以采用常见的极大似然法，在给定阈值 μ 的条件下，模型的对数似然函数为

$$\log(x\mid\xi,\alpha)=-N_\mu\log(\alpha)-\left(\frac{1}{\xi}-1\right)\sum_{i=1}^{N}\log\left[1+\frac{\xi}{\alpha}(x_i-\mu)\right] \tag{5-9}$$

3）估计模型的分布函数 $F_X(\mu)$

根据 Pickands-Balkema-de Haan 定理，损失分布的尾部分布函数可以表示为

$$F_X(x)\to 1-\frac{N_\mu}{n}\left(1+\xi\frac{x-\mu}{\alpha}\right)^{-\frac{1}{\xi}} \tag{5-10}$$

其中，ξ,α 的估计值可以通过极大似然法求得，尾部损失分布函数 $F_X(\mu)$ 则可以通过历史模拟法，用样本的经验分布 $\hat{F}_X(\mu)=1-N_\mu/n$ 估计得到，进而即可对损失分布进行拟合。

巨灾损失的厚尾分布由传统参数分布难以得到良好的拟合效果，但是由于巨灾风险的损失具有足够大的阈值，通过广义帕累托分布可以获得比较理想的拟合效果。POT 模型不需要对整体概率分布形式做假设，所以不会受整体分布的影响。POT 模型使用的一些极端损失数据也不容易发生数据残缺的情况，所以在研究地震巨灾损失分布中，采用 POT 模型来研究尾部分布是比较合适的。我们下面将运

用 POT 模型进行损失分布的拟合。

2. 地震损失分布的拟合

为对地震损失数据进行拟合，我们搜集了从 1979 年至 2008 年间云南省里氏 4.0 级以上成灾的地震数据，包括地震发生时间、地点、震级及当时估计的直接经济损失，数据来源是历年的《中国地震年鉴》。在对数据进行处理时，考虑到数据涉及的时间跨度过大，发生地震的时间对于损失的实际价值有重要影响，因此需要对数据进行调整，将历史上的地震损失统一到同一年水平，以便进行分析。

CPI 是度量代表性消费商品及服务项目的价格水平的相对数，是反映物价水平的重要指标，我们利用 CPI 将每年的损失调整到 2008 年的水平。调整后的数据显示出严重右偏现象，尾部呈现厚尾的特征，数据与正态分布差异较大，因此本样本适合运用 POT 模型来进行模拟。

在进行数据拟合时，按照如下三个步骤来进行。

1）选取一个合适的阈值 μ

根据 1978 年至 2008 年我国地震高风险区调整后的直接经济损失金额绘制平均超额函数图。以阈值 μ 为横轴，以不同阈值的样本平均超额函数值为纵轴，做出样本数据的平均超额函数图，如图 5-2 所示。

从样本的经验分布的超额均值函数图可以体现出样本数据的尾部特征。如果超额均值函数图呈现上升的趋势，说明样本的损失分布是一个明显的厚尾分布，如果超额均值函数图呈现下降的趋势，说明样本的损失分布是一个明显的短尾分布。根据图 5-2，我们可以判断出云南省地震损失数据具有厚尾的特点。接下来，根据超额均值函数图来确定广义帕累托分布中的阈值 μ。通过对图 5-2 的观察，从 $\mu=2.5\times10^7$ 开始，超额均值函数图开始呈现出近似的正斜率线性关系，因此选定阈值 $\mu=2.5\times10^7$。

2）用极大似然法来估计 POT 模型的参数 ξ,α

用极大似然法来估计 POT 模型的相关参数。在给定阈值的情况下，舍弃低于阈值的样本，利用 MATLAB 软件极大化模型的对数似然函数，可以得到 POT 模型的另外两个参数的估计值，分别为

$$\xi=0.95,\quad \alpha=1.01\times10^8 \tag{5-11}$$

由上可得到基于 POT 模型的云南省地震损失分布函数。

3）对 POT 模型进行检验

首先得到地震损失的经验分布与拟合分布函数图，如图 5-3 所示，横轴表示地震损失额，纵轴为累积概率，其中散点表示样本的经验分布，平滑曲线表示拟合的 GPD 分布。

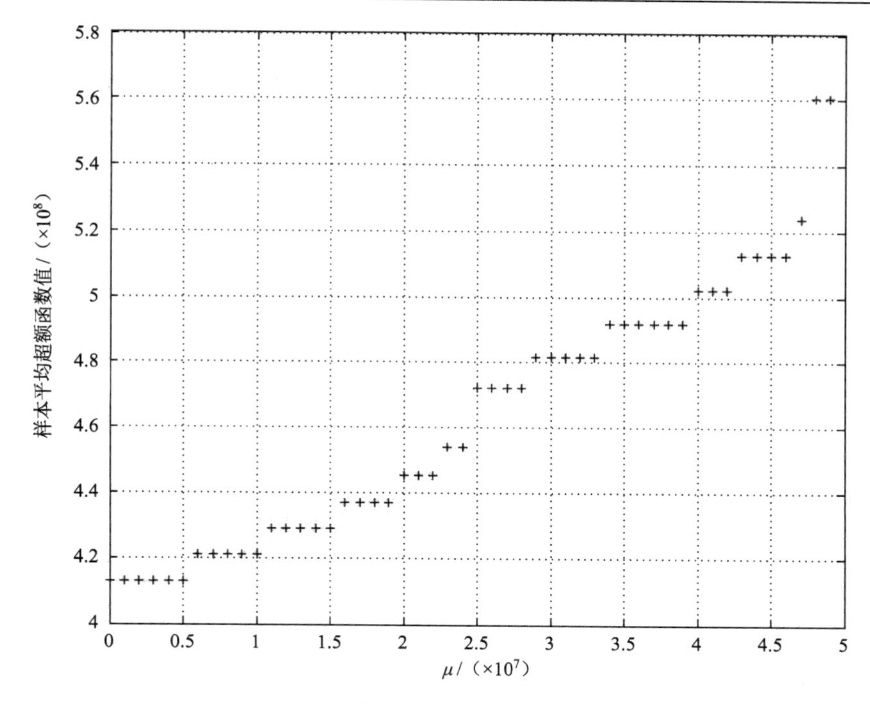

图 5-2　样本数据的平均超额函数图

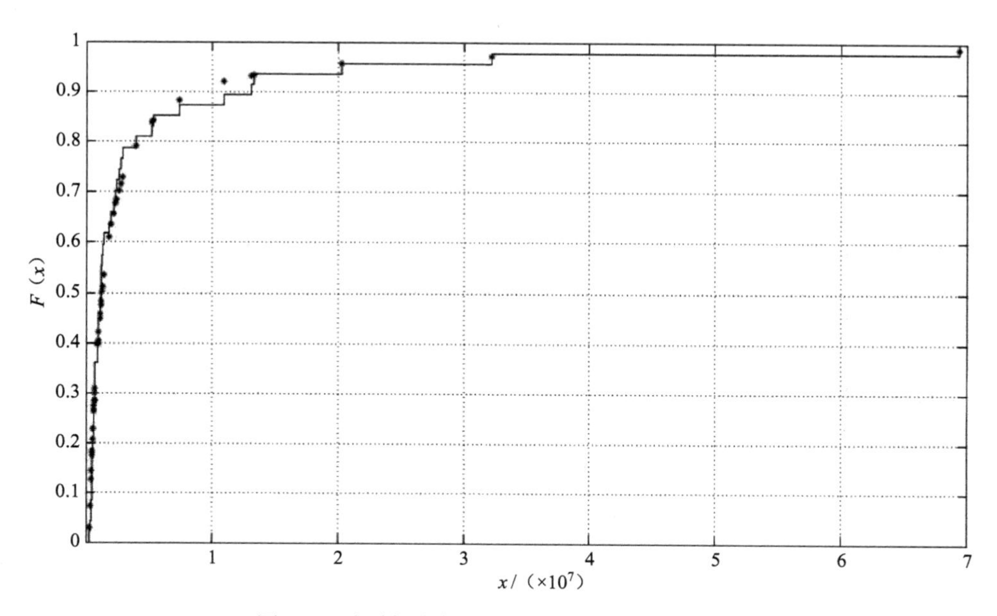

图 5-3　地震损失的经验分布和拟合分布函数图

其次，对拟合的分布进行科尔莫戈罗夫-斯米尔诺夫（Kolmogorov-Smirnov，K-S）拟合优度检验，检验 POT 模型的拟合优度。K-S 拟合优度检验的原理是将样本数据的经验分布概率值和理论分布概率值做比较，如果两者的差距小于特定的置信度，则可以认为样本数据是出自这个理论分布的。K-S 拟合优度检验表示如下。

原假设 H_0：样本数据服从 POT 分布。

备择假设 H_1：样本数据并不服从 POT 分布。

检验统计量为

$$D = \max(|F_n(x^-) - F^*(x)|, |F_n(x) - F^*(x)|) \tag{5-12}$$

其中，$F^*(x)$ 为样本点所对应的 POT 分布概率值；$F_n(x^-)$ 和 $F_n(x)$ 分别为样本数据的经验分布的概率值，如下所示：

$$F_n(x_j^-) = \frac{j-1}{n}，\ F_n(x_j) = \frac{j}{n} \tag{5-13}$$

检验的临界值 $D_{\alpha,n}$ 和选取的显著性水平及样本容量有关。如果 $D > D_{\alpha,n}$，则认为在 α 显著性水平下可以拒绝原假设，我们可以认为样本数据不服从该特定分布；反之则不能拒绝原假设。

在对云南省地震损失进行模拟时，得到的 K-S 拟合优度检验值为 0.09，而对应的 1%显著性水平下的 K-S 拟合优度检验阈值为 0.24，因此不能拒绝原假设，即可以认为样本服从 POT 分布。

综上可知，利用极值理论中的 POT 模型可以对地震损失分布进行拟合，从而对地震损失进行分析。

在对危险性评估模块、易损性分析模块、风险暴露分析模块进行分析后，即可综合得到巨灾风险的损失分布，并在此基础上测算相应的巨灾保险保费，并进行相应的再保险安排。

5.1.6 巨灾风险评估模型的应用

巨灾风险评估是巨灾保险定价的基础。与一般风险保险相比，巨灾损失分布的偏度更大，尾部风险更高。保险公司在开展巨灾保险业务时，通常需要利用再保险或者发行相关巨灾债券或巨灾衍生品来进一步规避风险。利用巨灾风险评估模型，不仅可以对巨灾保险的定价进行分析，还可以应用到巨灾再保险及相关衍生品的定价方面。

近年来，随着巨灾事件发生频率增加，对巨灾保险和再保险的需求不断上升。相对于巨灾保险，购买再保险尤为重要。一方面，再保险有利于保险公司控制其保险责任，即使发生重大自然灾害，也可以将保险人的赔付控制在一定范围内，降低保险人破产的概率。另一方面，再保险有利于保险公司扩大承保规模和经营范围。由于巨灾风险损失存在典型的厚尾特征，为保证其充足的偿付能力，保险公司需要为可能出现的尾部损失提取高额的准备金，这在一定程度上加大了保险公司的偿付能力压力，不利于保险公司承保其他业务以获取收益。下面，我们从巨灾再保险定价及地震再保险对原保险人财务稳定性的影响两个角度出发，简要介绍巨灾风险评估模型在巨灾再保险方面的应用。

1. 巨灾再保险定价研究

在巨灾再保险中，最常见也是最具有优势的是针对单项巨灾事件的超赔损失再保险。原保险人承担低于自留额和高于限额的巨灾损失，再保险人则承担自留额与限额之间的损失。在对超额再保险进行定价时，首先需要计算出单次保险赔付中原保险人与再保险人分别承担的损失。假设在超赔损失再保险合同中，损失金额 X 的分布函数为 $F_X(x)$，密度函数为 $f(x)$，原保险人的自留额为 D，限额为 L，则原保险人在单次地震损失中需要承担的期望赔付额为

$$E(X_P)=\int_0^D xf(x)\mathrm{d}x+\int_L^\infty xf(x)\mathrm{d}x+D(1-F(D))-L(1-F(L)) \tag{5-14}$$

再保险人需要承担的赔付额的数学期望为

$$E(X_R)=\int_D^L xf(x)\mathrm{d}x-D(1-F(D))+L(1-F(L)) \tag{5-15}$$

假设再保险人每单位风险的佣金率、费用率、利润附加率分别为 $\theta_1,\theta_2,\theta_3$。则单次地震损失对应的再保险的定价为

$$\text{Price}=\frac{E(X_R)}{(1-\theta_1)(1-\theta_2)(1-\theta_3)} \tag{5-16}$$

上述过程是对于一次地震而言的，对于一段时间（如一年）发生的多次地震而言，在购买再保险时，需要估计地震年发生次数 N，则巨灾再保险的年保费为 $N\times$Price。

根据 5.1.5 节给出的参数值，巨灾损失服从 POT 分布，其参数为 $\mu=2.5\times10^7$，$\xi=0.95,\alpha=1.01\times10^8$。假设巨灾再保险的下限与上限分别为 1.0×10^9，3.0×10^9，$\theta_1=20\%,\theta_2=10\%,\theta_3=20\%$，巨灾事件发生次数服从参数 $\lambda=1.8$ 的泊松分布，则巨灾再保险的保费可由式（5-17）得到：

$$\text{Total Price}=\lambda\times\frac{E(X_R)}{(1-\theta_1)(1-\theta_2)(1-\theta_3)}=2.62\times10^8 \tag{5-17}$$

由此可知，保险公司购买再保险的成本较高，这与地震损失分布的强厚尾性有着密切的联系。保险公司在决定是否再购买再保险时，应综合考虑其成本和收益进行决策。另外，进行决策时也需要考虑再保险对公司财务稳定性的影响，下

面将对此具体介绍。

2. 地震再保险对原保险人财务稳定性的影响

在险价值（value at risk，VaR）是指在某一特定时间内和给定的置信水平下，给定的资产或资产组合可能遭受的最大损失值。从其定义可以看出，它是一个损失值，且比 VaR 更大的损失只会以给定的概率发生。VaR 模型自 1993 年被 J. P. Morgan 在考察金融衍生品的风险时提出以来，就被金融机构广泛应用于度量其资产的整体风险。随着时间的推移，VaR 在保险业中也得到了广泛的应用，尤其是在保险资金运用方面。但将 VaR 用于巨灾保险的研究尚不多见，我们下面就用 VaR 来对承保地震保险业务的原保险人的财务稳定性进行评估。

根据 VaR 的定义，其数学表达式为

$$\mathrm{VaR}_p = F_X^{-1}(p) \tag{5-18}$$

其中，$F_X(p)=\inf\{x\in R \mid F_X(x)\geqslant p\}$，$F_X^{-1}$ 为损失分布 $F(X)$的逆函数。p 值通常取为 95%、99%或 99.9%，p 值越大，说明对风险越谨慎。对于原保险人而言，可以根据公司的风险厌恶程度、保险业监管的审慎程度等因素来选择合适的 p 值来估计其面临的极值风险。在 5.1.6 节第 1 条有关参数设定下，当分别取 p=95%、p=99%时，巨灾损失的 VaR 值的估计结果为

$$\mathrm{VaR}_{0.95} = 2.03\times 10^9$$

$$\mathrm{VaR}_{0.99} = 9.66\times 10^9$$

VaR 只是一个分位点，对分位点之外的损失只给出了一个概率描述，并没有给出合适的数量描述，因此存在一定的弊端。对于地震风险损失而言，其厚尾性特征要求保险公司对尾部风险进行有效衡量，因此单独使用 VaR 并不能满足保险公司风险管理的要求，我们引入条件在险价值（conditional value-at-risk，CVaR）来衡量尾部风险。CVaR 的定义为

$$\mathrm{CVaR}_p = E(X \mid X > \mathrm{VaR}_p) \tag{5-19}$$

在损失分布服从 POT 分布时，CVaR 的表达式如下：

$$\begin{aligned}\mathrm{CVaR}_p &= E(X \mid X > \mathrm{VaR}_p) = \mathrm{VaR}_p + E(X-\mathrm{VaR}_p \mid X > \mathrm{VaR}_p)\\ &= \mathrm{VaR}_p + \frac{\alpha+\xi(\mathrm{VaR}_p-\mu)}{1-\xi} = \frac{\mathrm{VaR}_p+\alpha-\mu\xi}{1-\xi}\end{aligned} \tag{5-20}$$

当 p=95%、p=99%时，巨灾损失的 CVaR 值的估计如下：

$$\mathrm{CVaR}_{0.95} = 4.22\times 10^{10}$$

$$\mathrm{CVaR}_{0.99} = 1.95\times 10^{11}$$

VaR 与 CVaR 都是对保险公司风险的有效量度。以上我们得出了保险公司在

不购买再保险时的 VaR 与 CVaR 的值。保险公司在评估其财务稳定性时，应尤其注意评估极值风险。如果对于地震风险损失而言，其 VaR 与 CVaR 过大，说明风险过高，应该进行有效的分保以降低风险。对于不同公司而言，其风险承受能力不同，可以接受的最大 VaR 与 CVaR 也不一致，需要根据公司的实际情况来进行评估。

在购买再保险后，计算 VaR_p、$CVaR_p$ 的方法与未购买再保险时是一致的，都是根据其定义式利用解析方法或数值方法进行分析的，下面举例说明。

对于自留额为 1.0×10^9 元（10 亿元），再保险赔付限额为 3.0×10^9 元（30 亿元）的巨灾再保险而言，保险公司购买再保险后，p=99%时的 VaR、CVaR 值如下：

$$\mathrm{VaR}_{0.99}=7.66\times10^9$$

$$\mathrm{CVaR}_{0.99}=1.93\times10^{11}$$

可见，一方面，在购买了再保险后，保险公司面临地震风险损失的 VaR_p、$CVaR_p$ 的值都有所降低，在一定程度上降低了保险公司面临极值损失的风险。但另一方面，购买再保险也会使保险公司的保费收入有所减少。因此，在实践中保险公司需从两方面进行权衡，确定再保险的最优购买策略。

5.2　巨灾风险的主观评估：风险感知

对风险分析的研究表明，人们对风险的评估具有主观性，并且会根据自身主观上对风险的认知而不是对风险的客观估计而做出决策（Camerer and Weber，1992；Johnson et al.，1993）。由于巨灾事件具有发生频率低、后果严重等特点，人们对巨灾风险的客观估计很难做到比较准确，从而进一步加大了主观认知对此类风险评估的影响。本节将介绍有关巨灾风险认知及其影响的研究成果，从人们行为的视角为巨灾风险评估提供参考。

5.2.1　关于巨灾风险认知及其影响的研究

1. 巨灾风险的主观概率认知与行为决策

1）对风险的主观概率认知

人们对风险的认知存在主观性，特别是当面对巨灾这种小概率、大损失事件时，往往会倾向于低估或高估其发生的概率。一方面，人们可能会低估巨灾事件发生的可能性。Kunreuther（1978）的一项调查显示，当洪水和地震事件未发生时，人们往往缺乏购买洪水或地震保险的意愿，而当经历了巨灾事件或知道其他人经历了灾害事件的严重损失后，则会愿意购买保险。该研究表明，人们对巨灾事件更关注的是事件导致的严重损失，但如果没有经历过类似事件，就会倾向于忽略该事件发生的可能性，认为“它不可能发生在我身上”，因而不会购买相关保险。这意味着，正如 Slovic 等（1978）所指出的，可能存在一个关于风险事件发生可能性的门槛值，当人们估计的损失概率低于该值时，其会认为损失发生的概率为 0，即会忽略该风险。Slovic 等（1978）进一步从心理成本的角度解释了出现上述“忽略”的成因，即当人们关注该风险时会产生心理成本，当概率充分低时，人们倾向于忽略该风险。

Kunreuther 和 Pauly（2004）基于一个简单的理论模型给出了人们为什么会忽略小概率巨灾事件发生可能性的另外一个解释：人们事前对巨灾事件缺乏准确的概率认识，为获得准确的概率估计需要付出额外的信息搜寻成本。当搜寻成本很高时，人们就会倾向于不购买保险，表现出对小概率事件的忽略。

另一方面，人们也可能会高估巨灾事件发生的可能性。McClelland 等（1990）通过调查和实验数据分析发现，人们面对小概率事件时会存在两种极端的估计：一种是完全忽略该事件的风险，另一种是过度高估其发生的可能性，几乎没有人持中间状态的估计。实际上，在充分汲取相关经验证据的基础上，Kahneman 和 Tversky（1979）提出的前景理论指出，人们对风险的概率认识存在主观扭曲。当面对小概率、大损失事件时，低估或高估其发生概率的情形均可能出现，从而提出用概率权重函数来体现概率扭曲的特征。Tversky 和 Kahneman（1992）在他们提出的累积前景理论中进一步研究了上述现象，认为概率权重函数在概率接近 0 时会出现明显的扭曲特征。

一些研究者从人们行为的视角对巨灾事件的发生概率被低估的现象进行了解释。Viscusi 和 Zeckhauser（2006）运用人们对自然巨灾和恐怖主义袭击的风险判断的全国调查数据进行分析，结果显示人们对自身面临的风险会过度乐观。大多数被调查者认为自己面临的风险低于平均水平，仅有 1/3 的人认为自己面临的风险为平均水平。这一过度乐观现象解释了人们为什么会低估巨灾事件发生的概率。Erev 等（2008）指出对于小概率事件，人们会同时存在过度高估和低估这两种现象的心理因素，即背景效应（context effect）和单纯存在效应（mere presence effect）推动了过度高估和低估事件发生概率现象的形成：当人们面临类似的情景（如经历巨灾事件——背景效应）时，倾向于高估巨灾事件发生的可能性；而当面临与巨灾事件不相似的情景（如未经历巨灾事件——单纯存在效应）时，则倾向于低估巨灾事件发生的可能性。

总体上看，这一方向上的研究所达成的基本共识是：当面对小概率、大损失的巨灾事件时，若人们未经历过此类事件，则会倾向于低估其发生的概率；若经历过，则可能会高估其发生的概率。

2）影响主观概率认知的因素——风险的表述方式

Johnson 等（1993）基于实验考察了影响人们对风险的主观概率认知的因素，并给出了一个解释：对风险事件特征的生动描述对人们的风险主观概率认知存在显著影响。航空保险和住院医疗保险的例子表明，对航空风险和疾病风险的形象描述，使得被调查对象愿意支付的保费提高了一倍以上。该文献还提供了一个有趣的例子，在 1990 年声称为气候学家的 Iben Browning 预言，位于美国的圣路易斯地区沿着新马德里地震带将于 1990 年 12 月 3 日的前后两天左右有 50%的可能性会发生大地震。但在 1990 年 12 月 3 日前后，地震并未发生，Iben Browning 的预言却产生了一个有趣的结果：该地区的地震保险单的销售量迅速上升。显然，除了 Iben Browning 的预言，并不存在其他因素显著地提高了人们对地震风险的概率判断。此时，公众对风险的认知出现了系统性偏差，这一现象也被 Lichtenstein 等（1978）在研究人们对死亡风险的认知检验中得到证实。该研究显示，在一次事故中导致人们死亡并且被形象描述的事件会再次发生的概率会被人们高估。与之相关的一个有趣结果是 Combs 和 Slovic（1979）所指出的：上述偏差与媒体报告强度高度相关。

3）主观概率认知对决策的影响

已有的研究指出，人们对巨灾事件发生概率的低估将导致其不愿购买或减少购买巨灾保险，特别是忽略巨灾事件发生的可能性会导致其放弃购买巨灾保险（Kunreuther and Pauly，2004）。相关研究还指出，当巨灾事件发生的概率低于某一门槛值时人们会忽略巨灾的发生，从而不买保险。因此，为了解决这一问题，一个可行的办法是延长人们评价巨灾风险的视野。当人们对巨灾风险的评价从短期视野转移到长期视野时，相应的概率评估将会上升，从而有可能克服概率忽略的问题。从实施的角度看，保险公司可以设计提供多年保障的巨灾保险合约。

另外，Shafran（2011）的理论模型还预测：基于前景理论，人们对低概率、高损失的巨灾事件在防损方面会倾向于选择较低的努力水平。该文的实验结果也证实了这一点。但概率低估会导致购买保险和防损活动减少的观点被 Laury 等（2009）、Sutter 和 Poitras（2010）基于实验的证据所挑战。Laury 等（2009）的实验结果发现了相反的结论：对于低概率、高损失的巨灾事件，人们倾向于购买更多的保险。Sutter 和 Poitras（2010）考察了面临龙卷风风险时居民的住房选择，发现人们对于巨灾是倾向于自我保护的：预期的龙卷风导致的年死亡率每增加 0.0001%，居民将减少 3%的住房需求。

上述巨灾风险的主观概率判断对消费者决策的影响出现了正反两方面的实验与实证证据，对此的一个解释来自本节下面将要介绍的风险感知理论。该理论指出，人们对风险除了存在主观和客观的认知外，还会产生情感反应，而情感反应不仅影响了人们对风险的主观认知，还影响了人们的风险认知对风险决策行为的传导，即人们对风险的情感反应是联结风险认知与风险决策的重要纽带。这一理论意味着，上述巨灾风险认知与风险决策行为出现相反证据可能源于人们在不同情景下的情感反应是不同的，对于上述证据及其解释还需要更进一步的检验。

2. 巨灾风险的不确定性与行为决策

1）风险的不确定性与不明确性

对巨灾风险认知的不确定性是客观存在的，即使是专业人士如保险公司的专家，对巨灾风险的认知也存在不确定性。Kunreuther 等（1993）以地震风险为例，分析了巨灾风险认知不确定条件下保险公司的行为决策。他运用相关调查数据指出，由于巨灾事件的历史数据不足，基于巨灾模型得出的预测结果有很大的不确定性，保险领域的相关专业人士（如精算、核保和再保险领域的专家）对巨灾损失额度和巨灾事件发生概率的认识均存在明显的不确定性。于是，在风险评估方面人们又引入了另外一个描述风险不确定性的概念，称之为“不明确性”，对应的英文为“ambiguity”，而一般的“不确定性”对应的英文则为“uncertainty”。

我们简要解释一下“不确定性”和“不明确性”的联系与区别。联系在于，这两个概念都和未来风险事件发生的不确定性相关，即风险事件可能发生也可能不发生。区别在于，对具有“不确定性”的事件，人们可以给出事件发生概率（可能性）的估计，如认为“被病毒感染的概率为 20%”“疫苗的有效率为 65%”等；对于具有“不明确性”的事件，人们只知道可能发生也可能不发生，难以对事件发生的可能性做出概率意义上的估计，或者只知道发生概率在某个区间内，如认为“下年度 GDP 的增长率在 5%至 6%之间”“疫苗的有效率低于 70%”等。不难看出，“不明确性”比“不确定性”的不确定性程度更高，原因是人们对具有“不明确性”的事件所掌握的信息更少，更难以做出较为准确的预测。

2）不明确厌恶与偏好

人们对具有不确定性但发生概率可以估计的风险事件会如何对待，学者在这方面已经有了非常多的经典研究，发现了人们可能具有的风险厌恶或风险偏好等现象。那么，当风险具有不明确性特征时，人们的态度又会怎样呢？

埃尔斯伯格（Ellsberg）在 1956 年提出了一个悖论：许多人愿意打赌从一个有 50 个黑球和 50 个白球的箱里抽出黑球，而不愿意打赌从一个装有 100 个黑白球但分布不清楚的箱子里抽出黑球或白球。人们的上述决策行为体现出他们倾向于规避具有概率不确定性的事件，这一倾向被命名为不明确厌恶（ambiguity aversion）。Ellsberg 悖论及其所提出的不明确厌恶现象无法用主观概率期望效用理论解释，即不明确厌恶不同于风险厌恶，对这一问题的后续研究成为不确定性经济学的一个研究热点，受到了众多经济学家的关注。相关研究工作从不明确厌恶与偏好的实验测试、理论模型、实证检验和行为基础等方向展开，取得了一系列研究成果。Camerer 和 Weber（1992）对不明确厌恶方面的研究进展进行了一个综述，指出相关研究已形成了一系列共识：①Ellsberg 实验所发现的不明确厌恶现象是普遍存在的；②对于小概率损失事件人们会表现出不明确厌恶，当损失事件的概率充分大时人们则会表现出不明确偏好；③对概率的不明确认识仅是影响人们决策的一个因素，其他因素还包括遗漏的信息和相关知识等。实际上，具有不明确厌恶的个人希望获得更多信息，尽管信息可能并不能帮助他们改进决策，但信息的增加能减小基于概率的决策权重系数的扭曲程度，从而使当事人能够提高自身的效用。该效应也能够解释消费者在医疗或金融活动中对信息的需求：新的信息未必会改变选择，但能消除人们由可获得信息的不确定性引发的不安（Asch et al.，1990）。Snow（2010）对于上述基于实证的直觉结论进行了理论建模，分析结果指出，有助于减小概率不确定性的信息对于不明确厌恶的决策者具有正面价值，并且概率不确定性和决策者的不明确厌恶程度越高，该信息的价值就越大。

Rubaltelli 等（2010）探讨了人们的情感反应是否会影响他们的不明确厌恶程度，发现情感反应是决定人们不明确厌恶程度的重要因素。在比较概率不确定的事件与概率确定的风险事件的情况下，人们会更容易出现明显的情感反应，从而导致此时人们的不明确厌恶程度较高，这解释了实验与实证证据中观察到的现象。

3）消费者与保险公司的决策行为

Hogarth 和 Kunreuther（1989）以 MBA 学生、公司 CEO 和精算师为实验对象，分别赋予他们消费者和保险公司决策者的角色，探讨了消费者和保险公司决策者对风险不确定性的认识和反应。实验结果发现：①对于小概率事件，消费者和保险公司对保险产品的定价均显示出不明确厌恶的特点，即消费者愿意为概率的不确定性支付额外的风险保费，保险公司也倾向于加收风险保费以应对上述概率不确定性的负面影响；②随着风险事件发生概率的增大，消费者的不明确厌恶程度降低，对于发生可能性很大的风险事件，消费者表现出不明确偏好的特征；③对于概率不确定的风险事件，保险公司比消费者具有更高程度的不明确厌恶或偏好。Kunreuther 等（1993）基于调查数据的研究进一步验证了上述结论。研究显示，保险公司的相关决策者（精算、核保和再保险的相关决策者）面对巨灾损失额度的不确定性时会表现出风险厌恶，面对巨灾事件发生的可能性时会表现出不明确厌恶。上述两种厌恶均会使保险公司（和再保险公司）提高巨灾保险产品的定价，厌恶程度越高，保险产品的附加保费也越高；并且在不确定程度较高时，保险公司（和再保险公司）甚至会减少或不提供相关的巨灾保险保障。Kunreuther 等（1993）同时借鉴 Kunreuther（1978）和 Slovic 等（1978）的研究成果发现，当风险事件发生的概率充分小时，消费者倾向于忽略该风险，因此消费者对小概率巨灾风险的保险需求不足。于是，一方面小概率的巨灾风险可能导致消费者忽略该风险，或产生一定的不明确厌恶，另一方面保险公司对巨灾风险的不明确厌恶程度较高，与消费者相比会要求更高的风险补偿，由此导致了巨灾保险市场发展的不足。

针对由巨灾风险的不确定性和人们的不明确厌恶导致的巨灾保险保费过高和保险保障不足的问题，专家提出了一系列建议。Kunreuther 等（1993）指出，需要进一步完善巨灾风险评估技术，提高巨灾风险评估能力，从而降低巨灾风险的不确定程度。他们还建议，为了使保险公司愿意以合理的保费承保巨灾保险，政府应该出面减少保险公司承担的巨灾保险损失，如运用分层保险与再保险的方式，使保险公司只承担部分且有上限的巨灾损失。Kunreuther 等（2001）针对人们对小概率巨灾风险概率认识上的不确定性及相应的认知困难，运用实验方法进行了一系列情景比较，结果发现：为了提高人们在小概率情景下的风险认知能力，需要提供更丰富详尽的风险信息；并且，更详细的可比较的情景会激发人们对巨灾风险的关注，有助于增加人们对巨灾保险的需求。

3. 巨灾风险感知与决策行为

1）巨灾风险感知

Slovic（2009）指出，巨灾风险管理必须考虑人们对巨灾风险的情感反应。实际上，Slovic（1987，2000）早就指出过，与基于理性的客观风险评估不同，心理学研究的证据表明，人们更倾向于通过直觉对风险的大小做出判断，他将这一直觉判断称为风险感知，进而通过对风险感知研究的系统梳理和详细考察后提出，人们对风险的感知程度可以用两个维度来度量：一是风险引发的恐惧（dread）性，包括人们是否感到恐惧，认为风险是否可控、是否可能出现巨大损失、是否会导致严重后果，以及风险和收益的分布是否不均衡等。不难看出，这一维度的判断包含了人们的本能、情感和直觉的影响；二是对风险不了解（unknown）程度，包括人们是否能够观察到该风险，是否知道该风险，风险是否是新的，风险造成的伤害后果是否存在延迟等指标，主要体现了人们对风险的客观认识。风险引发的恐惧反应越大，人们对风险的了解程度越低，就越会认为该风险严重。上述研究显示了人的本能和情感对自身风险感知形成的重要影响，而这一影响也会体现在公众的风险决策行为上，具有显著的政策效应。正如 Slovic（1987，2000）所指出的，对公众的风险教育不仅要包含科学的风险知识，更要考虑公众的风险感知特征。

Loewenstein 等（2001）进一步突出了人的风险感知中各种情感反应的影响，他们将人对风险的感知分为两个方面：一方面是对风险发生的可能性和严重程度的客观与主观认知，另一方面是人在经历（或体验）风险时的各种情感（feelings）

反应，并且人的情感反应会对其对风险的主观认知和决策行为（如风险防范和风险转移行为）产生重要影响。他们强调了情感反应是联系人的风险认知与风险决策行为的重要纽带。Slovic（2009）进一步对风险感知的情感反应进行了概括，将情感反应定义为人们有意识或无意识的对风险的好的或坏的感受。

实际上，有许多证据表明，情感反应显著影响了人们对风险的主观认知，会使其产生一系列认知偏差。Fischhoff 等（1978）的研究指出，虽然风险与收益客观上存在正相关关系，但是在人们的主观风险感知上则体现为负相关关系。Alhakami 和 Slovic（1994）进一步发现，感知风险与感知收益的负相关关系受到了正面或负面情感的影响。这意味着对于风险事件，人们不仅通过怎么认识它而且通过怎么感受它来做出判断。Sunstein（2003）的研究指出，由于对巨灾事件的发生存在恐慌等情感反应，人们更关注巨灾事件的严重后果，而对其发生的概率并不敏感，他将这种现象称为概率忽视（probability neglecting）。Keller 等（2006）通过实验研究发现，被给予 30 年时间长度的洪水信息的实验对象比被给予 1 年信息的实验对象表现出更高程度的风险感知；被给予洪灾时房屋画面图片的实验对象比未被给予的显示出更高的对洪水风险的感知。Slovic（2009）的研究则表明，伴随受灾人数的增加，人们对救援价值的评价越来越不敏感，即救助第 88 个人时人们感知的价值比救助第 1 个人时的价值明显减小，Slovic 将之解释为受到了人们情感反应的影响：在救助第 1 个人时人们的情感反应强烈，随着救助人数的增多，人们的情感反应逐渐减弱，从而使得其感知评价下降。李华强等（2009）以汶川地震为背景的研究发现，人们对风险的可控感越低，体现地震后果严重性的信息越充分，风险感知程度就会越高。

2）情感反应的关键影响因素

Loewenstein 等（2001）识别了影响人们风险感知的情感反应的关键因素，其中最重要的因素是风险的形象性（vividness）：人们对风险的感受越具体，其情感反应越剧烈，对风险认知与决策行为的影响就越突出。一系列心理学证据表明，风险的形象性对人的情感反应影响显著，Johnson 等（1993）的实验研究显示，当人们被告知航空保险的保障包含恐怖主义袭击风险时，比被告知包含所有可能的风险时愿意支付更多的保费。这一影响因素也解释了下述现象：人们在未经历巨灾前倾向于低估风险并且少买保险，而在经历了巨灾后则倾向于多买保险。Small 等（2007）通过一个精心设计的实验表明，相对于统计数字，人们更愿意救助那些有明确身份信息的受灾者。另外一个反映了风险的形象性的反面例子由 Leiserowitz（2006）提供，该研究指出，美国人缺乏对全球变暖效应的形象、具体且与个人经历相关的感知，导致全球变暖问题在美国并没有被公众充分重视。

3）巨灾风险感知下的行为偏差与决策特征

人们对巨灾风险的感知会对其决策行为产生明显影响，也可能导致其产生行为偏差。Slovic 等（1980）的研究指出，人们对洪水保险的购买意愿与洪水的潜在损失引起的人们的担心与忧虑程度相关。Browne 和 Hoyt（2000）发现，某人知道其他人（包括自身）曾经经历过地震或洪水等巨灾时，将会极大地提高其购买巨灾保险的意愿。Lerner 等（2003）以“9・11”恐怖袭击事件为研究对象，发现巨灾引发的不同情感反应对人们的风险感知与行为可能产生不同方向的影响：恐惧提高了人们对风险严重程度的估计并使其倾向于做出更多的风险防范行动，但愤怒则具有相反的效应。Huddy 等（2005）的研究发现，对恐怖袭击的焦虑（anxiety）使得美国人不赞同对外采取军事行动，但对威胁的反应使得美国人倾向于报复，从而支持对外采取军事行为。在分析了情感可能导致的人们的风险感知偏差后，Kahneman（2003）和 Slovic（2009）均指出，应该通过风险教育与沟通促使人们的理性认识发挥更大的作用。

总体上看，人们对巨灾风险存在主观性的认知并且会受情感反应的影响的观点已经得到了广泛认同。目前，对巨灾风险认知的研究愈加深入，已有的研究工作已经从巨灾损失和发生可能性这两个方面对人的风险认知进行了充分探讨，一个重要且方兴未艾的研究方向是，为人们对巨灾事件的主观风险认知的典型现象寻找心理学基础，从而为如何评估和管理巨灾风险提供更为深入、更具有针对性的理论和实践参考。

5.2.2 风险感知、防损行为与保险需求的实证分析：以地震风险为例

破坏性地震[①]是典型的小概率、大损失的巨灾事件。前文已指出，面对这一事件，人们倾向于根据个人的主观判断来评估风险，即人们会形成自己的风险感知。该风险感知会受个人情感的影响，包含非认知的成分。Loewenstein 等（2001）将人们对巨灾风险的感知反应分为两个方面：一方面是对巨灾发生的可能性和严重程度的客观与主观认知，另一方面是对巨灾的各种情感反应。Loewenstein 等（2001）指出，人们对巨灾事件的各种情感反应将影响他们的风险防范行为。本部分的研究视角与上述研究不同的是：巨灾风险防范应发生在巨灾事件发生之前，且巨灾事件是小概率事件，因而需要关注人们在巨灾未发生时形成的风险感知对风险防范行为和保险需求的影响。同时，在研究中希望隔离情感反应的影响。

2011 年 2 月，我们在北京、大理和成都三个地方，对居民对地震风险的认知、对防灾减灾的认识以及地震保险的需求等进行了调研。选择这三个城市的居民作为被调查对象，主要是出于如下考虑：北京有近 300 年没有发生过破坏性地震，上次破坏性地震是 1730 年发生的里氏 6.5 级地震；云南大理是地震高发地区，近 20 年来发生了多次地震，上次破坏性地震是 1925 年发生的里氏 7.0 级地震；四川

① 本书将里氏 6.0 级以上的地震定义为破坏性地震。

省汶川县 2008 年发生了里氏 8.0 级地震，成都有强烈震感。我们对上述三个城市居民的调研希望达到的目的是：①通过对不同地点的选择，考察不同地震发生频率与强度背景下，居民对地震风险的认知、地震风险防范意识、地震风险防范行为和地震保险需求是否存在差异；②通过将调研时间适度延后，我们可以在适度隔离情感反应的情形下考察居民对地震风险的认知、地震风险防范意识与地震风险防范行为和地震保险需求的关系[①]。我们注意到，北京、成都与大理的经济发展水平和居民受教育水平有显著差别，因此调研包含了被调查对象的职业、年龄、性别、受教育水平、收入水平等指标，从而可以在控制上述影响因素的条件下，探讨居民对地震风险的认知、地震风险防范意识与地震风险防范行为和地震保险需求的关系，使得结论更加稳健。

1. 研究设计与样本统计

1）变量的测量

A. 居民对地震风险的认知

居民对地震风险的认知包括“经验认知”和“主观认知”两个部分。经验认知包括：对所在城市的地震断裂带的分布是否了解，对所在城市地震发生的历史是否了解等。主观认知包括：对地震发生概率的认知，对地震风险损失专家评估结果的信任程度等。

B. 地震风险防范意识

根据已有的研究，人们是否拥有清晰明确的风险防范相关信息对其风险防范行为具有显著影响，因此我们在调查问卷中包含了地震风险防范意识的相关问题，如是否了解所居住房屋的抗震级别，是否了解地震逃生和急救的基本常识等。

C. 地震风险防范行为

许多指标都可以在一定程度上反映居民的地震风险防范行为，如购买房屋时是否考虑了房屋的防震性能，在房屋改造或装修时是否考虑了抗震效果等。考虑到后者是我国居民更普遍面临的决策问题，所以我们选择该指标度量居民的地震风险防范行为。

D. 地震保险需求

为了更深入考察风险认知对地震保险需求的影响，我们将地震保险需求区分为保险购买意愿和保险购买数量两个方面，使用两个指标进行描述：一是反映地震保险购买意愿的指标，即“是否愿意为您的房产投保”；二是刻画地震保险购买数量的指标，为更准确地刻画风险认知的影响，我们选择了相对量指标，即“愿

① Loewenstein 等（2001）已经指出居民对风险事件的情感反应具有短期记忆的特征，我们将调研时间选择在 2011 年 2 月，距离汶川地震已经超过 2 年 8 个月，从而可以适度隔离居民情感反应的影响。

意购买的保额占房屋总价值的比例为多少”。

E. 控制变量

为控制北京、成都和大理的经济发展水平、居民受教育水平差异的影响，我们的调研包含了居民的以下信息：①所处年龄段；②收入水平；③受教育水平。

2）数据收集

数据收集采取电话调查的形式，委托清华大学媒介调查实验室于 2011 年 2 月 15～28 日对北京、大理和成都等三个城市进行了调研。在正式调查之前，我们进行了预调查，根据预调查结果对问卷进行了修改和调整，然后开始正式的调查。问卷调查采取随机抽样的方法，调查对象设定为 25 岁以上的家庭户主。调查收回了 706 份有效问卷，其中北京居民 303 份，大理居民 202 份，成都居民 201 份。

有效样本的性别构成为：男性占 65.3%，女性占 34.7%；在年龄分布上，25～34 岁的户主占 59.5%，35～44 岁占 27.5%，45～54 岁占 10.1%，55 岁及以上占 2.9%；从受访者的受教育水平看，初中及以下占 8.2%，高中（中专）占 39.8%，大专、本科占 42.8%，硕士及以上占 9.2%。

2. 居民对地震风险的认知

北京、成都和大理三地居民对地震风险的“经验认知”的情况见表 5-1。

表 5-1　北京、成都和大理三地居民对地震风险的“经验认知”的情况

问题	城市	了解	不了解	未关注过	合计
是否了解居住城市地震断裂带分布状况	北京	20.8%	49.8%	29.4%	100%
	成都	28.2%	61.4%	10.4%	100%
	大理	13.4%	44.8%	41.8%	100%
是否了解居住所在地区破坏性地震的发生历史	北京	23.4%	47.2%	29.4%	100%
	成都	26.2%	61.4%	12.4%	100%
	大理	21.9%	46.3%	31.8%	100%

从表 5-1 可以看出，居民对地震风险的“经验认知”程度较低，各地居民认为自己了解地震背景信息的均不足 30%。在上述两个问题的回答中，成都居民选择“未关注过”的比例均明显低于北京和大理的居民，选择“了解”的比例均高于北京和大理的居民。我们进一步运用威尔科克森（Wilcoxon）秩检验对三地居民选择的差异进行了显著性检验，结果发现，对于“是否了解居住城市地震断裂带分布状况”这个问题，北京、成都和大理居民的回答两两之间均显著不同[①]。

① 北京和成都居民、北京和大理居民、成都和大理居民关于地震断裂带认知的 Wilcoxon 秩检验的概率值分别为 0.0001、0.0019、0.0001。

对于“是否了解居住所在地区破坏性地震的发生历史”这个问题，成都居民的回答显著不同于北京和大理居民，而北京和大理居民没有显著差异①。上述结果表明，与北京和大理居民相比，近期地震事件的发生显著地提高了成都居民对地震风险的背景认知程度。

各城市居民对地震风险的“主观认知”的统计结果如表 5-2 和表 5-3 所示。

表 5-2　各城市居民对发生破坏性地震可能性的认知

问题	城市	不太可能发生	有一定可能发生	很可能发生	合计
破坏性地震发生的可能性	北京	27.1%	53.4%	19.5%	100%
	成都	11.8%	60.0%	28.2%	100%
	大理	29.9%	55.2%	14.9%	100%

表 5-3　各地居民对地震风险专家评估的认同度

问题	城市	不认同	认同	合计
是否认同地震风险专家的评估	北京	70.0%	30.0%	100%
	成都	72.8%	27.2%	100%
	大理	65.6%	34.4%	100%

总体上看，认为破坏性地震事件很可能发生的比例在 15%～30%，上述结果体现了在回答调查问卷的背景下，居民对地震风险表示出了一定的担心。我们还可以看出，对于破坏性地震发生可能性的认知，成都居民明显高于北京和大理。Wilcoxon 秩检验结果表明，成都居民对地震风险发生可能性的认知显著不同于北京和大理居民，而北京和大理居民没有显著差异②。成都居民于 2008 年经历了汶川地震事件，而北京居民有近 300 年没有经历过破坏性地震，大理虽然地震多发，但上次破坏性地震发生的时间为 1925 年，参与调研的北京和大理的居民均未经历过破坏性地震事件。因此，上述地震风险概率认知的显著性差异的可能解释是：成都居民经历过破坏性地震事件，而北京和大理居民未经历过。这一结果表明：经历过破坏性地震的居民对风险的概率认知将显著地高于未经历过的居民。需要指出的是，从居民收入水平和受教育水平来看，成都处于北京和大理之间，因此上述地震风险概率认知的显著性差异难以用居民收入水平或受教育水平来解释，更多地反映了是否经历过破坏性地震事件的影响，因此我们的检验结果是稳健的。

① 北京和成都居民、北京和大理居民、成都和大理居民关于地震发生历史认知的 Wilcoxon 秩检验的概率值分别为 0.0017、0.5407、0.0005。

② 北京和成都居民、北京和大理居民、成都和大理居民关于地震发生可能性认知的 Wilcoxon 秩检验的概率值分别为 0.0001、0.2408、0.0000。

各地居民对地震风险专家评估的认同度的统计结果见表 5-3。

从表 5-3 中可以看出，各地居民对地震风险专家评估的认同度均较低，认同的比例不超过 35%。Wilcoxon 秩检验的结果显示，在 5%的显著性水平下三地居民的认识没有显著差异[①]。这一结果说明：对于地震风险概率的评估，居民倾向于不相信专家的评估结果。

3. 地震风险防范意识

在本书实施的调查中，地震风险防范意识通过居民对“是否了解所居住房屋的抗震级别，是否了解地震逃生和急救的基本常识”两个问题的回答来度量；地震风险防范行为根据居民对“在房屋装修或改造过程中是否考虑了抗震效果”问题的回答来度量。根据已有经验，地震造成的大多数伤亡是由房屋倒塌引起的。因此，在房屋建筑与改造过程中，充分考虑房屋的抗震性能是降低地震风险损失的重要措施。例如，根据建筑专家的建议，在房屋建筑与装修过程中不能随意改造或拆除承重墙，楼板负荷不宜随意增加，对阳台、卫生间等的改造也有许多要注意的细节。另外，住房材料也决定了其抗震能力的强弱。居民识别房屋墙结构、了解房屋装修与改造的相关注意细节，是居民自我防范不可缺少的环节。此外，掌握地震逃生的基本常识，如把牢固的家具下面腾空以备震时藏身，加固睡床，把墙上悬挂物取下或固定防止掉下伤人，固定高大家具防止倾倒砸人，在易取的地方适当储备食品和饮用水，注意保留住房中开间小且有支撑的地方，震时就近躲避、震后再迅速撤离等，对震时自我保护都是十分必要的。各地居民地震风险防范意识和防范行为的统计结果见表 5-4。

表 5-4 中的第一行和第二行数据显示，各地居民总体上地震风险防范意识较高，“了解所居住房屋的抗震级别”的居民超过或接近 50%，“了解地震逃生和急救的基本常识”的居民超过了 75%，说明我国在地震风险防范知识的传播方面取得了一定成效。另外我们发现，成都居民的地震风险防范意识均明显高于北京和大理的居民，而北京和大理的居民没有明显区别；对于最后一个问题，成都居民的地震风险防范行为统计结果明显高于北京居民，大理居民的风险防范行为统计结果略高于北京，成都居民的风险防范行为统计结果又略高于大理，但不一定存在显著区别，Wilcoxon 秩检验的结果表明，上述结论是成立的[②]。这一结果显

① 北京和成都居民、北京和大理居民、成都和大理居民关于地震风险专家评估认同度的 Wilcoxon 秩检验的概率值分别为 0.4962、0.2590、0.0996。

② 北京和成都居民、北京和大理居民、成都和大理居民关于所居住房屋的抗震级别认知的 Wilcoxon 秩检验的概率值分别为 0.0005、0.5021、0.0002；北京和成都居民、北京和大理居民、成都和大理居民关于地震逃生和急救的基本常识认知的 Wilcoxon 秩检验的概率值分别为 0.0362、0.5668、0.1567。

表 5-4　各地居民地震风险防范意识与防范行为的统计结果

问题	城市	是	否	合计
是否了解所居住房屋的抗震级别	北京	52.8%	47.2%	100%
	成都	68.3%	31.7%	100%
	大理	49.8%	50.2%	100%
是否了解地震逃生和急救的基本常识	北京	75.9%	24.1%	100%
	成都	83.7%	16.3%	100%
	大理	78.1%	21.9%	100%
在房屋装修或改造过程中是否考虑了抗震效果	北京	54.5%	45.5%	100%
	成都	56.9%	43.1%	100%
	大理	55.2%	44.8%	100%

示，破坏性地震事件的发生显著地提高了居民的风险防范意识。但在地震风险防范行为方面，上述模式不再成立。从表 5-4 的第三个问题对应的数据可以看出，在房屋装修与改造过程中，三地居民在为防范地震风险做出的努力上并没有表现出明显区别，Wilcoxon 秩检验的结果也表明，成都居民的防范行为与其他两地居民没有显著区别。这一结果初步显示，居民的风险认知和风险防范意识的增强并不必然导致居民采取更多的风险防范行动，对于它们之间的关系下文将进一步给出分析。

4. 地震保险需求

在本书实施的调查中，地震保险需求由地震保险购买意愿和地震保险购买数量这两个指标组成，相应的问题为“是否愿意为您的房产投保”“愿意购买的保额占房屋总价值的比例为多少”，各城市居民地震保险购买意愿的统计结果见表 5-5。

表 5-5　各城市居民地震保险购买意愿的统计结果

问题	城市	愿意	不愿意	合计
是否愿意为您的房产投保	北京	76.57%	23.43%	100%
	成都	76.73%	23.27%	100%
	大理	63.68%	36.32%	100%

从表 5-5 中可以看出，三地居民的地震保险购买意愿总体上较高，愿意购买保险的居民超过了 63%，说明我国推行与地震保险相关的巨灾保险具有一定的需求基础。另外，大理居民的地震保险购买意愿明显低于北京和成都居民，而北京

和成都居民没有明显区别，Wilcoxon 秩检验的结果表明，上述结论是成立的①。这一结果显示，大理居民的地震保险购买意愿显著低于北京和成都。

接下来，进一步调查了愿意购买保险的三地居民的地震保险购买量，具体结果见表 5-6。

表 5-6　各地居民愿意购买的地震保险的数量

问题	城市	低于 10%	10%～50%	50%～80%	高于 80%	合计
愿意购买的保额占房屋总价值的比例为多少	北京	40.27%	38.94%	14.85%	5.94%	100%
	成都	44.06%	30.20%	16.34%	9.40%	100%
	大理	40.30%	34.83%	18.90%	5.97%	100%

从表 5-6 中可以看出，三地居民意愿的保险购买量总体上看并不高，愿意购买的保额占房屋总价值的比例低于 50%的居民超过 74%。这从一个方面说明我国在推行与地震保险相关的巨灾保险时要考虑实际需求量，需要进一步培育居民的保险需求。另外，三地居民的保险购买量并没有表现出明显的区别，Wilcoxon 秩检验的结果表明，上述结论是成立的②。这一结果初步显示，在隔离了情感反应后，破坏性地震事件的发生似乎并未显著改变居民的地震保险需求。

5. 居民对地震风险的认知、地震风险防范意识对地震风险防范行为的影响

为进一步考察居民对地震风险的认知和地震风险防范意识对地震风险防范行为的影响，我们进行了 Logit 回归分析。我们将居民的地震风险防范行为（以“在房屋装修或改造过程中是否考虑了抗震效果”为度量指标，考虑了抗震效果时取值为 1，不考虑时取值为 0）变量作为被解释变量，将居民对地震风险的认知和风险防范意识作为解释变量，将居民所在地、年龄、收入水平和受教育水平等作为控制变量。由于上述解释变量和控制变量均为分类变量，故用虚拟变量方法对上述各分类变量进行赋值，基准情形取为居民所在地为北京、不了解地震断裂带分布状况、不了解居住所在地区的破坏性地震的发生历史、认为破坏性地震不可能发生、不了解所居住房屋的抗震级别、不了解地震逃生和急救的基本常识、年龄为 25～34 岁、受教育水平为初中及以下、收入水平为 3000 元及以下。回归结果见表 5-7。

① 北京和成都居民、北京和大理居民、成都和大理居民保险购买意愿的 Wilcoxon 秩检验的概率值分别为 0.9658、0.0042、0.0017。

② 北京和成都居民、北京和大理居民、成都和大理居民保险购买意愿的 Wilcoxon 秩检验的概率值分别为 0.9389、0.7812、0.6588。

表 5-7　基于 Logit 模型的风险认知、防损意识对防损行为的影响的估计

被解释变量		(1)	(2)	(3)	(4)
常数		−0.3582	−1.0361***	−1.1781***	−0.5736
		(0.2218)	(0.2098)	(0.2756)	(0.4583)
居民所在地	成都	−0.0239	−0.1912	−0.2151	−0.1621
		(0.1979)	(0.2001)	(0.2102)	(0.2141)
	大理	0.1417	0.0755	0.1251	−0.0286
		(0.1928)	(0.1987)	(0.2049)	(0.2294)
是否了解居住城市地震断裂带分布状况	不了解	0.4372**		0.3000	0.4672**
		(0.2044)		(0.2164)	(0.2323)
	了解	1.1473***		0.6271**	0.8657***
		(0.2868)		(0.3048)	(0.3238)
是否了解居住所在地区破坏性地震的发生历史	不了解	−0.2015		−0.3339	−0.3044
		(0.2066)		(0.2194)	(0.2231)
	了解	0.7729***		0.6157**	0.6028**
		(0.2759)		(0.2906)	(0.2950)
破坏性地震发生的可能性	有一定可能发生	0.0789		0.1175	0.0694
		(0.1991)		(0.2109)	(0.2160)
	很可能发生	−0.0349		−0.0702	−0.0968
		(0.2453)		(0.2591)	(0.2643)
是否了解所居住房屋的抗震级别			1.5170***	1.3470***	1.3535***
			(0.1678)	(0.1774)	(0.1809)
是否了解地震逃生和急救的基本常识			0.5766***	0.5166**	0.5677***
			(0.2018)	(0.2046)	(0.2086)
年龄	35～44 岁				−0.2764
					(0.2006)
	45～54 岁				0.2411
					(0.3115)
	55 岁及以上				−0.7349
					(0.5070)
受教育水平	高中/中专/职高				−0.4272
					(0.3776)
	专科/高职				−0.6511
					(0.4074)
	本科及以上				−0.6660
					(0.4053)

续表

被解释变量		（1）	（2）	（3）	（4）
收入水平	3001～5000 元				–0.0746 (0.2245)
	5001～8000 元				–0.1836 (0.2791)
	8001 元及以上				–0.2510 (0.3157)
对数似然值		–453.8219	–432.5244	–417.5948	–412.6435
似然比检验的概率水平		0.0000	0.0000	0.0000	0.0000
pseudo R^2		0.0648	0.1087	0.1394	0.1497
样本数		706	706	706	706

注：括号内是标准差

***和**分别代表在 1%和 5%显著性水平上显著

表 5-7 中各模型的估计均控制了居民所在地的固定效应，在模型（1）中，我们单独针对居民的地震风险认知对地震风险防范行为的影响进行了 Logit 回归，回归的虚拟判定系数（pseudo R^2）为 0.0648，表明居民的地震风险认知对地震风险防范行为变动的影响较小。其中，居民对地震风险背景的认知（包括“了解居住城市地震断裂带分布状况”“了解居住所在地区破坏性地震的发生历史”）显著地影响了居民的风险防范行为；随着居民认知程度的提高，居民的风险防范程度也在提高；而居民对地震风险的概率认知（破坏性地震发生的可能性）对风险防范行为的影响不显著。在模型（2）中，我们单独分析了居民的地震风险防范意识对地震风险防范行为的影响。可以看出，居民的地震风险防范意识对风险防范行为的影响明显高于风险认知的影响，Logit 回归虚拟判定系数为 0.1087。“是否了解所居住房屋的抗震级别”和“是否了解地震逃生和急救的基本常识”均显著地影响了居民的地震风险防范行为。随着地震风险防范意识的增强，居民更倾向于采取风险防范行为。进一步地，在模型（3）中，我们考察了居民的地震风险认知、风险防范意识对风险防范行为的影响。发现模型的解释能力进一步提高，Logit 回归虚拟判定系数上升到 0.1394。在模型（4）中，我们进一步控制了居民的年龄、受教育水平和收入水平的影响，发现模型的估计结果是稳健的，下述结论继续成立：居民对地震风险的概率认知未显著影响其风险防范行为，而对地震风险背景的认知和风险防范意识则有显著影响。另外，从估计结果还可以看出，居民的基本特征如年龄、受教育水平、收入水平对其风险防范的努力并无显著影响。

6. 地震保险需求的影响因素分析

已有的研究指出，巨灾保险市场的失灵包括两个方面：供给不足且需求有限（Kunreuther and Pauly，2004；卓志和段胜，2012），即发展巨灾保险的一个重要障碍是需求不足。因此，识别影响巨灾保险需求的相关因素对于建立巨灾保险制度及相关政策具有重要意义。

保险需求的形成源自消费者的风险认知和保险决策行为。有关文献基于这一视角对巨灾保险需求不足的成因展开了一系列研究，达成的一个基本共识是：人们对风险的评估具有主观性，并且会根据其对风险的主观认知而不是客观估计做出保险决策；巨灾发生频率低、后果严重的特点导致对巨灾风险的客观估计不准确且很难达成共识，会进一步放大消费者的风险认知对其保险决策的影响（Camerer and Weber，1992；Johnson et al.，1993）。有鉴于此，我们下面深入分析了居民对地震风险的认知对地震保险需求的影响，且研究的独特之处在于，将居民对地震风险的认知区分为基于地震事件背景的风险认知和对地震发生可能性的认知，并且将地震保险需求分为购买意愿和购买量两个方面，从而可以更仔细地考察风险认知对保险需求的影响。我们的研究发现：①随着居民对地震风险背景认知程度的提高，其地震保险的购买意愿会显著增大，但愿意购买保险的居民的保险购买量会显著地减少；②风险的概率认知对居民的保险购买意愿影响不显著，但对居民的保险购买量存在显著的正向影响。另外，我们选择了不同地点进行研究，可以刻画地震不同发生频率与强度背景下居民对地震风险的认知是否存在差异。我们的发现是，破坏性地震的发生会显著地改变居民对破坏性地震事件风险的概率认知。

我们的研究工作的贡献体现为：第一，从风险认知的视角识别了影响居民巨灾保险需求的关键因素，从而为深入分析我国居民巨灾保险不足的成因提供了新的实证支撑；第二，发现相关因素对居民地震保险购买意愿和保险购买量的影响存在明显不同：近期是否经历过地震、居民对地震风险的背景认知与居民的受教育水平均显著地正向影响了居民的地震保险购买意愿；但居民对地震风险的背景认知与其保险购买量存在显著的负向关系，居民对地震风险的概率认知对地震保险购买意愿影响不显著，但对地震保险购买量具有显著正面影响。上述发现为我们深入分析我国居民巨灾保险不足的机理提供了新的视角和证据，可以为我国制定与实施巨灾保险的相关制度和政策提供参考。

1）计量模型：Heckman 两步法

我们观察了接受问卷调查的 706 位三地居民的地震保险需求，其中 515 位居民表示愿意购买保险，约占 73%，另外 191 位居民表示不愿意购买保险，约占 27%，这种数据结构对普通最小二乘（ordinary least squares，OLS）法回归的样本选择有很大影响。更重要的是从经济意义上看，保险需求可以区分为保险购买意愿（是否愿意购买保险）和愿意购买的保险数量。因此，一个适合的计量方法是采用赫克曼（Heckman）两步法（Heckman，1976）。根据 Heckman 两步法的思想，我们将居民的地震保险购买行为分解为两个连续的过程：一是决定是否购买保险，二是如果愿意购买保险，进一步决定购买保险的数量。由此，我们将有两个方程：选择方程和回归方程。选择方程解决是否愿意购买保险的问题，回归方程解决购买多少保险的问题。使用的选择方程为 Probit 模型，具体公式如下：

$$\Pr(\text{insure}=1)=\Phi(\beta\text{cog}+\delta X_1) \tag{5-21}$$

其中，$\Pr(\text{insure}=1)$ 表示居民愿意购买地震保险的概率；$\Phi(\bullet)$ 表示正态分布函数；cog 表示居民对地震事件的风险认知指标，包括对地震风险的背景认知和概率认知；X_1 表示相关的控制变量和识别变量，其中控制变量为居民的背景和相关保险信息，包括居民所在地、年龄、受教育水平、收入水平、是否购买了家庭财产保险和意外伤害保险等；β 和 δ 分别表示相应的待估计系数。在此基础上建立回归方程：

$$\text{qinsure}=c+\rho\text{cog}+\lambda X_2+\eta\varphi(\beta\text{cog}+\delta X_1)/\Phi(\beta\text{cog}+\delta X_1)+\mu \tag{5-22}$$

其中，qinsure 表示愿意购买的保险量，我们选择相对量“愿意购买的保额占房屋总价值的比例为多少”进行度量；cog 同式（5-21）；X_2 表示相关的控制变量，$\varphi(\beta\text{cog}+\delta X_1)/\Phi(\beta\text{cog}+\delta X_1)$ 为逆米尔斯（Mills）比率；μ 表示上述解释变量解释的残差；$\varphi(\bullet)$ 表示标准正态分布密度函数；c 表示常数项；ρ 和 λ 分别表示相应的待估计系数。需要指出的是，选择方程中的解释变量与回归方程相同可能带来多重共线性问题，导致回归系数难以识别（Puhani，2000）。因此，选择方程至少需要包括一个满足排他性条件的解释变量，即识别变量，该变量影响居民是否愿意购买保险，却不直接影响保险的购买量。本书选择“是否了解所居住房屋的抗震级别”作为识别变量，这一变量体现了居民对自身房产可能的地震损失的关注，因此与居民是否愿意购买保险存在潜在的相关性，但可能并不直接影响居民的保险购买数量。

2）计量结果与分析

选择方程以居民的地震风险概率认知和背景认知为解释变量，居民所在地、年龄、收入水平、受教育水平、是否购买了家庭财产保险和意外伤害保险、是否了解居住城市地震断裂带分布状况、是否了解居住所在地区破坏性地震的发生历史、破坏性地震发生的可能性、是否了解所居住房屋的抗震级别等作为被解释变量，即控制变量。由于上述解释变量和控制变量均为分类变量，我们运用虚拟变量方法对上述各分类变量进行赋值，基准情形取为居民所在地为北京、不了解居住城市地震断裂带分布状况、不了解居住所在地区破坏性地震的发生历史、认为破坏性地震不可能发生、不了解居住房屋的抗震级别、年龄为 25～34 岁、受教育水平为初中及以下、收入水平为 3000 元及以下，回归结果如表 5-8 所示。

表 5-8　Heckman 选择方程：保险购买意愿的影响估计

被解释变量		(1)
常数		−1.0141*** (0.2880)
居民所在地	成都	−0.3381** (0.1437)
	大理	0.0796 (0.1578)
是否购买了家庭财产保险		−0.2701 (0.1843)
是否购买了意外伤害保险		0.0887 (0.1184)
是否了解居住城市地震断裂带分布状况	不了解	0.7165*** (0.1415)
	了解	0.6429** (0.2075)
是否了解居住所在地区破坏性地震的发生历史	不了解	0.3418*** (0.1392)
	了解	0.4627** (0.1924)
破坏性地震发生的可能性	有一定可能发生	0.0765 (0.1395)
	很可能发生	0.0052 (0.1696)
是否了解所居住房屋的抗震级别		0.1989* (0.1205)
年龄	35～44 岁	−0.3092** (0.1297)
	45～54 岁	−0.0867 (0.1953)
	55 岁及以上	−0.5552* (0.3106)
受教育水平	高中/中专/职高	0.6690*** (0.2306)

续表

被解释变量		(1)
受教育水平	专科/高职	0.9286** (0.2494)
	本科及以上	0.9946*** (0.2507)
收入水平	3001～5000 元	0.1941 (0.1439)
	5001～8000 元	0.2254 (0.1864)
	8001 元及以上	0.2670 (0.2166)
对数似然值		–333.3086
似然比检验的概率水平		0.0000
pseudo R^2		0.1913
样本数		706

注：括号内是标准差

***、**和*分别代表在 1%、5%和 10%显著水平上显著

从表 5-8 可以看出，选择方程的虚拟判定系数为 0.1913，反映出已有的解释变量对居民的保险购买意愿具有较高的解释力。其中，居民对地震风险的背景认知（包括“是否了解居住城市地震断裂带分布状况”“是否了解居住所在地区破坏性地震的发生历史”）显著地正向影响了居民的保险购买意愿；居民对地震风险的概率认知（破坏性地震发生的可能性）对其保险购买意愿的影响不显著。与北京居民相比，大理居民的保险购买意愿并无显著差异，而成都居民的保险购买意愿不但未提高，反而出现了显著下降。对于这一结果的一个可能解释是，成都居民经历过汶川地震及其后我国高效率的灾后重建，在此次巨灾事件中保险并未发挥重要作用（相比于 8451 亿元的地震直接经济损失[①]，截至 2009 年 5 月 10 日，保险赔付仅为 16.6 亿元[②]），因此成都居民对于保险可能更不看重。

作为识别变量，“是否了解所居住房屋的抗震级别”显著地影响了居民的保险购买意愿，初步验证了我们选择其作为识别变量的观点。与年轻人（25～34 岁

① 《汶川地震直接经济损失 8451 亿元人民币》，http://news.sina.com.cn/c/2008-09-04/112216231758.shtml，2008-09-04。

② 《保监会：5 • 12 汶川地震保险理赔工作基本完成》，http://business.sohu.com/20090512/n263902357.shtml，2009-05-12。

的居民）相比，35～44 岁、55 岁及以上的居民的保险购买意愿显著降低，这可能是由于居民消费和储蓄的替代效应在起作用。35～44 岁居民的消费支出压力较大，相应的其地震保险购买意愿可能较低，而 55 岁及以上的居民由于退休前的储蓄考虑可能也会降低其地震保险购买意愿。随着居民受教育水平的提高，保险购买意愿也在上升。与受教育水平为初中及以下的居民相比，教育水平高的居民的保险购买意愿显著提高，表明受教育水平的提高有助于提高居民的地震保险购买意愿。另外，从估计结果还可以看出，居民的收入水平对其地震保险的购买意愿并无显著影响。

基于选择方程的回归结果，计算逆 Mills 比率，进而利用式（5-22）进行回归方程估计，结果见表 5-9。

表 5-9 Heckman 回归方程：保险相对购买量的影响估计

被解释变量		（1）	（2）	（3）
常数		2.0765***	2.0405***	3.1931***
		(0.1909)	(0.1948)	(0.7731)
居民所在地	成都	0.0701	0.0480	0.1422
		(0.0887)	(0.0888)	(0.1100)
	大理	0.1063	0.1219	0.0865
		(0.0924)	(0.0921)	(0.0963)
是否购买了家庭财产保险		0.1140	0.0911	0.1816
		(0.1204)	(0.1200)	(0.1373)
是否购买了意外伤害保险		0.0099	0.0120	−0.0181
		(0.0733)	(0.0730)	(0.0770)
是否了解居住城市地震断裂带分布状况	不了解	−0.1294	−0.1288	−0.4581*
		(0.1292)	(0.1288)	(0.2363)
	了解	0.0766	0.0750	−0.2464
		(0.1530)	(0.1523)	(0.2430)
是否了解居住所在地区破坏性地震的发生历史	不了解	−0.0470	−0.0617	−0.1904
		(0.0997)	(0.1000)	(0.1382)
	了解	−0.2856**	−0.3249**	−0.4827***
		(0.1276)	(0.1284)	(0.1716)
破坏性地震发生的可能性	有一定可能发生		0.0221	0.0162
			(0.0872)	(0.0882)
	很可能发生		0.2774***	0.2954***
			(0.1069)	(0.1077)
年龄	35～44 岁			0.0969
				(0.1115)

续表

被解释变量		（1）	（2）	（3）
年龄	45～54 岁			−0.1126 (0.1271)
	55 岁及以上			0.4280 (0.2705)
受教育水平	高中/中专/职高			−0.3719 (0.2819)
	专科/高职			−0.4951 (0.3431)
	本科及以上			−0.5930* (0.3449)
收入水平	3001～5000 元			−0.0788 (0.1035)
	5001～8000 元			0.0272 (0.1262)
	8001 元及以上			0.1530 (0.1413)
逆 Mills 比率		−0.2385 (0.1842)	−0.2678 (0.1835)	−1.0685* (0.5493)
F 检验的概率水平		0.3309	0.0533	0.0768
adjusted R^2		0.0018	0.0121	0.0138
样本数		706	706	706

注：括号内是标准差

***、**和*分别代表在 1%、5%和 10%显著水平上显著

从回归方程的模型（3）的结果可以看出，当将居民的背景信息控制变量加入回归方程后，逆 Mills 比率在 10%的显著性水平上是显著的，表明保险需求的内生选择性存在，即地震保险购买意愿是地震保险需求的重要组成部分，将地震保险需求区分为地震保险购买意愿和保险购买量两个层次是必要的。模型（1）经过调整的虚拟判定系数为 0.0018，居民对地震风险的背景认知、居住所在地、是否购买了家庭财产保险与意外伤害保险等解释变量对地震保险购买量的解释力较弱，虽然此时居民对地震事件发生历史的认知对其保险购买量具有显著负向影响。在模型（2）中加入居民对地震风险的概率认知为解释变量后，其解释力明显提高，经过调整的虚拟判定系数上升到 0.0121，并且居民对地震风险的概率认知显著地正向影响了居民的保险购买量。结合三个模型的估计结果可以看出，居民对地震风险的概率认知显著地正向影响了居民的保险购买量，对地震风险的背景认知总体上对居民的保险购买量产生了显著负向作用。另外，随着受教育水平的提高，居民也倾向于减少保险购买量，并且和受教育水平为初中及以下的居民相比，大

学本科及以上受教育水平的居民的地震保险购买量在10%的显著性水平上显著下降。其余解释变量，如居民所在地、年龄、收入水平、是否购买了家庭财产保险与意外伤害保险均对地震保险购买量没有显著影响。

结合选择方程和回归方程，我们可以得出以下结论：第一，将地震保险需求分为保险购买意愿与保险购买量是十分必要的；第二，居民的地震风险认知对地震保险需求的影响显著，其中对地震风险的背景认知显著地正向影响了保险购买意愿，但显著地负向影响了保险购买量；第三，居民的地震风险概率认知对保险购买意愿没有显著影响，但对保险购买量存在显著正向影响；第四，居民受教育水平的提高显著地提高了保险购买意愿，但对保险购买量存在一定的负面影响；第五，居民所在地为成都和年龄对保险购买意愿存在一定的负向影响，其他因素如收入水平、是否购买了家庭财产保险与意外伤害保险等因素对地震保险购买意愿和购买量均没有显著影响。

第 6 章　巨灾风险管理策略

6.1　巨灾风险管理策略概述

6.1.1　巨灾风险管理策略的基本分析框架

本章将从规范和经验的角度来讨论如何让社会各类主体从事减灾活动，更好地管理自然巨灾风险。我们提出了一个新的分析框架，着重强调了在当今这个相互联系越来越紧密的世界里，如何将风险评估和风险感知结合起来，如何将巨灾损失控制和巨灾损失融资结合起来。本章还给出了在制定巨灾风险管理策略时应遵循的一系列指导原则，决策者可以根据这些原则降低风险，并在灾难发生后迅速做出有效的回应。

系统地研究自然和非自然灾害所造成的影响需要多学科的结合。工程学和自然科学可以提供不同类型及规模的灾难事件的风险性质及不确定性的数据信息，这即是巨灾风险评估要完成的主要任务。然而，根据本书第 5 章的讨论我们知道，人们在巨灾风险面前的行为选择往往还会受到其对巨灾风险感知的影响。一般来说，普通民众乃至相关的决策者可能并不了解或者并不认同工程专家和自然科学家对巨灾风险的分析。因此，需要通过其他领域的专家，利用有关地理学、组织学、心理学、社会学以及其他社会科学的理论和方法来探究个人、群体、组织和国家是如何感知风险并做出决策的。我们认为，对巨灾风险的完整分析应该建立在风险评估和风险感知的基础上，在此基础上，经济学家和政策制定者需要考虑的是，研究制定不同的防损减损策略以及恢复重建策略，见图 6-1。

6.1.2　巨灾风险管理策略制定的原则

在感知风险、评估风险和管理极端事件风险的过程中，为了加强领导、制定有效的应对策略，需要遵循一些带有指导性的基本原则，这些指导性原则不仅适用于对自然灾害的预防和应急，同时也适用于应对其他极端事件，如恐怖袭击、金融危机等。这些指导性原则包括但不限于以下几个方面。

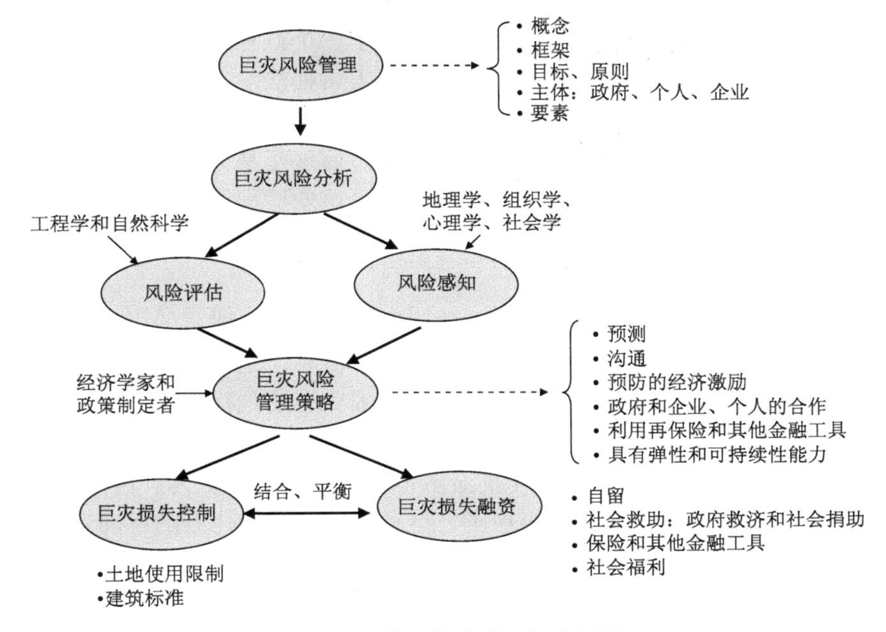

图 6-1　风险管理策略的一般分析框架

1. 充分认识评估风险和评估结果具有不确定性的重要性

当通过加强领导、制定策略来降低和管理某种特定风险时，对风险事件发生的可能性及其后果的可靠评估是非常重要的。

下面举个简单例子来说明。某企业面临是否要投资 100 000 元来提高房屋防火性能的决策。是否能够做出明智的决定取决于是否能够精确评估火灾发生的可能性及其可能的损失。如果企业的决策者得知第二年发生火灾的可能性为 1%而不是 0.1%，并且可能的财产损失及业务中断损失总计为 500 万元而非 50 万元，那么他们将更有可能会进行这笔投资。决策者也许会担心这个评估结果可能并不可靠，即他认为第二年发生火灾的可能性会大大高于 1%，或者总损失会远远低于 500 万元，如果是这样的话，决策者仍可能会对自己的决策没有信心，甚至会改变决策。

2. 意识到风险之间的相互关联以及这种相互关联的动态不确定性

很多因素都会导致极端风险事件的发生，并且它们彼此之间的关联错综复杂、不断变化。在确定灾害应对策略和实施组织领导时，要厘清这些因素之间的关联性有时是非常困难的，因为这些关联性往往是隐性或模糊的。

1988 年 12 月 21 日，泛美航空公司 103 号航班在苏格兰小镇洛克比（Lockerbie）

附近上空爆炸。事情的经过是：恐怖分子寄存了一个藏有炸弹的包裹在马耳他航空公司，而该公司的安检程序非常简单，机场人员在法兰克福机场将这一包裹转至泛美航空。接下来，伦敦希思罗机场的人员又把该包裹装上了泛美航空的 103 号航班。该炸弹设计于 28 000 英尺[①]上空爆炸，而这正是大西洋上空的标准航行高度。恐怖分子狡猾地利用了各机场和各航空公司安检程序之间的差异，策划了这场灾难。可以看出，空难预防措施的强度恰恰是由整个系统中最薄弱的那一环所决定的。

风险因素之间的互相依赖关系还会随时间发展变化，原有的用来遏制风险事件发生的措施可能过一段时间后变得不再有效。洛克比空难事件后，全世界的机场当即都加强了包裹转运中的安检强度，但恐怖分子还是找出了安检措施中的其他薄弱环节，制造了震惊世界的 2001 年的“9・11”恐怖袭击事件。还有，尽管许多国家的政府监管部门在 2008 年的金融危机后都采取了更为严格的金融监管，但一些新型的系统风险还是再次出现了。这种不断发展变化着的不确定性，要求人们采取不断更新的风险防范措施。

3. 在制定风险管理策略时，应理解人们行为上的偏差

目前已被广泛认可的人们在风险认知方面存在的偏差包括：对巨灾事件发生的可能性容易出现高估或低估，对眼前利益和短期回报过分关注，以及灾难“不可能发生在我身上”（not in my term of office，NIMTOF）这样一种盲目乐观心态现象等，只有充分认识并承认人们行为上的这类偏差，才能去寻找方法将其矫正和消除。

例如，很多人不会对某些事实上对保护财产非常有用的措施进行投资，除非他们相信能够在短期内（如 2～3 年内）收回投资的成本。还有，人们通常倾向于在某场灾难发生后（而不是之前）购买保险；然后在几年内，如果没有发生任何赔付或者说带来什么回报，他们往往又会终止保单。很少有人能够认识到：“对于购买保险来说，最好的回报就是没有回报”（也就是说，没有发生任何损失）。

4. 关注巨灾给地区或国家的政治、文化和社会带来的长期影响

巨灾常常会给一个地区或国家带来持久的变化，如巨灾会使公共部门、私人机构的决策者更为重视在灾前采取防损措施；2008 年中国的汶川地震，引发了大量的个人慈善捐助和国际范围内的援助，唤起了人与人之间跨国界和跨种族之间的关爱。同时，汶川地震也促使我国后来在学校、居民住宅、医院等建筑物的抗震标准上的提高和严格监管。

① 1 英尺=0.3048 米。

5. 认识到全球化会导致风险的跨境蔓延

大部分巨灾的发生都是跨越国界的。2004 年那场骇人的印度洋大海啸造成了周边 11 个国家居民的伤亡；2005 年发生在巴基斯坦的地震却夺去了邻国印度的 1000 多条生命。2008 年雷曼兄弟以及其他美国银行的破产引发了连锁效应，导致从英国、冰岛到中国、蒙古国等其他很多国家的银行遭到了灾难性的冲击。

一个可以应对这种风险蔓延并使风险最小化的方法就是，各国合作起来，通过签订条约，共同降低某种风险，如共同控制温室效应或大气污染等。可想而知，如果有足够多的国家都采取共同行动，则会对所有国家都会有好处。但现实往往不会如此美好。一些国家出于自身的利益，往往不愿意承担履行条约的成本，就像美国当年拒绝签署《京都议定书》那样。

6. 克服在资源分配和灾害影响方面不均衡的问题

不管是天灾还是人祸，通常都会使那些原本就因收入低、健康状况不良而生活窘迫的人群雪上加霜，带来更为深重的苦难。因此在考虑巨灾的应对策略时，无论是政府的公共救助还是私人机构的经济帮助计划，都应该立足于让拥有更多财富和资金的群体去帮助和支持那些生活窘迫、资源有限的群体。

7. 事先建立规避和应对巨灾的领导机制

做好准备来面对并战胜低概率、高损失灾难的最佳时机就是灾难发生之前。领导机制的建立是一个耗时耗力的过程，但在这方面进行投入是一个获得主动权的最佳方式，能够保证前面提到的六条原则在实际中得到贯彻执行。

假使美国的金融机构及其监管者能够更加关注美国房地产市场和衍生品市场不断增大的系统性风险，假使他们能够做好更充足的准备，领导层能够提前预测到市场的急速下滑，那么由系统性风险导致的 2008 年的经济衰退也许就不会那么严重，许多银行、保险公司和制造商的破产也许就能够被制止，从而也就不会导致国际范围内的经济危机和大量失业。

6.1.3　选择巨灾风险管理策略时的几个重要关注点

在选择有效的风险管理策略来降低自然和非自然灾害所带来的损失时，政府、企业、个人都会根据风险评估的结果以及影响风险感知和选择的因素来选择相应的策略，一般来看，特别需要关注以下几个方面。

1. 加强对风险的预测

当灾害损失的范围扩大到产生长期影响和间接损失后，风险预测会变得更为复杂，提高预测的精确度对于避免灾难和最小化损失具有重要意义。例如，关于热带风暴路径和严重程度的更详尽的天气预报是做出明智的疏散决策和避免搭乘不必要航班的关键。

2. 注重风险信息的沟通

人们通常会在潜意识里认为自己不会经历那些小概率事件，因此常常忽视它们，所以对一个更长的时间内发生某个极端事件的概率估计可能会得到更多的关注。比如，假设一家公司正在考虑是否为一个寿命为25年的生产设备购买洪水保险，如果保险人在和他沟通时，强调一场百年一遇的洪水灾害会有超过五分之一的概率在未来25年内发生，而不是强调会有百分之一的概率在接下来的一年中发生，那么公司的管理者将更有可能认真考虑这一风险。

3. 对采取预防措施的行为给予经济激励

一般来说，无论正面还是负面的经济激励，都能够鼓励人们采取防损措施。需要强调的是，人们对降低风险可能带来的成本和收益的信息的掌握，对他们决定是否采取减损措施具有重要作用。那么，激励政策的作用到底如何呢？例如，如果对采取了房屋减损措施的居民降低房屋的保险费，或者鼓励农民避免到洪水多发的地区生活和耕作，这些政策会起到怎样的作用呢？假设人们只考虑所采取的减损措施在未来1～2年而不是10～20年甚至更长时间内可能带来的回报，那么他们就很可能不会觉得采取防损措施在经济上多具有吸引力。只有让人们意识并考虑到在一个更长的时间内采取防损措施可带来的收益、所付出的成本，才有可能被认为是值得的。另外，制定特别规定或建筑标准，并对违规行为予以罚款也能被用来鼓励采取防损措施，但同时也必须确保粗心的个体会得到相应惩罚。如果人们感到被查处的概率很低，或违规成本并不高，往往也不会决定在采取防损措施上支付成本。

4. 加强私人和公共部门的合作

应对巨灾风险需要政府和社会各方的合作，这已经成为国际社会的普遍共识。也就是说，公共部门、私人部门和非营利部门需要共同承担采取应对巨灾的措施所需要的成本、共享可能带来的收益。因此，进行并加强彼此间的紧密合作，对于建立有效的领导和策略至关重要，并且这样的合作应当在真正需要发生之前就已经建立起来了。

政府和私人部门合作的一个典型例子是，商业保险机构对那些按照政府要求在降低风险措施方面进行了投入的个人和企业，应该减少他们的保费，以反映他们在未来灾害发生时可能面临的较低损失。这可能需要政府建立相关的建筑法规，因为业主通常可能不会采取他们认为不具有成本效益的防损减损措施，他们要么看不到这些措施能带来的好处，要么可能会低估巨灾发生的概率，而建筑质量不合规往往是自然巨灾中造成大量人员伤亡的重要原因之一。2005 年 10 月发生在巴基斯坦的里氏 7.6 级地震夺去了超过 7 万人的生命，他们当中很多人都是死于建筑质量低劣的学校、居民房屋中。同样，政府在投资方面也要制定法规。设想一下，如果政府在金融衍生产品方面的监管十分完善的话，比如能对为次级债提供的“保险”进行严格监管的话，可能就不会有那么多金融机构陷入 2008 年那次撼动世界经济的系统性危机中。

5. 运用再保险和其他金融工具

随着 1992 年佛罗里达州南部的安德鲁飓风灾害及 1994 年加利福尼亚州的北岭地震的发生，再保险能力短缺的问题逐渐暴露了出来，迫使金融机构开发新的市场化产品，为特大灾害提供保障。这类产品中的一个典型代表是巨灾债券，它可以为投资人提供更高的利率，但也可能因补偿一次巨大灾害使投资者失去全部本金。巨灾债券市场自 21 世纪以来发展很快，2008 年新发行和续发的巨灾债券达到了 27 亿美元，根据瑞士再保险公司提供的数据，截至 2019 年末，巨灾债券市场存量规模已经达到 407 亿美元。

在对特大灾难的提前应对准备上，政府提供保险来补偿私营保险机构不愿支付的损失额也是很有必要的。1992 年的安德鲁飓风发生后，许多保险公司表示他们不再将飓风灾害纳入标准的屋主保单范围。于是，佛罗里达州政府建立了 FHCH。1994 年北岭地震发生后，保险公司纷纷停止或限制了地震保险业务，1996 年，加利福尼亚州政府成立了 CEA，专门提供地震保险业务。

提供针对大型灾难的保险保障时，很重要的一点就是要尽量使保费能较准确地反映风险。考虑到公平性和支付能力，对于低收入居民群体，可以适当提供补贴或减免保费，但这个补贴不应体现在低保费上，而最好是由政府直接提供一笔保费补助资金。例如，如果一份地震保险保单的保费是 2000 元，对于一个风险高发区域的低收入家庭来说可能难以承担，那么这个家庭可以通过获得政府提供的保险代金券（保费补贴）去购买这份需要的保险。如果这个家庭采取了相关降低和控制风险的措施，比如提高了房屋质量，还可以得到保费的折扣。

6. 注意策略的弹性和可持续性

社会在灾后的反应所具有的弹性和在长期内的可持续性是估计危害程度和制

定风险管理政策的重要依据。弹性是指一个企业、家庭或社区对潜在危机的缓冲能力，这种能力是通过灾害发生后内在的或准确的适应行为和对预测未来可能发生的灾难的学习过程而获得的。企业可以用备用发电机来发电，家庭可以合理供应用水，社区可以为那些因被迫疏散而流离失所的人提供避难所等，都是具有弹性的体现。

弹性还要求社区、企业和其他机构的领导者具备灾后恢复的能力，即使当他们正处于危机之中或正经历灾后阵痛的时候也是如此，使得灾后的居民在当地社区、企业及相关机构的领导下具备迅速采取自救措施的能力、重建家园的信心和能力[①]。

世界已经变得越来越相互关联并依赖那些精密却易损的系统——尤其像高速公路、电力供应、互联网络等这样的基础设施——它们通常很难被替代，从而导致弹性较差。当 2007 年 7 月日本西海岸遭受了一场小型地震袭击时，一家生产汽车活塞圈的供应商企业被迫关闭。由于日本汽车制造是基于零库存系统的，该供应商的关闭迫使丰田和本田汽车均暂停生产。这种情形下，就要求研究人员能在一个相互之间更为依赖和关联的世界中找出可以提高弹性的方法，比如建立专门属于供应商的和专门属于客户的信息交换中心。

可持续性是指面对灾害威胁时社会的长期生存和自给自足能力。更广义的定义源自经济发展，指现在所做出的决策不应当以降低未来的生产能力（包括自然资源和社会环境）为代价。面对自然灾害时，可持续性意味着今天的土地使用决策，如土地开发、森林采伐、露天开采等，不应当导致未来社会陷入困境或更加依赖外界救助。可持续性强调了要将减灾措施同总体经济发展政策相结合以及减少社会风险暴露的重要性。

在一些经济发展较为落后的国家，建筑质量低劣、土地利用不合理、应急反应不及时、环境恶化严重以及资金紧张等因素，致使其应灾体系较为脆弱。气候变化还可能大大增大这些地区遭遇自然灾害的可能性，比如地形低洼的地区更容易遭遇洪灾。一些经济欠发达国家和地区往往缺乏基础设施和相关机构，而这些基础设施和机构恰恰正是被认为在风险管理方面理应具备的。以 2000 年莫桑比克（Mozambique）的大洪水为例，当地很少有人会将个人资料备份或记录在电脑中，导致许多家庭永久性地失去了出生证明、结婚证书和地契等。对于一些极端贫穷

① 以卡特里娜飓风为例，新奥尔良市杜兰大学（Tulane University）的校长和高管曾被困在校园内整整 4 天，没有食物、水、电，并且完全和外界失去联系。尽管置身于这样的困境，他们仍旧投入到了艰难的人员救助和校园重建工作中去。在被困 4 天后，校长 Scott S. Cowen 回忆说，“我意识到我要么关注黑暗，要么超越黑暗，看到光明。我选择了后者”。在经历了这一艰难困境之后，他说“它教会了我们，即使在面对自然灾害或者金融危机时，都要时刻关注我们自身的使命和目标。它教会了我们作为家乡最大雇主的与生俱来的职责——帮助重建家园和治愈伤痛”。

的地区，自然灾害还有可能造成包括流行病暴发、大面积饥荒、人道主义灾难等间接性次生灾害。

6.1.4　巨灾损失控制策略

损失控制策略是指通过降低导致损失的风险事件发生的可能性（频率）和（或者）降低损失的程度来减小期望损失的各种措施，包括防损和减损。防损是指为降低损失发生的频率而采取的措施；减损是指为降低损失程度而采取的措施。因此，巨灾损失控制就是指通过降低损失发生的频率和降低损失程度来减小巨灾期望损失的各种措施。对于巨灾风险，一般来说通过人为措施降低导致巨灾的风险事件的发生频率是比较困难的，因而在减损方面采取措施或将起到更重要的作用。

1. 巨灾防损减损的重要性

相对于普通风险来说，巨灾风险的损失控制显得更加重要。对于普通风险来说，通常可以在损失控制成本和未来可能发生的损失的权衡中找到一个平衡点，这个平衡点是在对未来损失的预测的基础上确定的。如果损失控制的成本很高，人们可能会将大部分风险进行自留或设法转移出去。对于巨灾风险来说，未来可能的损失程度非常难以测量，而且一旦发生，损失将极其严重。正因为如此，才凸显了在面对可能发生的巨灾风险时损失控制的重要性。

防损减损作为一种事前预防手段，具有保险、损失后融资等事后补偿方式无法比拟的重要性。人类不能避免台风、地震等巨灾的发生，但却能在降低灾害的后果方面发挥能动性。2008 年 5 月 12 日我国汶川发生的里氏 8.0 级大地震共造成 8 万余人死亡和失踪，直接经济损失达 8000 多亿元；2011 年 3 月 11 日发生在日本人口稠密地区的里氏 9.0 级地震，强度是汶川地震的数十倍，但伤亡人数远小于汶川，且主要伤亡为地震后的海啸所带来的，地震本身造成的伤亡人数更少。

因此，在积极探索发展巨灾保险的同时，同样需要加强对巨灾防损减损的投入，多在事前做好损失防范工作。尽管在灾害发生前，防损减损的效果难以呈现出来，但一旦灾害发生，其作用就会凸显出来。2011 年“3·11”东日本大地震，世界银行与联合国发布的报告《自然灾害，非自然灾难：有效预防的经济学》（“Natural hazards, unnatural disasters: the economics of effective prevention”）认为，对自然灾害的“预防是有回报的，虽然小幅增加了支出，但能够产生巨大的回报”[①]。

① “Publication: natural hazards, unnatural disasters: the economics of effective prevention”，https://openknowledge.worldbank.org/entities/publication/6b25d1ca-2193-570f-ad43-a5588eaf30e4，2023-09-07。

2. 防损减损的主要措施

1）加强土地使用管理和规划

土地使用规划和管理是防范巨灾的第一道屏障。应尽量避免在灾害易发区进行城镇建设，特别是进行居住性房屋建设，以保障人的生命和财产安全。从土地使用上来说，城镇土地利用规划及城镇建设用地选择应考虑防灾减灾的需要。灾害对城镇的破坏，既取决于灾害发生的等级和建筑物自身的承灾能力，也在很大程度上取决于建筑物所处的地域环境。由于地质条件的差异，不同地区的土地承灾能力会有差别，有些差别还很显著。2010 年 8 月在甘肃舟曲发生的特大山洪泥石流灾害，造成了重大人员伤亡和财产损失。这场特大灾害的严重后果和当地客观的地质条件有很大关系。因此，在选择建设用地和进行土地利用规划时，应充分考虑建设用地和规划用地的适宜性，选择具有一定抗灾能力的地域进行建设，以避免灾害特别是巨灾给该地域带来巨大损失。

近年来，我国城镇化进程加快，城镇建设与城镇扩张迅速[①]。一些地方政府追求政绩，急于开工建设项目，使得前期的土地利用规划、工程项目选址和土地适宜性评价等工作往往没有得到应有的重视，或没得到有效的执行。此外，随着城镇化率的提高，我国城镇遭受各种灾害的威胁也与日俱增，城镇建设在单位土地上的聚集程度比以往任何时候都高，城镇灾害的放大效应愈发明显，灾害种类多、连锁性强、易扩散、危害面广、社会影响大。因此，合理的城市空间布局和土地利用方式会有助于减少灾害的发生，降低灾害造成的损失程度，更应该引起地方政府的高度重视。政府应按照法律法规要求，严格制定合理的城市规划和土地利用规划，制定各种必要的防灾减灾规划，并严格执行，有效防止和降低自然灾害风险，大幅度降低巨灾可能带来的重大损失。

2）严格执行建筑安全标准

我国很多城镇均处于地震带上，国家有关部门制定了“小震不坏、中震可修、大震不倒”的抗震设计原则，对城市建筑和村镇建筑的抗震设计做出了规范性要求。提高建筑物的抗震性能，是防损减损的重要措施。目前，从在抗震设计中考虑地震大小的绝对值上看，与日本相比，我国的建筑抗震设防标准仍然偏低。例如，北京和上海的设计规划中要求的基本地震加速度值（对应于重现周期 475 年的地震）分别为 0.2g 和 0.1g；而日本在设计规范中考虑的地震加速度值在全日本绝大多数地区为 0.3～0.4g，甚至更高。如果说有风险规避特性地合理建设选址、选择具有一定抗灾能力的地域进行建设活动是防范巨灾的第一道防线的话，那么

① 根据第七次全国人口普查数据，2020 年末，我国常住人口城镇化率为 63.89%，较 2010 年的 49.68%提升 14.21 个百分点。

提高建筑物的结构设计安全度，就是防范巨灾、保障人的生命安全的第二道防线，也是最为关键的一道防线。

A. 新建建筑的管理

为了消除安全隐患，提前进行防损减损，减轻灾害带来的损失，首先要加强对城市和村镇新建建筑的管理。通过制定相关管理办法，结合我国国情，加强对建筑物设计、施工与安全的管理，从根本上提高各类建筑的抗灾能力。

同时，应建议和鼓励新建房屋根据高于抗灾设计规范的要求进行设计，制定相应机制来提高开发商和自建房主的积极性。例如，可以要求将建筑物的信息向社会公开，如果建筑物的抗震能力成为消费者购买房屋的重要考虑标准，消费者甚至愿意付出相对高的价格来获得更加安全的房屋，这样就会激励开发商提升建筑物的抗震能力，因此而加大的建筑成本可以通过适当提高房屋价格得到补偿，利润不一定会有损失，还能提升开发商的社会声誉和品牌效应。

B. 现有建筑的检查与加固

实施更为严格的建筑安全标准，既是针对新建建筑，也是针对现有不达标的建筑。由于历史原因，我国早期的很多建筑物在建造时没有相应的抗灾规范，或对灾害的设防标准比较低，因此达不到现在的设防要求，为地震等风险事件造成灾害埋下了安全隐患。为此，应当对全国各地的城市和村镇建筑进行抗灾检查与加固，确保建筑具有符合当地设防标准的抗灾能力。政府可以考虑设立专项支持经费，对社会公共设施的检查和加固承担主要责任；对居民住宅，可以采用“政府、企业、家庭合作模式”，设立一套由政府、业主、保险公司共同分担抗灾加固费用的机制，激励业主对不安全的房屋进行加固。

3）加强巨灾保险的宣传，鼓励防损减损与巨灾保险相结合

A. 加强对巨灾保险的宣传

巨灾保险是新生事物，我国目前尚未普遍开展此项保险业务。随着经济的发展和社会的进步，人们对灾害的认识不断加深，风险意识和保险意识不断加强，开展巨灾保险业务势在必行。

清华大学近期的一项调查表明：愿意为自有住房和投资用房投保地震保险的居民约占调查总数的 35%，愿意为自住房投保的居民约占 30%，不愿意投保的居民约占 27%。上述结果表明，居民对房屋地震保险特别是自住房地震保险的接受程度是比较高的，市场需求潜力巨大。

政府和社会有关机构（如各类媒体、网络平台）应加强对巨灾保险的宣传，使人们从固有观念中逐步转变过来，逐渐了解并愿意购买巨灾保险。保险公司也应提供好相应的产品和服务，努力吸引人们购买巨灾保险。

总的来看，应遵循“政府引导、个人自愿”的原则。“政府引导”是指政府应做好宣传工作，鼓励和支持居民购买巨灾保险，在适当条件下还可以提供一定

的保费补贴。“个人自愿”是指居民购买巨灾保险是自愿行为。在现阶段，由于我国民众对保险的需求和认识还比较低，实行巨灾强制保险的时机尚未成熟。

B. 鼓励“社会、家庭合作”模式

为最大限度地减少巨灾给社会和家庭带来的损失，应该将防损减损行动和巨灾保险紧密结合起来，这一点反映了家庭、社会、政府、企业等多方面的利益。

例如，保险公司可以考虑将保费和预期损失挂钩。保费和预期损失挂钩，可以鼓励被保险人对投保的房屋更为积极主动地采取防损减损措施。虽然采取防损减损措施会在短期内增加成本，但由于预期损失会显著下降，保费价格也会有明显下降，从长期来看，家庭付出的成本反而有可能降低了。

保险公司还可以考虑适当降低采取了防损减损措施的被保险人的免赔额，原因是免赔额的降低可以激励被保险人更积极主动地采取防损减损措施。因为免赔额越高，被保险人的预期损失就越高。有研究表明，顾客对免赔额有着极大的厌恶（Johnson et al.，1993）。因此，免赔额的有效降低，也是“社会、家庭合作”模式的重要体现，可以使保险公司和被保险人双方都获益。

还比如银行可以为家庭的防损减损措施提供长期贷款。一些家庭虽然意识到了防损减损措施的重要性，但经济实力的限制使他们不得不放弃对房屋的加固。此时，银行可以通过与保险公司合作，为在保险公司投保了房屋财产保险的被保险人提供防损减损资金贷款，还款期可与抵押购房贷款的还款期一致，把防损减损投资作为购买房屋的一部分。这样，投保人就能够将防损减损的投入均分到每年的支出中，再加上每年保费的降低，从而有效地减轻投保人的经济压力。

社会相关机构可以对采取了防损减损措施的建筑进行认证，这将有助于提升这些建筑的价值。有关方面还可以为获得了防损减损认证的建筑提供多方面的优惠政策，如银行提供更低利息的抵押贷款，政府为相关的开发商和承包商减税，保险公司的保险业务只向获得了防损减损认证的建筑开放，等等。通过实施建筑物的防损减损认证，激励业主对建筑物采取防损减损措施。

建筑企业应大力支持进行防损减损认证。防损减损认证的实施会加剧建筑行业内的竞争压力。开发商和承包商不应对此有抵触情绪，更不应通过不正当手段参与竞争。拥有长远眼光的建筑企业、具有社会责任感的建筑企业家，都应大力支持防损减损认证工作，通过积极提高自身产品的质量、提升自身的社会声誉和品牌效应来获得更大的效益。

政府可以对采取了防损减损措施的建筑物业主给予相应的税收优惠，如在征收房产税时，考虑到防损减损措施的实施会使房屋价值得到提升，因而应对升值部分的房产税予以免除。

6.1.5　巨灾损失融资策略

损失融资是指通过获取资金来支付或补偿所产生的损失。巨灾损失融资就是指为巨灾发生时的救助和灾后的恢复重建筹集资金的活动。由于巨灾会带来巨大的经济损失，对经济发展造成极大冲击，所以巨灾损失融资是缓解巨灾带来的冲击、将损失在时间跨度上进行分摊的重要方式。

一般来看，对于风险事件可能带来的损失，人们为弥补损失和保持风险事件发生后正常生产和生活而进行筹资的方式主要有：①自留；②购买保险；③对冲；④其他合约化风险转移等。

由于巨灾风险具有特殊性，因此对其不能完全采用传统的损失融资方式。巨灾风险属于一种系统性风险，造成的损失极其巨大，且十分难以预测，传统保险和再保险市场对巨灾风险的承担能力也相当有限。因此，人们早就开始考虑将巨灾风险向资本市场进行转移，目前已经出现的巨灾债券就是将巨灾风险向资本市场转移的典型例子。由于巨灾风险和资本市场风险是相互独立的，所以对很多资本市场上的投资者来说，投资于巨灾债券或其他巨灾风险衍生产品无异于在他们的投资组合中又添加了一个具有分散风险优势的投资品。

关于损失融资策略的具体介绍，请见本书的第 7 章。

6.2　损失控制与损失融资的结合与平衡

作为巨灾风险管理的两种主要策略，损失控制和损失融资各有其优势与不足，在实际应用中，应做好损失控制和损失融资的结合与平衡。

6.2.1　损失控制与损失融资的结合

前面已经介绍过，损失控制策略主要指在风险事件发生前所采取的各种旨在降低损失发生的频率或降低损失程度的防损减损措施；损失融资策略主要指为弥补风险事件造成的损失，恢复生产和生活活动筹集所需要的资金。损失融资又可以分为损失发生前融资和损失发生后融资。购买保险就是一种主要的损失发生前融资的方式，即在损失发生前就和保险公司签好了保险合同，一旦发生了保险合同约定的风险事件所导致的人身和财产方面的损失，保险公司将按照合同的约定向被保险人支付保险赔偿金。下面，我们以巨灾保险为例，说明损失控制和损失融资的结合，可以提升巨灾风险管理的效率，即可以以更低的成本实现对巨灾风险的管理。

防损减损与巨灾保险相结合，将有助于减小巨灾造成的损失，增加各相关方的利益。事实上，保险一直是和防灾防损结合起来的。在保险公司看来，防灾防损通常是指对保险责任范围内的自然灾害和意外事故进行预防、抢救，最大限度地防止或减少被保险标的损失；防灾防损是由保险公司、被保险人和社会防灾防损部门等多方共同参与的活动。

（1）对个人而言，若仅购买了保险，即使能得到一定数额的赔付，仍然不能避免巨灾给生活带来的极大扰乱。如果能对被保险的财产采取必要的防损减损措施，那么既可以减少巨灾风险给自己带来的扰乱和损失，还可以因防损减损措施提高了财产的安全性而享有更低的保费，同时，采取了防损措施的财产的价值也会得到相应提升。

（2）对保险和再保险公司而言，可以为被保险人提供指导进行防损减损的服务和为采取了防损减损措施的投保人给予更低保费的优惠，这些看起来并不大的成本支出却可以有效降低巨灾损失，降低保险公司陷入偿付能力不足困境的风险，甚至还可以增加保险公司的收益。

（3）对房地产开发商而言，采取较高水平防损措施的商品房会更受欢迎，即使价格高一些。

从多个国家的实践看，防灾防损的重要性不仅得到了各国政府的共识，也得到了世界银行等国际机构的认可、支持和推广。

例如，美国夏威夷飓风救济基金（Hawaii Hurricane Relief Fund）和 CEA 的费用支出项目表明，防灾防损是支出的主要项目之一。夏威夷飓风救济基金设立了专门的技术顾问委员会，在该委员会指导下，按建筑工程结构、地址、建造年限等把当地的建筑分成六个档次，并对不同档次的建筑采取了不同的防灾防损措施。CEA 也明确规定，居民对房屋进行加固可以得到不同数量的低息贷款或补贴，并安排了对地震防范措施和技术进行宣传的专项经费。世界银行有关报告也显示，防灾防损是世界银行新的巨灾筹资模式的重要内容之一。

6.2.2　损失控制与损失融资的平衡

1. 损失控制与损失融资平衡的原则

损失控制与损失融资之间应该做到一定的平衡。采取防损减损措施，必然会带来一定的支出，即防损减损的成本。因此，一个基本原则就是：防损减损的成本不应高于预期可以降低的损失值。比如，当考虑对现有的房屋是否进行抗震加固时，已知从 8 度抗震提高到 9 度抗震，成本需要增加 10%；从 9 度抗震提高到 10 度抗震，成本可能需要增加一倍。达到 10 度抗震标准的建筑比 9 度抗震标准的建筑能减轻的损失可能不到加固成本的一半。这样的话，将抗震标准提高到 10 度就是不合适的，因为所投入的成本比预期效益高得多，这部分损失风险就可以通过保险来进行转移。

简单地说，损失控制与损失融资之间的平衡主要就是要进行成本和收益的经济分析。比如，为减轻地震所造成的损失，是在地震发生前多采取些防损减损措施，还是在地震发生后再去筹集资金进行救援和房屋重建？若要回答这个问题，主要就是要将地震发生前采取防损减损措施所付出的代价和防损减损措施可能减轻的地震损失进行比较。当然，如果购买了巨灾保险，是否还有必要采取防损减损措施，这些都是需要回答的问题。

对于损失融资来说，成本往往是容易量化的。对于损失控制来说，其所带来的预期风险损失成本的减少往往是不易估计的。

2. 损失控制的成本效益分析

成本效益分析是评估防损减损措施的有效途径。进行成本效益分析的步骤可以根据所获信息的不同而有所差异，图 6-2 给出了 Kunreuther 和 Useem（2009）提出的对防损减损措施进行成本效益分析的五个步骤。

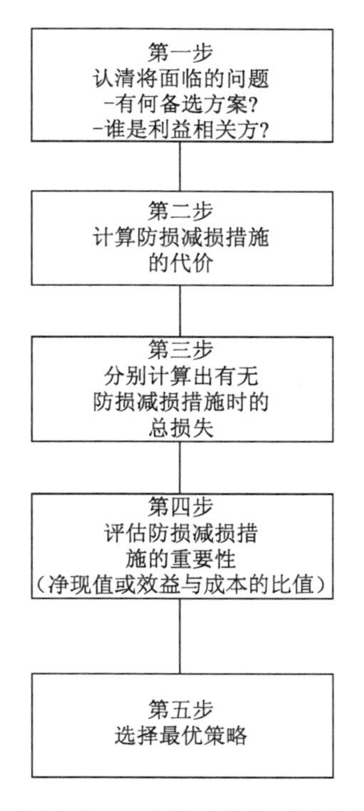

图 6-2　对防损减损措施进行成本效益分析的五个步骤

1）认清将面临的问题

这里要认清的问题首先是巨灾的类型。各地区可能面临的巨灾是不同的，在采取措施之前，首先要弄清该地区可能面临的巨灾是什么；其次，要明确防损减损的备选方案，即哪些方案有利于降低巨灾损失；最后，要明确各个利益的相关方，正确描述家庭、社会、政府和保险公司等各利益相关方在防范巨灾过程中可以发挥的作用。

2）计算防损减损措施的代价

明确防损减损的备选方案后，计算出采取各种防损减损措施的代价，即所需要支付的成本。比如，为避免特大洪水的危害，居民可采取提高房屋高度的措施；为防范特大地震的危害，居民可聘请有资质的施工队伍对其房屋进行加固，增加构造柱和圈梁。防损减损措施的实施会伴随着这样或那样的成本，清晰认识相关成本，有助于对防损减损措施的有效性做出正确的判断。

3）分别计算出有无防损减损措施时的总损失

采取防损减损措施的目的是减轻巨灾带来的损失。有无防损减损措施条件下巨灾可能带来的损失的减少量就是防损减损措施的效益。显然，若某种防损减损措施的效益越高，就越应该得到执行。

4）评估防损减损措施的重要性

通过对各防损减损措施备选方案的成本和效益进行分析，可以得出各种措施的重要性。第二、三步已经分别计算出了各备选方案的成本和效益，通过净现值（net present value，NPV）分析法，或者效益与成本比值法，得出防损减损措施重要性的相对排序。

5）选择最优策略

根据防损减损措施的重要性和事先设定的控制目标，进行最优策略的选择和决策。

第 7 章　巨灾风险融资体系

7.1　巨灾风险的损失融资及其缺口

资金是保证巨灾风险管理工作顺利开展的必要载体，应对灾害的资金主要用于两方面：一是防御灾害风险，二是灾后救援和恢复重建。本章重点关注的是第二类用途，即在灾害发生后筹措弥补损失所需要的资金，我们将其称为损失融资。为灾后可能的损失进行融资，可以在损失发生前，也可以在损失发生后，但无论是在灾害发生前还是之后，都会存在所筹措的资金不能弥补所发生的损失以及灾后救济和恢复重建的需要的情况，即会产生“资金缺口”，这种缺口又可分为两种形式：“资源性缺口”和“流动性缺口”。

7.1.1　损失融资的“资源性缺口”

“资源性缺口”是指灾前资金储备低于灾后资金需求且较难在短时间内通过其他渠道补齐的情况。我国历次灾害发生后政府救灾资金的投入与灾害造成的损失形成的鲜明对比就是最好的例证。如表 7-1 所示，2001～2017 年，中央下拨的自然灾害生活补助占当年直接经济损失的比例平均不到 3%，可见灾后所需资金的缺口是巨大的。

表 7-1　2001～2017 年我国灾害救助资金及资金缺口

年份	直接经济损失/亿元	中央下拨的自然灾害生活补助/亿元	救灾资金比例	资金缺口/亿元
	（1）	（2）	（2）/（1）	（2）－（1）
2001	1 942.2	41	2.11%	−1 901.2
2002	1 717.4	55.5	3.23%	−1 661.9
2003	1 884.6	52.9	2.81%	−1 831.7
2004	1 602.3	40	2.50%	−1 562.3
2005	2 042.1	43.1	2.11%	−1 999
2006	2 528.1	49.4	1.95%	−2 478.7
2007	2 363	79.8	3.38%	−2 283.2
2008	11 752.4	609.8	5.19%	−11 142.6
2009	2 523.7	174.5	6.91%	−2 349.2
2010	5 339.9	113.44	2.12%	−5 226.46
2011	3 096.4	86.4	2.79%	−3 010

续表

年份	直接经济损失/亿元	中央下拨的自然灾害生活补助/亿元	救灾资金比例	资金缺口/亿元
	（1）	（2）	（2）/（1）	（2）－（1）
2012	4 185.5	112.7	2.69%	–4 072.8
2013	5 808.4	102.7	1.77%	–5 705.7
2014	3 378.8	98.73	2.92%	–3 280.07
2015	2 704.1	94.72	3.50%	–2 609.38
2016	5 032.9	79.1	1.57%	–4 953.8
2017	3 018.7	80.7	2.67%	–2 938

资料来源：根据历年《中国民政统计年鉴》以及国家统计局数据计算所得

7.1.2　损失融资的“流动性缺口”

即便通过预算再分配、紧急筹款等方式可以解决部分“资源性缺口”问题，但由于资金拨付过程需要时间，灾后救助的资金仍然难以及时到位，从而产生了另一种缺口——“流动性缺口”，即救援或补偿资金在灾后需要资金的时候不能及时到位。如图 7-1 所示，2008 年 5 月 12 日汶川地震发生后，各类灾后救助资金并不是一次性发放的。如果在灾后短期内出现巨额资金需求，资金不能马上到位，可能会贻误关键恢复时机。正是这种“流动性缺口”的存在，更凸显了巨灾损失融资工作的重要性。

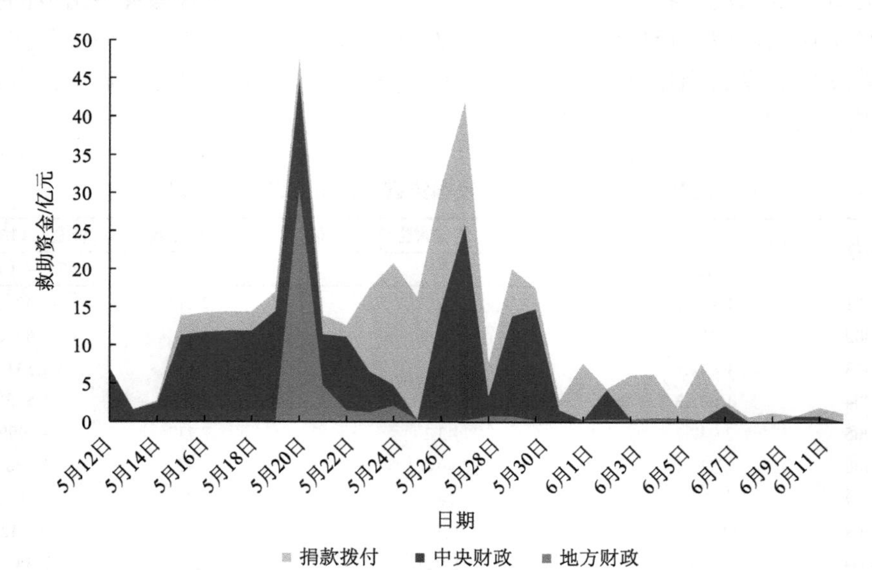

图 7-1　汶川地震发生后一个月内救助资金的构成

资料来源：根据汶川地震发生后民政部公布的新闻数据整理得到

虽然巨灾损失融资的最终受益者是受灾群众，但具有融通资金责任和能力的往往是政府或金融机构。所以，本章将巨灾损失融资定义为：以政府或金融机构（如保险公司等）为参与主体，通过一定渠道或金融工具筹集资金，以应对可能产生的巨灾损失的行为。巨灾损失融资实质上是一种将巨灾风险进行分担的行为，是巨灾风险管理不可或缺的部分。尤其是进入 20 世纪 90 年代以来，全球气候变化日益显著，自然灾害呈现频次增加、损失巨大、灾害连锁反应、多灾并发等特点，使得任何一个国家的保险业都无法单独承担灾害造成的巨大赔付责任，也没有哪国政府能立即筹集到足够的资金去组织救济和恢复重建。因此，对巨灾风险进行事前的融资安排显得更为迫切。

7.2　我国现行巨灾风险融资方式存在的问题

新中国成立以来，救灾和恢复重建的资金主要来自各级政府财政和社会捐助，且一直以来我们都把这一做法作为中国特色社会主义制度的优越性加以宣传和继承。但这种以政府财政支持为主的巨灾损失融资方式也存在明显不足，需要进行适当的改革。

7.2.1　渠道单一导致融资规模不足

我国历来就有政府主导救灾的传统，政府财政通常是灾后救助资金的主要来源。以汶川地震为例，虽然国家提出希望通过政府投入、对口支援、社会募集、市场运作等方式，多渠道筹集灾后重建资金，但在实际操作中，最主要的资金来源还是政府投入和社会募集。以汶川地震为例，国家发展改革委的统计数据显示，截至 2009 年 5 月，累计下达了中央救援基金 1540 亿元；社会募集方面，截至 2009 年 4 月 30 日，共接受国内外社会各界捐赠款物合计 767.12 亿元。尽管政府和社会都筹集了较以往多得多的资金，但这些资金也只占到汶川地震直接经济损失 8451 亿元的 27%，意味着灾后重建的绝大部分资金仍需要灾区自己筹集。

表 7-2 反映了 2001～2020 年我国政府的救灾支出和自然灾害造成的人员伤亡、经济损失的对比关系。由于应对灾害的资金主要来源于财政以及受灾群众自身，所以从表 7-2 中“救济占比”来看，2001～2017 年政府救灾支出占直接经济损失比重的均值仅为 4.56%。虽然受灾人均补偿金额呈增加趋势，但灾害造成的直接经济损失增加得更快。所以，人均补偿与人均受损比起来无异于杯水车薪。

表 7-2　我国 2001～2020 年自然灾害造成的人员伤亡、经济损失和政府拨款数据

年份	受灾人数/亿人	死亡人数/人	直接经济损失/亿元	自然灾害生活补助/亿元	救济占比	人均受损/元	人均补偿/元
2001	3.7	2 538	1 942.20	35.86	1.85%	524.92	9.69
2002	3.7	2 840	1 717.40	38.62	2.25%	464.16	10.44
2003	4.9	2 259	1 884.60	56.95	3.02%	384.61	11.62
2004	3.4	2 250	1 602.30	49.04	3.06%	471.26	14.42
2005	4.1	2 475	2 042.10	62.97	3.08%	498.07	15.36
2006	4.3	3 186	2 528.10	70.99	2.81%	587.93	16.51
2007	4	2 325	2 363.00	91.57	3.88%	590.75	22.89
2008	4.8	88 928	11 752.40	356.92	3.04%	2 448.42	74.36
2009	4.8	1 528	2 523.70	122.82	4.87%	525.77	25.59
2010	4.3	7 844	5 339.90	333.72	6.25%	1 241.84	77.61
2011	4.33	1 126	3 096.40	231.65	7.48%	715.10	53.50
2012	2.94	1 530	4 185.50	272.02	6.50%	1 423.64	92.52
2013	3.88	2 284	5 808.40	240.91	4.15%	1 497.01	62.09
2014	2.43	1 818	3 378.80	210.47	6.23%	1 390.45	86.61
2015	1.86	967	2 704.10	195.52	7.23%	1 453.82	105.12
2016	1.89	1 706	5 032.90	273.00	5.42%	2 662.91	144.44
2017	1.44	979	3 018.70	192.00	6.36%	2 096.32	133.33
2018	1.36	589	2 644.60	—	—	1 944.56	—
2019	1.38	909	3 270.90	—	—	2 370.22	—
2020	1.38	591	3 701.50	—	—	2 682.25	—

资料来源：历年民政部发布的《社会服务发展统计公报》、国家统计局

注：“—”表示未获得有效数据

7.2.2　主体缺失导致融资模式模糊

采用什么模式来为巨灾风险融资，是官办还是民办？还是官民结合？虽然受灾民众是灾后资金补偿的直接受益者（或拨付对象），但从宏观角度看，需要进行巨灾风险融资的主要还是政府、金融机构（如保险公司）等。政府主要是从公共安全和巨灾风险管理的角度来考虑,融资可以加大救济力度以及减轻财政压力;保险公司则是考虑到偿付能力问题和更好地分散巨灾风险而需要融资。

（1）政府扮演的角色：巨灾风险管理不是哪一个部门的事，涉及社会的方方面面，是一个系统工程。政府在这个系统里扮演的角色，应由其执政风格、财政力量以及相关市场的成熟程度等因素来决定。一般而言，每个政府都不可避免地要承担灾害防御工程建设、巨灾风险评估、灾害预警、社会力量调动、职能部门

协调等职责，并提供紧急救助等相应的公共产品。但是，如果政府在巨灾风险管理中既要扮演指挥者又要扮演执行者，则其额外的任务如紧急调用财政资金、发放救济款等就会多很多，且不同年份动用资金的差异明显（图 7-2）。

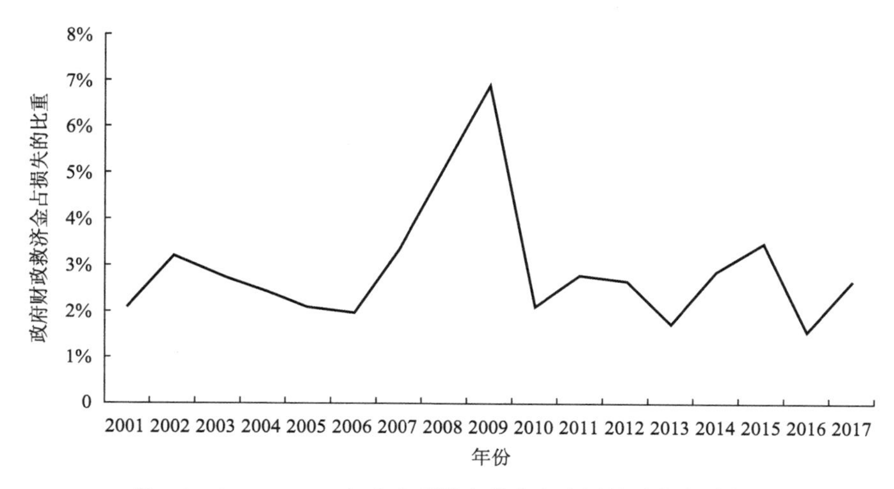

图 7-2　2001～2017 年中央下拨自然灾害生活补助的变动趋势

资料来源：历年民政部发布的《社会服务发展统计公报》、国家统计局

在中国长期以来的“大政府、小市场”的环境下，自然灾害的紧急应对、防御减灾、灾害救助等工作基本都由政府来承担。每次重大灾害发生后，政府都及时动员社会支援灾区，并调动党、政、军等力量进行灾害救助。尽管政府在灾后救济和恢复重建方面承担了主要责任，投入了大量财力，但从弥补灾害造成的实际损失来看，收效并不明显，如前文提到的 20 年来政府救灾支出和直接经济损失之比的均值不足 5%。因此，政府难以成为弥补巨灾损失的主要资金承担者。

（2）保险公司的地位：鉴于巨灾损失巨大的特点，出于偿付能力的考虑，我国保险业对巨灾风险在很长一段时间内都限制承保，使得保险在巨灾损失补偿中的作用难以发挥，保险公司作为巨灾风险融资主体的地位也因此而缺失。

7.2.3　依赖财政导致融资结构失衡

如前面所提及的，每逢巨灾后除了政府拨付救济款外，灾民仍需要自身消化大部分损失，这一方面意味着灾民对财政依赖性仍然很重；另一方面也显示出本应作为损失融资来源的保险机制未发挥出相应的作用。

1. 损失融资高度依赖财政资金

损失融资高度依赖财政资金意味着财政救济成为灾后融资的主要来源，由此会带来如下问题。首先，没有形成风险分担机制，风险高度集中于政府。如果国民心理上过分依赖政府救济和社会捐助，就会向市场传递错误信号，扭曲市场主体的激励机制，诱发道德风险，导致事前的防灾减灾措施贯彻不力，从而进一步增加了巨灾损失，增加了灾害带来的社会总成本。

其次，导致巨灾风险管理缺乏效率。巨灾发生后，在损失如何补偿、用什么补偿、什么时候补偿、补偿程度如何等方面都存在很多不确定性，容易造成应该补偿的受灾体没有得到及时补偿，或补偿的金额不适当等问题。在现实中，财政资金往往会因为保证公平性而忽视了个体的自主选择，并且无法区分个体的风险特征并区别对待，使得个体无法通过自我选择来调动其参与风险管理的积极性，导致巨灾风险管理整体上缺乏效率。此外，财政资金的落实到位还高度依赖政府职能部门工作的有效性。

最后，财政资金的过多占用也不利于经济的长远发展。一方面，随着巨灾造成的损失日益增长，政府兜底的补偿模式和融资模式将使财政面临更加巨大的压力，财政资金的补偿能力会大打折扣；另一方面，过多的本该用于国家基础建设和经济发展的资金被转用到巨灾损失补偿中，也会极大影响国民经济的长远发展，即过多地将财政资金作为巨灾损失的融资来源，其机会成本是非常大的。

2. 保险机制发挥作用不够

资金融通是商业保险的基本功能之一，巨灾保险本应是巨灾损失融资的重要渠道。国际上已经广泛开展的地震保险、洪水保险、飓风保险等在我国的市场规模还很小，保险赔付占灾害损失的比例还非常低。以地震保险为例，从新中国成立到1995年《中华人民共和国保险法》（以下简称《保险法》）通过前后，各种财产保险保单的保险责任中都包括地震、洪水等风险。但由于我国自然灾害多发，加上再保险市场不发达，分保方式单一，巨灾保险损失基本上是直接在保险公司内部消化。鉴于这种状况和我国保险业的承保能力与技术限制，1995年通过的《保险法》中将地震和洪水风险从财产保险的基本保险责任中剔除了。目前，洪水作为财产保险综合责任承保，地震在某些保险公司作为附加责任单独承保。虽然2009年5月1日起施行的《中华人民共和国防震减灾法》中有“国家发展有财政支持的地震灾害保险事业，鼓励单位和个人参加地震灾害保险”的条文，但时至今日，我国巨灾保险制度的建立一直举步维艰，保险在巨灾风险应对中的作用还远没有发挥出来，承保率不高，导致其补偿率也很低。1998年我国长江流域的特大洪灾造成直接经济损失2484亿元，保险业给付的赔偿金仅30亿元；2003年重庆开县发生井喷事故，造成重大人员伤亡和财产损失，但保险赔付也是微乎其微的；2008年初南方的冰雪灾害造成了1516.5亿元的直接经济损失，获得的保险赔付只有35.9亿元，占整个损失的2.37%；直接经济损失为8451亿元的汶川地震，保险业的赔付仅为 18.06 亿元，保险赔付率仅为 0.2%。就在同一年，2008 年全世界因巨灾（包括人为灾祸）造成的经济损失是 2690 亿美元，保险业赔付了 525 亿美元，占 19.5%。

在巨大的市场需求背景下，我国在汶川地震后就开始探索巨灾保险制度。经过十多年的发展，我国虽然已有多地试点了巨灾保险，也产生了一些效果，但巨灾保险的赔付金额相对于损失金额而言还不是太高。例如，2021 年 7 月河南省遭遇的罕见特大暴雨，导致河南全省直接经济损失达 1200.6 亿元。据同年 9 月银保监会的统计，河南保险业当时的初步估损为 124.04 亿元，保险赔付率将达 10.3%，但仍低于国际水平。

鉴于以巨灾保险和再保险为依托建立的巨灾风险融资机制在世界很多国家和地区的成功实践，我国许多学者指出这也将是我国巨灾损失融资机制改革的方向。然而，将保险作为巨灾损失的主要融资方式，在我国还受到众多因素的制约。第一，我国保险业的起步较晚，对巨灾损失的承保能力严重不足。第二，巨灾保险产品开发的技术难度大。我国是一个巨灾频发的国家，但由于地域广阔，各地区面临的灾害种类大不相同，同一灾害发生的频率也不尽相同，造成的经济损失也有较大差异，所以国外的巨灾风险预测和定价模型很难完全拿到国内来应用。同时，由于缺乏完整的巨灾损失的历史数据资料，巨灾保险产品的开发非常困难。第三，相关法律法规缺位。从各国或地区的巨灾风险融资体系建设来看，无一不建立在法律到位的基础上。但我国迄今为止还没有制定出专门的关于巨灾保险的法律法规。第四，国民的巨灾保险意识较差。国民的保险意识尤其是对巨灾风险的危险程度与损失程度的认识明显不足，容易抱有侥幸心理，这就导致了巨灾保险面临着参保率低的问题，这或许是制约建立基于保险的巨灾风险融资机制的最大障碍。

7.3　巨灾风险融资的主体

随着世界范围内巨灾的发生频率越来越高、损失程度越来越大，很多国家都已建立或开始建立相应的巨灾风险管理体系，成功的巨灾风险管理体系不能没有完善的巨灾损失融资体系做后盾。国内已有很多文献对国际上的做法和经验进行了介绍，但大多停留在介绍和比较的层面，没有深究不同损失融资体系内部蕴含的规律。其实，不同融资主体之间不同程度的组合代表了政府和保险公司在融资体系中角色的不同，这会导致融资效果的差异性。本节将从分析巨灾风险融资主体出发，利用博弈论方法，通过研究政府和保险公司在巨灾损失融资过程中博弈的演化过程，探寻巨灾风险融资体系的内在规律，以期明确我国巨灾风险融资的责任归属。

7.3.1 多元化的融资主体

从宏观方面看，具有大规模筹集资金能力应对巨灾损失的主体主要有政府和保险公司，这两类融资主体按照各自的融资方式及特点，可形成多元化的融资主体模式：政府融资模式、市场融资模式、公私协作（政府和市场合作）融资模式。

1. 政府融资

政府融资是指政府作为融资主体，通过财政预算、税收、发行彩票、政府债券等方式为应对灾害损失筹集资金；在灾害发生后，通过相关政府部门以救济金的形式向受灾群众拨付（图 7-3）。可以说，政府融资的价值取向是社会公平，就满足资金需求程度而言，只能给予大多数受灾人群基本灾后生活保障和损失补贴。

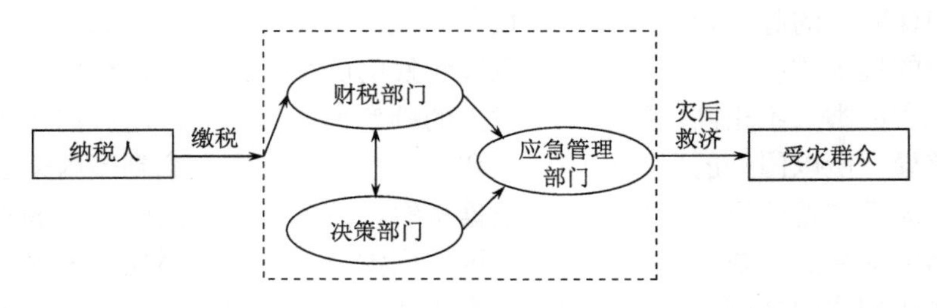

图 7-3 巨灾风险的政府融资

政府利用公权力进行巨灾风险融资的原因有两点：①巨灾风险对社会造成危害的公共性，使得包括巨灾风险融资在内的任何巨灾风险管理活动都具有公共属性；②从国际巨灾保险市场运行状况来看，市场失灵现象时有发生（如在美国的安德鲁飓风和北岭地震发生后，保险公司纷纷退出了巨灾保险市场）。同时，政府通过其公权力作为巨灾风险融资主体还具有两个优点：①可直接在每年的财政预算中根据需要增加或减少自然灾害救济部分的预算金额；②可以在灾前或灾后通过增加税赋的方式达到增加救济款的目的。这两种形式的交易成本和组织成本都比较低，所筹资金可提供给所有有需要的受灾民众，无论其是否纳过税。但由于政府财力毕竟有限且不可能无限增税，政府不可能也无力承担所有的融资责任，同时还可能产生如何在全社会范围内有效拨付和使用救济金的问题。毕竟，在政府能提供“免费”救济金的情况下，民众很可能对之产生依赖心理而不愿意去购买巨灾保险和认真落实防损减损措施，这些现象最终可能导致社会资源的浪费和不公平。

2. 市场融资

市场融资是指保险公司或其他市场经营主体出于满足偿付能力要求以及实现在更大范围内分散风险的目的，通过再保险、发行巨灾债券（及其他巨灾风险衍生工具）、股权融资等方式筹集资金，当灾害发生后，保险公司根据投保人的损失情况，按灾前和投保人签订的保险合同，向受灾的投保人支付相应的损失赔偿金（图 7-4）。市场融资的价值取向是效率和个人公平，就满足资金需求程度而言，市场融资可满足投保人多样化、差异化的损失补偿需求。

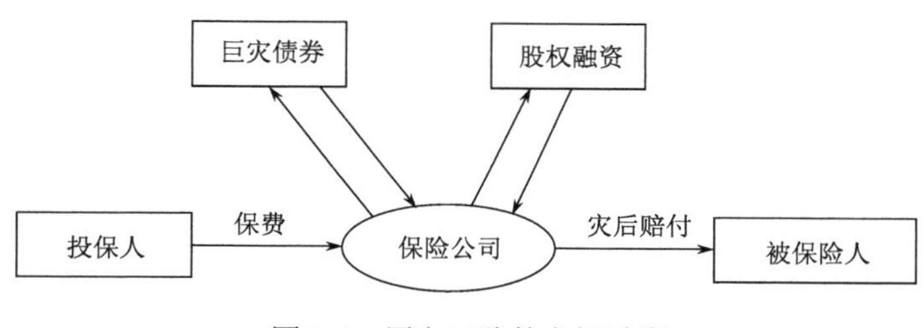

图 7-4　巨灾风险的市场融资

3. 政府和市场合作融资

考虑到巨灾风险的特殊性，很多国家都认为既不能将巨灾损失视为社会风险而让政府全部承担，也不能将其视为个人风险而完全交给市场运作。因此，很多国家都采取了政府支持或直接介入形式，政府与市场合作，成立一个基金作为融资的主体，如成立一个非政府性质的巨灾保险基金。其中，政府主要负责采取有效的行政手段和立法来推动巨灾保险制度的建立和发展，并且政府还可以提供适当的财政资助，给保险公司提供税收及运营方面的便利，立足市场化的运作方式，形成全国或区域性的巨灾损失融资体系。以上三类融资模式在筹资方式、资金运用和特点等方面的差异已在表 7-3 中列明。

表 7-3　不同融资模式的比较

项目	政府	市场（保险公司）	政府和市场合作
筹资方式	财政预算 税收 发行彩票 政府债券	保费收入 股权融资 再保险 巨灾债券等巨灾衍生品	财政资金 （强制）巨灾保险 再保险 巨灾衍生品
资金运用	灾害救济 灾后重建	损失赔付	损失赔付

续表

项目	政府	市场（保险公司）	政府和市场合作
特点	强调公平，惠及所有受灾者 易让人们产生依赖 救济金额有限 有机会成本	有丰富的融资技术和经验 强调“损失补偿”原则，投保了才能有赔偿 赔偿金额不仅限于基本水平，可根据实际损失进行补偿 边际成本随筹资规模的扩大而降低	筹集资金规模较大 有专业的融资技术和经验 强调“损失补偿”原则，避免依赖心理和逆向选择

从我国的实践来看，巨灾保险的试点项目基本都采用了政府和市场合作的融资模式，即由政府提供财政支持或政策优惠，保险公司（或保险共保体）提供相应的巨灾保险产品。

7.3.2 巨灾风险融资主体之间的演化博弈

巨灾风险融资的主体主要是政府和市场（以保险公司为代表），政府代表了“公平”，市场代表了“效率”。要弄清这两个主体的责任划分和归属，实质上是要在“效率”和“公平”之间进行权衡。若强调巨灾风险融资的效率，即考虑到资金融通的成本、融资对巨灾风险管理的激励推动等作用，政府就“有充分的理由完全取消灾后救济”（Priest，1996）并将融资工作交给市场，毕竟灾后政府救济容易养成人们消极防灾的惰性；但若要突出面临巨灾风险的个体间的公平性，政府主导融资并实施灾后救济将是最公平的做法，因为所有受灾者都可以领到灾害救助金。鉴于在政治体制、自然状况、金融体制等方面的差异，不同国家在“效率”与“公平”之间有不同抉择，有以政府为主的融资模式（如中国），也有以市场为主的融资模式（如英国），更有政府和市场合作的融资模式（如日本）。

现实中，保险市场会因担心保险企业系统性风险过大、偿付能力不足等而陷入融资难度较大的困境；政府也会因财政能力有限和道德风险等问题，而不能完全承担为巨灾损失进行充足融资的任务。在这种情况下，政府和市场合作的模式不失为一种可取的融资模式。

接下来，政府和保险公司之间的职责如何划分就成了不可回避的问题。在合作过程中，政府与保险公司既有合作意愿也有利益上的冲突，双方的合作可以看作是一个合作博弈。同时，由于在实践中，这一协作过程不可能一次完成，上一阶段的合作结果会对下一阶段的融资模式产生影响。因此，我们下面试图用博弈论中的演化稳定策略来对政府和保险公司的博弈过程进行动态分析[①]。

① 演化博弈论是把博弈理论分析和动态演化过程分析结合起来的一种新理论，它克服了完全理性博弈分析脱离实际的问题。它以达尔文的生物进化论和拉马克的生物进化理论为思想基础，从系统论出发，把群体行为的调整过程看作是一个动态系统，强调动态是相对于群体行为达到均衡的调整过程。

1. 模型假设

假设政府和以保险公司为代表的市场化机构是巨灾风险融资博弈的两个参与方。政府可采取的措施（在博弈中可理解为“成本”）包括：制定政策法规，如通过立法要求保险公司开展强制巨灾保险业务，为保险公司提供税收优惠政策等；注入财政资金；成立专门的巨灾保险运营机构等。政府发挥的作用是：分担巨灾损失并充当最后的损失兜底人。保险公司可采取的措施（或理解为“成本”）包括：销售巨灾保险、赔偿巨灾损失、发行巨灾债券、成立集中管理巨灾保险的保险联合体等。

在构建模型时的一些基本背景假设如下。

（1）巨灾风险融资体系需经过多阶段调整，不断完善。在每个阶段，各参与方会在上一阶段运行效果的基础上调整未来的资源（措施）的投入，整合各种资源或技能，实现供给主体的共同利益。同时，巨灾风险融资体系也会随着调整次数的增加而逐渐完善。

（2）在每一阶段的调整中，各参与方都存在潜在的道德风险，即各方都希望利用对方的资源或技能服务于本方，并先于对方完成优化调整。具体表现为，先完成优化的一方会选择“不合作（独立）策略”，使其自身非但不发生“成本”损失，还可得到部分对方选择合作而给自身带来的收益。此时，后完成优化调整的参与方就会因选择合作策略却无收益而遭受损失。

2. 演化博弈模型的构建

在上述假设的基础上，我们利用“猎鹿博弈”模型[①]对巨灾风险融资主体的博弈行为进行分析。构成该博弈模型的基本要素有以下四个。

（1）参与方：保险公司（ins）和政府（gov）。

（2）策略集合：保险公司和政府的策略集合均是（合作，独立）。

（3）各方的收益：指保险公司和政府获得的效用。政府追求的是灾后救济需求减少，财政压力减轻，最终使社会福利增加；保险公司追求的是汇集更多的资金，降低极端损失导致的偿付能力不足的风险，最终实现公司的稳健经营。

（4）成本：两参与方投入资源的程度。

用 W_{ins} 和 W_{gov} 分别代表保险公司和政府各自独立融资时可获得的收益；R_{ins}

---

① “猎鹿博弈”是介于“囚徒困境”和“协调博弈”之间的博弈。其基本含义是：当猎手捕鹿时，能单独捉住鹿，但假如他们一起合作的话，他们每个人的收益会更高。

和 R_{gov} 表示双方合作融资时新增的纯收益[①]；C_{ins} 和 C_{gov} 表示各参与方自己选择合作策略而对方选择独立策略时，自身为合作而付出的成本[②]；θ_{ins} 和 θ_{gov} 表示自身选择独立策略而对方选择合作策略时，自身因“搭便车”得到的收益。由于信息、技术等条件的限制，两个参与方可能不会选择完全合作或完全独立，即会采取部分合作或部分独立的策略。在 t 时期，假设保险公司与政府合作筹集资金的概率为 p_t（$p_t \in [0,1]$）；政府与保险公司合作筹集资金的概率为 q_t（$q_t \in [0,1]$）。综合上述假设，可得到保险公司与政府博弈的收益矩阵，见表 7-4。

表 7-4　保险公司与政府博弈的收益矩阵

		政府	
		合作	独立
保险公司	合作	$W_{\text{ins}}+R_{\text{ins}}$，$W_{\text{gov}}+R_{\text{gov}}$	$W_{\text{ins}}-C_{\text{ins}}$，$W_{\text{gov}}+\theta_{\text{gov}}$
	独立	$W_{\text{ins}}+\theta_{\text{ins}}$，$W_{\text{gov}}-C_{\text{gov}}$	W_{ins}，W_{gov}

根据表 7-4 可知，保险公司采取纯合作策略的期望收益 E_{ins}^{C} 为

$$E_{\text{ins}}^{C}=q_t(W_{\text{ins}}+R_{\text{ins}})+(1-q_t)(W_{\text{ins}}-C_{\text{ins}}) \tag{7-1}$$

保险公司采取纯独立策略的期望收益 E_{ins}^{I} 为

$$E_{\text{ins}}^{I}=q_t(W_{\text{ins}}+\theta_{\text{ins}})+(1-q_t)W_{\text{ins}} \tag{7-2}$$

由式（7-1）和式（7-2）可知，保险公司的总期望收益 E_{ins} 为

$$E_{\text{ins}}=p_tE_{\text{ins}}^{C}+(1-p_t)E_{\text{ins}}^{I}=W_{\text{ins}}+p_tq_t(R_{\text{ins}}+C_{\text{ins}}-\theta_{\text{ins}})-p_tC_{\text{ins}}+q_t\theta_{\text{ins}} \tag{7-3}$$

同理可得，政府采取纯合作策略的期望收益 E_{gov}^{C} 为

$$E_{\text{gov}}^{C}=p_t(W_{\text{gov}}+R_{\text{gov}})+(1-p_t)(W_{\text{gov}}-C_{\text{gov}}) \tag{7-4}$$

政府采取纯独立策略的期望收益 E_{gov}^{I} 为

$$E_{\text{gov}}^{I}=p_t(W_{\text{gov}}+\theta_{\text{gov}})+(1-p_t)W_{\text{gov}} \tag{7-5}$$

由式（7-4）和式（7-5）可知，政府的总期望收益 E_{gov} 为

$$E_{\text{gov}}=q_tE_{\text{gov}}^{C}+(1-q_t)E_{\text{gov}}^{I}=W_{\text{gov}}+p_tq_t(R_{\text{gov}}+C_{\text{gov}}-\theta_{\text{gov}})-q_tC_{\text{gov}}+p_t\theta_{\text{gov}} \tag{7-6}$$

如果参与方是绝对理性的，就会选择使自身收益最大化的策略。但在实际中，

① 即相互合作带来的收益增量与合作所付出的成本之间的差。本节假定合作对参与方都是有利的，即假定 $R_{\text{ins}}>0$，$R_{\text{gov}}>0$。同时，假定双方所付出的合作成本与其所承担的责任比例线性相关。

② 此时，选择合作策略的一方付出了成本，但因另一方坚持独立策略，所以双方收益并没有增加。

政府或保险公司可能并不清楚自己的具体收益和成本，所以需要依据既往多次博弈的结果对策略进行调整。而且，由于信息不对称、技术不成熟等条件限制，这种调整会渐进进行，类似于生物进化中生物行为特征的"复制动态"。也就是说，在我们的博弈模型中，如果参与方某一策略的期望收益高于总的期望收益，那么，该参与方在未来将倾向于更大比例地使用该策略。比如在新西兰，商业保险公司既与政府合作销售基本地震保单，也承保超额损失的地震风险，以筹集更多的资金。但如果新西兰的地震发生频率提高以及或有损失加大，商业保险公司可能会无法承担超额损失，便会加大与政府及 EQC 的合作力度，演化成为 EQC 的保险代理销售与理赔机构，向美国的模式靠拢。换言之，能够筹集更多资金且成本不太高的合作融资策略在以后会被更大比例地采用，这对保险公司来说就是一个不断试错的过程。

接下来，我们假设参与方使用某策略的相对调整速度与其期望收益超过总期望收益的幅度成正比，即可得出两个参与方各自的复制动态方程：

$$\dot{p}_t = p_t(E_{\text{ins}}^C - E_{\text{ins}}) = p_t(1-p_t)[q_t R_{\text{ins}} - (1-q_t)C_{\text{ins}} - q_t\theta_{\text{ins}}] \tag{7-7}$$

$$\dot{q}_t = q_t(E_{\text{gov}}^C - E_{\text{gov}}) = q_t(1-q_t)[q_t R_{\text{gov}} - (1-p_t)C_{\text{gov}} - q_t\theta_{\text{gov}}] \tag{7-8}$$

式（7-7）和式（7-8）构成了两参与方的动态复制系统。求解该系统，可以得到五个均衡点，即 $E_1(0,0)$、$E_2(0,1)$、$E_3(1,0)$、$E_4(1,1)$ 和 $E_5\left(\dfrac{C_{\text{gov}}}{R_{\text{gov}}+C_{\text{gov}}-\theta_{\text{gov}}},\dfrac{C_{\text{ins}}}{R_{\text{ins}}+C_{\text{ins}}-\theta_{\text{ins}}}\right)$。

系统均衡点所对应的策略组合即为演化博弈的均衡点，我们将均衡点对应的策略组合称为保险公司与政府的演化均衡。

3. 演化均衡策略的稳定性分析

均衡点的稳定性可通过分析动态复制系统的雅可比矩阵得到：

$$J=\begin{bmatrix}(1-2p_t)(q_t R_{\text{ins}}+q_t C_{\text{ins}}-C_{\text{ins}}-q_t\theta_{\text{ins}}) & p_t(1-p_t)(R_{\text{ins}}+C_{\text{ins}}-\theta_{\text{ins}}) \\ q_t(1-q_t)(R_{\text{gov}}+C_{\text{gov}}-\theta_{\text{gov}}) & (1-2q_t)(p_t R_{\text{gov}}+p_t C_{\text{gov}}-C_{\text{gov}}-p_t\theta_{\text{gov}})\end{bmatrix} \tag{7-9}$$

由表 7-5 可知，在五个均衡点中，有两个点为演化稳定策略（evolutionary stable strategy，ESS）：即 $E_1(0,0)$和 $E_4(1,1)$，分别对应于政府和保险公司均选择独立融资或均选择合作融资的情形。系统还有两个非稳定均衡点 $E_2(0,1)$和 $E_3(1,0)$及一个鞍点 $E_5\left(\dfrac{C_{\text{gov}}}{R_{\text{gov}}+C_{\text{gov}}-\theta_{\text{gov}}},\dfrac{C_{\text{ins}}}{R_{\text{ins}}+C_{\text{ins}}-\theta_{\text{ins}}}\right)$。两个非稳定点代表了两主体只顾自身利益而无视对方权益的局面，是无法实现的。鞍点反映的是一方主体能追求到最

大收益，另一方主体也能追求到最小收益的局面，最终结果随着参数取值的差异而变化。这说明融资主体双方除了在初始状态选择合作或独立外，其合作策略的选择要经过一定时期才能演化到稳定状态。至于到底会沿着哪条路径演化到哪个状态，与系统的收益参数有关。这些参数通过合作所筹得的资金与成本比较来影响主体在学习过程中的博弈行为。

表 7-5　雅可比矩阵的局部分析结果

均衡点	雅可比矩阵				稳定性
	行列式	符号	迹	符号	
$E_1(0,0)$	$C_{\text{ins}} \times C_{\text{gov}}$	+	$-(C_{\text{ins}} + C_{\text{gov}})$	−	ESS
$E_2(0,1)$	$(R_{\text{ins}} - \theta_{\text{ins}})C_{\text{gov}}$	+	$(R_{\text{ins}} - \theta_{\text{ins}}) + C_{\text{gov}}$	+	非稳定
$E_3(1,0)$	$C_{\text{ins}}(R_{\text{gov}} - \theta_{\text{gov}})$	+	$C_{\text{ins}} + R_{\text{gov}} - \theta_{\text{gov}}$	+	非稳定
$E_4(1,1)$	$(R_{\text{ins}} - \theta_{\text{ins}})(R_{\text{gov}} - \theta_{\text{gov}})$	+	$-(R_{\text{ins}} - \theta_{\text{ins}})$ $-(R_{\text{gov}} - \theta_{\text{gov}})$	−	ESS
E_5 $\left(\frac{C_{\text{gov}}}{R_{\text{gov}} + C_{\text{gov}} - \theta_{\text{gov}}}, \frac{C_{\text{ins}}}{R_{\text{ins}} + C_{\text{ins}} - \theta_{\text{ins}}}\right)$	$\frac{(R_{\text{ins}} - \theta_{\text{ins}})C_{\text{ins}}}{(R_{\text{ins}} + C_{\text{ins}} - \theta_{\text{ins}})} \times \frac{(R_{\text{gov}} - \theta_{\text{gov}})C_{\text{gov}}}{(R_{\text{gov}} + C_{\text{gov}} - \theta_{\text{gov}})}$	+	0		鞍点

根据上述结果，我们把博弈两方的复制动态和稳定性用一个平面坐标来表示（图 7-5），图中的箭头方向代表参与方在博弈过程中反复对比调整的进化过程，虚线表示区分不同策略组合的临界线。根据进化方向可以得出如下分析结果。

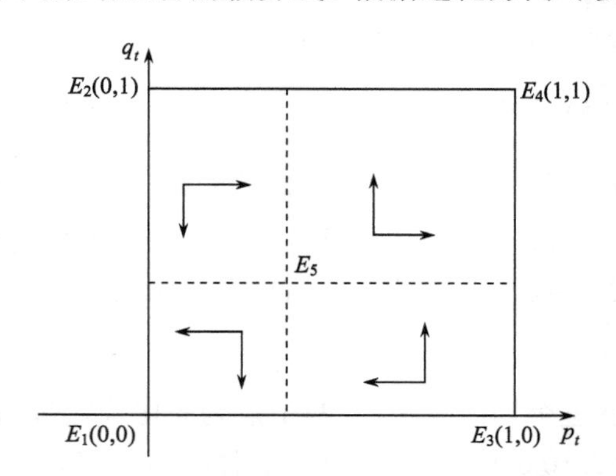

图 7-5　博弈双方复制动态和稳定性示意图

当 $p_t > C_{\text{gov}} / (R_{\text{gov}} + C_{\text{gov}} - \theta_{\text{gov}})$，$q_t > C_{\text{ins}} / (R_{\text{ins}} + C_{\text{ins}} - \theta_{\text{ins}})$ 时，由图 7-5 可知 $p_t \to 1$、$q_t \to 1$，即保险公司与政府合作融资的概率较大，政府也较（或在很大

程度上）倾向于与保险公司共同筹集资金，这将最终促成双方的合作融资。在图 7-5 中表现为，当保险公司希望与政府共同融资的概率大于临界值时，政府倾向于与保险公司共同筹资的概率也大于临界值，且初始博弈点落在系统动态演化路径图的右上方，博弈将收敛于 $E_4(1,1)$。

当 $p_t < C_{\mathrm{gov}} / (R_{\mathrm{gov}} + C_{\mathrm{gov}} - \theta_{\mathrm{gov}})$，$q_t > C_{\mathrm{ins}} / (R_{\mathrm{ins}} + C_{\mathrm{ins}} - \theta_{\mathrm{ins}})$ 时，由图 7-5 可知 $p_t \to 0$、$q_t \to 1$，此时动态博弈收敛到的均衡点将不确定。一方面，系统演化稳定平衡点可能收敛于 $E_1(0,0)$，但也有可能收敛于 $E_4(1,1)$，这主要取决于保险公司与政府部门在动态博弈过程中的策略调整速度。如果保险公司的复制动态方程[式（7-7）]结果小于政府部门的复制动态方程[式（7-8）]结果，则博弈结果会收敛于 $E_1(0,0)$，反之博弈结果会收敛于 $E_4(1,1)$。另一方面，系统演化及其均衡点的收敛情况还取决于博弈双方的初始值，如果 p_t 和 q_t 的初始值落在临界线的右边，政府和保险公司的博弈均衡则有可能收敛于合作状态；如果 p_t 和 q_t 的初始值落在临界线左边，则有可能收敛于各自独立融资的状态，即系统演化的路径依赖博弈双方的初始状态。

同理可得出，当 $p_t < C_{\mathrm{gov}} / (R_{\mathrm{gov}} + C_{\mathrm{gov}} - \theta_{\mathrm{gov}})$，$q_t < C_{\mathrm{ins}} / (R_{\mathrm{ins}} + C_{\mathrm{ins}} - \theta_{\mathrm{ins}})$ 时，博弈会收敛于 $E_1(0,0)$，意味着保险公司和政府可能不倾向于合作融资；当 $p_t > C_{\mathrm{gov}} / (R_{\mathrm{gov}} + C_{\mathrm{gov}} - \theta_{\mathrm{gov}})$，$q_t < C_{\mathrm{ins}} / (R_{\mathrm{ins}} + C_{\mathrm{ins}} - \theta_{\mathrm{ins}})$ 时，博弈的收敛也不确定，可能收敛于 $E_1(0,0)$，也可能收敛于 $E_4(1,1)$，最终结果与参与方的策略调整速度及初始值有关。

综合而言，在融资体系建立之初，参与融资的保险公司和政府在给定的信息条件下，不一定能够或者愿意选择最优的策略。在动态的交往过程中，在经过了对包括经济形势、政治环境及国际再保险市场周期等外部信息的深入挖掘，以及对参与方彼此收益状况、战略调整等信息的深入了解后，博弈参与方会根据需要不断调整各自的策略。当然，这种动态调整过程以及最终结果的相对稳定性不仅与博弈双方的速度和方向有关，也与参与方的初始状态有关。正因为各个国家的政府和保险公司面临的环境及发展程度等情况不同，所以才会有不同的巨灾风险融资模式及融资手段。

4. 模型中参数对演化均衡的影响

从以上动态演化博弈均衡分析可知，均衡策略最终既有可能稳定于（合作，合作），也可能稳定于（独立，独立）。为说明演化的变动方向以及参数变动对最终均衡状态的影响，我们勾勒出了系统动态演化路径图（图 7-6）。

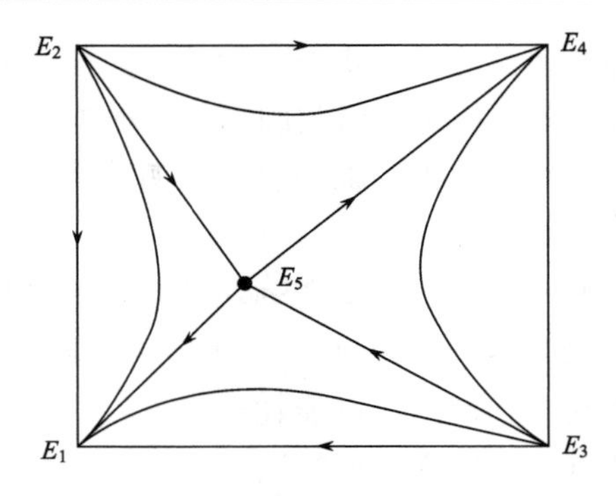

图 7-6　系统动态演化路径图

图 7-6 中的 E_2 点、E_5 点和 E_3 点构成的折线 $E_2E_5E_3$ 成为系统收敛于两种结果的临界线，这可与图 7-5 中虚线表示的区分不同策略组合的临界线相对应。在图 7-6 中，临界线左边收敛于双方独立融资的模式，临界线右边则收敛于合作融资模式。在博弈过程中，参数的变化会引起临界线的位移，进而表现出系统行为的演化。下面讨论几个参数变化对系统演化行为的影响。

R 是两参与方合作得到的额外收益。在组建动态联盟时，若参与方不能从与对方的合作中获得有别于以往的额外收益，即当博弈不满足参与约束和激励相容约束的条件时，他将没有动力去与对方合作。所以额外收益 R 是决定动态联盟合作成败的关键因素。R 越大，意味着参与方从合作中获得的额外收益越多，他将越倾向于选择合作的策略。反映在图 7-6 中就是左下方区域面积变小，右上方区域面积变大，双方倾向于在更大范围内进行巨灾风险融资的合作。

C 是参与方选择合作策略时付出的成本。当某一参与方采取合作策略所付出的成本较大时，另一参与方选择合作的概率也会相应增大。

θ 是参与方选择独立而另一方选择合作时“搭便车”带来的收益。“搭便车”收益主要由动态联盟的组织特性决定。当参与方采取合作策略时，另一方选择独立也并非完全没有增加收益。例如，政府呼吁全社会提高灾害意识，保险公司虽然并没有参与进来，但因社会整体风险危机感的增强，保单的销售量也会增加。而此时保险公司并不需要付出任何额外的成本就可以销售更多的巨灾保险保单，从而筹集到更多的资金。这也成为巨灾风险融资动态联盟形成和巩固的安全隐患。任一参与方较大的“搭便车”收益 θ，都会促使临界线向右移动，即右上方区域面积变小。这可理解为，因意识到本方或对方“搭便车”的收益比较可观，政府或保险公司均会选择独立融资的策略。

除了上述参数外，系统的均衡还受到以下因素的影响。

（1）各融资主体在个体收益与整体收益之间的权衡。巨灾风险融资系统是一个交互活动的体系，当一方主体行为影响到另一方主体的收益时，他们原已形成的利益分配局面就会改变。此时，各主体都有两个选择：从自身利益出发，不考虑整体利益，只实现单独利益的最大化（如“搭便车”）；为了实现巨灾风险融资体系整体的最优化而放弃能实现单个收益最大化的机会。前者是从短期收益出发的选择，其行为将导致整个巨灾风险融资体系协调程度下降；后者则是从长期收益的角度来考虑的，其行为将提升整个巨灾风险融资体系的协调程度，有助于系统从整体上实现正确的定位和战略取向。

（2）融资体系发展的阶段。在融资体系发展的初级阶段，融资主体之间的合作行为需要通过严格的触发机制才能实现，主要表现为对合作收益和合作成本的对比，具有很高的要求，且对合作带来的收益的分配机制也具有高度的敏感性。在这一阶段，体系处于不稳定状态。如果各方对合作的收益和成本都比较满意，则巨灾风险融资体系的合作程度将会大大提高，最终达到稳定的均衡状态；反之，如果各方对合作的收益与成本分摊没有达成一致意见，合作程度就会下降，直至回到独立运作的初始状态。随着融资主体之间合作程度的提高，在后来新时期进行博弈选择时，其对合作成本的要求就会低很多。

（3）合作收益在融资主体间的分配。如果合作带来的额外收益能向付出更多合作成本的主体倾斜，则付出较多合作成本的融资主体就会采取更积极的合作态度，这也可被看作是对付出较多成本的主体的鼓励，有助于体系内合作行为的产生。如果采取合作的主体得到的收益不及所付出的成本（$R<0$）或根本得不到收益（另一方选择独立），则无疑会降低该参与方合作的积极性，不利于体系内合作行为的产生，也终将导致体系的不稳定发展。

7.3.3　结论

在巨灾风险管理中，融资主体之间的关系和策略选择具有博弈的性质。基于演化博弈的思想，本节对巨灾风险融资主体的合作行为及演化过程以及其影响因素进行了研究。研究结果表明，巨灾风险融资主体的合作演化博弈过程存在两个稳定策略；演化博弈过程受初始状态、主体对长短期收益的权衡、体系发展阶段以及收益分配情况等因素的影响。根据演化博弈分析的结果，要使系统以更大可能性收敛于最优均衡，即图 7-6 中右上方的面积较大，左下方的面积较小，应尽量减少合作的初始成本和合作方遭受的损失以及“搭便车”的收益，增加合作的收益。

就我国的现实情况而言，目前的巨灾损失融资渠道还很单一，偿付能力和经营经验不足等原因使保险公司没有充分发挥融资的功能。在总量有限的应对巨灾的资金中，财政资金占绝大部分比重，即政府和保险公司在融资上的合作处于图 7-5 中的 $E_2(0,1)$状态。

由于政府和保险公司合作融资是必然的，所以政府应考虑成立专门管理巨灾保险的机构，将国内财产保险公司联合起来，通过巨灾保险、巨灾债券等手段来进行融资。在合作初期，由于保险机构偿付能力有限且巨灾保险运营经验不足，政府需要承担较多的责任，如通过立法确定巨灾保险的强制地位，统一保险条款和费率，管理保费收入并进行投资，承担最终赔付责任等；保险公司则负责代理销售保单和进行理赔。当合作融资模式成熟后，政府可逐步减少自身的融资责任和赔付责任，让保险公司承担更多的融资和赔付责任。

政府在制定促进巨灾风险融资的相关政策时，可着重考虑以下几个方面：①加大激励力度，提供政策便利，使提供巨灾保险的保险公司可得到相应的收益，即通过增加保险公司选择合作的预期收益，来提高其参与巨灾风险融资的积极性；②加大防灾减灾的宣传力度，提高人们的防损减损意识，减少保险公司独立推广巨灾保险产品的成本，提高投保率；③提高政府的理性程度，避免政府决策的短视行为，降低对不劳而获收益的期望，减少政府"搭便车"行为的发生。对商业保险公司而言，需要做到：①密切关注政治、经济和社会等各方面的动态信息，不断提升自身的理性水平；②顺应国家巨灾风险管理的导向，准确把握切入市场的时机，大力发展巨灾保险业务，充分享受优惠政策带来的额外收益，尽量避免投机冲动，降低不必要的合作成本；③依托专业的风险管理技术，为政府提供便利的巨灾损失救助技术，协助扩大政府在合作中所得到的额外收益，使合作形式逐步成熟和稳定，实现巨灾风险融资与巨灾损失赔付的顺利衔接。

7.4　巨灾风险融资的方式

7.4.1　基本概念

灾害发生后，除获得政府的灾害救助外，弥补灾害损失的主要途径就是融资，这对恢复生产和生活极其重要。可以说，融资是整个社会都面临的问题。无论是收入微薄的家庭，还是有实力的企业，都需要进行风险融资。随着资本市场的不断发展，融资渠道和融资模式也在不断增多。

实践中已被普遍使用的巨灾风险融资工具可分为灾前（ex-ante）融资和灾后（ex-post）融资两类。灾前融资指灾害损失发生前安排好的融资措施，具有明显的资金来源有保障的优势，这类融资的具体形式有：保险、巨灾债券、应急资本和风险衍生品等（Kunreuther and Useem，2009；Jametti and von Ungern-Sternberg，2009；Cole et al.，2011）。灾后融资是为应对已发生的损失而安排融资，包括利用现金/准备金、借贷、发行短期或长期债务、发售期权等。

从各国应对巨灾损失的融资实践看，政府对灾前融资的关注和实施较少，相对来看更为重视灾后融资。究其原因，一是灾害损失的不确定性使得灾前融资规模难以预测；二是在当届政府执政期间，大灾发生的次数毕竟不多；三是政府可以利用公权力在灾后通过增加税收、发行债券等方式进行融资。而且，灾后融资还可以减少大量累积的巨灾准备金所带来的机会成本，也规避了资金管理者挪用准备金的潜在道德风险（Jametti and von Ungern-Sternberg，2009）。然而，灾后融资的缺点就是存在极大的不确定性，因为在灾后是否可以获得所需要的资金是不确定的，能以多大的成本获得资金也是不确定的。

表 7-6 列举了目前观察到的社会和政府所采用的主要的巨灾风险融资方式，这些融资方式各有特色，但无法构成一个能跨时空统筹运作且覆盖所有风险的融资体系。

表 7-6　现行的各种巨灾风险融资方式

融资方式	财产保障（家庭/企业、非农民）	农作物和牲畜保障（农民）	救援和重建保障（政府）
灾前融资			
非市场化手段	亲属间协定	自愿的共同协定	国际援助
临时性措施	小额储蓄	粮食储备	巨灾储备金、区域性资产池、有条件借款
市场化风险转移手段	财产和人寿保险	农作物和牲畜保险	巨灾保险及巨灾债券
灾后融资			
被动融资手段	紧急贷款、借钱、公共援助	生产资料的出售、食物救援	分散化，向世界银行和其他国际金融机构贷款

资料来源：Ki-Moon（2008）

7.4.2　巨灾保险和再保险

1. 巨灾保险

巨灾保险主要是指由商业保险公司为企业、家庭提供的针对巨灾造成的财产损失的保险，主要有地震保险、洪水保险、飓风保险等。实践中，巨灾保险通常是以财产保险附加险的形式提供的，即作为投保人的企业或个人首先要投保基本的财产保险，在此基础上可以附加投保巨灾保险。为了有效控制承保风险，保险公司通常会规定巨灾保险承保的具体风险类型，如地震、洪水或飓风等。本书后面还将以地震保险为例，详细说明巨灾保险的实施过程及相关问题。

2. 巨灾再保险

巨灾再保险是针对巨灾的再保险，通常由再保险公司提供。国际上可以提供巨灾再保险的保险机构主要是一些大型再保险公司，如瑞士再保险公司、科隆再保险公司、慕尼黑再保险公司、苏黎世再保险公司、伦敦劳合社、中国再保险（集团）股份有限公司等。

再保险机构往往还会通过巨灾风险证券化的方式向资本市场转移巨灾风险，即由国际资本市场对巨灾风险再进行一个“再保险”。主要的巨灾风险证券化产品包括：巨灾债券、巨灾期权、巨灾期货、巨灾互换、或有资本票据等，通过这些金融产品可以实现巨灾风险向资本市场的转移，即由保险人、再保险人、资本市场中的投资者共同来承担巨灾风险。

20 世纪 90 年代后，巨灾发生的频度和强度增加，不可预测性加大，对传统巨灾保险和再保险市场造成了很大冲击。一些保险公司、再保险公司因难以偿付巨灾损失而被迫重组、被收购，甚至破产；曾经繁荣的伦敦再保险市场也遭受了巨大损失，再保险业务整体信用等级下滑，承保能力相对不足，保险公司和经纪人的数量减少了大约一半。一直到 2007 年后，巨灾再保险市场才趋于稳定，巨灾再保险市场的资本实力开始增强，保险人分出的份额开始增加。其中的原因主要包括：人们对巨灾风险的恐慌开始缓和，再保险人对巨灾保险业务的资本投入有所增加，资本市场资金的注入等。同时，也是由于许多国家政府给予了一定的支持。

3. 巨灾保险和再保险的运用

巨灾保险和再保险是灾前融资的重要方式，在发达国家比较常见，在发展中国家则较少运用。表 7-7 和表 7-8 是瑞士再保险公司对 2020 年和 2019 年世界各洲（地区）巨灾损失与保险赔付情况的统计。可以看到，2020 年，美国的飓风劳拉和莎莉以及一起德雷乔风暴，导致北美洲的经济损失与保险赔付规模都是最大的（经济损失是全球的 51.8%，保险赔付是全球的 78.9%），遥遥领先于排名第二的亚洲。2019 年，受日本海贝思台风和东南亚洪水的影响，亚洲的因灾经济损失比北美洲多 212 亿美元，但保险赔付却比北美洲少了 89 亿元。北美洲和欧洲的巨灾保险赔付比例最近两年一直都在 30%以上，而亚洲及非洲的巨灾保险赔付离它们还有很大距离，由此反映了巨灾再保险发展上的不平衡。

表 7-7　2020 年世界各洲（地区）巨灾损失与保险赔付情况

地区	灾害数量/次	遇难人数/人	经济损失/亿美元	保险赔付/亿美元	保险赔付占经济损失比重
北美洲	83	478	1046	698	66.73%
拉丁美洲和加勒比地区	10	633	22	4	18.18%
欧洲	39	336	179	60	33.52%
非洲	37	1720	14	0	0

续表

地区	灾害数量/次	遇难人数/人	经济损失/亿美元	保险赔付/亿美元	保险赔付占经济损失比重
亚洲	96	4792	705	86	12.20%
大洋洲/澳大利亚	8	34	49	36	73.47%
海洋/空间	1	0	4	0	0
全球	274	7993	2019	884	43.78%

资料来源：Bevere 和 Weigel（2021）

表 7-8　2019 年世界各洲（地区）巨灾损失与保险赔付情况

地区	灾害数量/次	遇难人数/人	经济损失/亿美元	保险赔付/亿美元	保险赔付占经济损失比重
北美洲	87	212	447	272	60.85%
拉丁美洲和加勒比地区	20	946	119	52	43.70%
欧洲	45	328	136	54	39.71%
非洲	54	3 332	53	8	15.09%
亚洲	102	6 546	659	183	27.77%
大洋洲/澳大利亚	5	77	41	25	60.98%
海洋/空间	4	38	4	4	100%
全球	317	11 479	1 459	598	40.99%

资料来源：Bevere 等（2020）

实践中，各国基本都是因地制宜地发展适合本国灾情的巨灾保险，目前看到最多的是飓风保险，通常是附加在家庭或企业财产保险中；地震保险和其他类型灾害的保险相对少一些。另外，低收入国家的灾害损失中通常只有约 1%能获得保险的赔偿，这一方面是由于家庭和企业无力购买商业保险，另一方面也和人们对巨灾保险重要性的认识不够有关。即使在发达国家，家庭和企业在应对巨灾损失时通常也需要一定的政府救助，而不是完全依赖保险。

7.4.3　巨灾风险衍生品

因巨灾风险潜在的巨大损失，给经营巨灾保险的保险公司带来了巨大偿付能力危机，即使进行了再保险，全球保险业仍然面临偿付能力可能不足的问题。于是，保险公司、再保险公司都将目光转向了拥有数十万亿美元的资本市场，希望通过向资本市场“融资”，实现把巨灾风险转移至资本市场的目的。自 1992 年芝加哥期货交易所（Chicago Board of Trade，CBOT）首次发行巨灾期货至今，主流的巨灾风险衍生品包括：巨灾债券、行业损失担保（industry loss warranties，ILWs）、巨灾期货等。

专栏

巨灾风险证券化

1989 年开始，巨灾造成的损失快速增长。1992 年美国安德鲁飓风的保险损失为 155 亿美元，1994 年北岭地震的保险损失是 125 亿美元，仅这两项的总损失就达 280 亿美元。1989～1995 年的保险损失总额近 750 亿美元，比前 40 年平均损失的 5 倍还多。如此巨大的损失，使各国保险业认识到即使通过再保险集全球保险业之力来承担巨灾风险的资本，也难以承受数百亿，甚至上千亿美元的损失。因此，保险公司开始探索其他可以获取资本的渠道，当时最合适的莫过于资本量充足的资本市场。

巨灾风险证券化的产生需要有以下先决条件。一是当时的风险管理趋于将套期保值和公司的财务管理结合起来。一些熟悉资本市场和金融工具的人开始将目光投向资本市场，以求解决风险管理中存在的问题。二是当时金融衍生品市场快速发展，一方面产生了大量的投机需求，另一方面有发展对冲工具的需要。三是巨灾风险证券化是保险市场本身所需要的。保险公司对冲巨灾风险的传统工具是再保险，而巨灾再保险通常比其他套期保值产品的成本更高。四是巨灾风险相关信息质量有所提高且来源更加广泛。几个巨灾模型公司如 RMS、EQECAT 和 AIR Worldwide 都可以估计巨灾损失的情况，它们结合保险公司的模型，使巨灾损失的估计更加准确，促进了再保险业和新金融工具的发展。

20 世纪 90 年代以后，百慕大证券交易所、再保险经纪公司佳达（Guy Carpenter）先后编制了巨灾指数。最早的与自然灾害相关的证券化产品是 CBOT 于 1992 年推出的巨灾期货，1994 年又推出了巨灾期权，1996 年推出第一只自然巨灾保险连接证券（natural catastrophe insurance linked securities，Nat Cat ILS）。后来，保险业还研发和推出了更多与巨灾风险相关的金融衍生品，包括或有信贷额度、或有股权融通、信用关联票据、巨灾互换和天气衍生品等。其中，巨灾债券是知名度最高的巨灾融资工具。据全球巨灾债券主要发行商莱恩金融有限责任公司（Lane Financial Limited Liability Company）的统计，1996 年至 2020 年，全球已累计发行了 793 只 Nat Cat ILS，大部分 ILS 的平均期限为 3.3 年，累计为全球巨灾风险市场转移了总额为 10 582 亿美元的损失风险。2001 年至 2020 年，全球累计发行的 Nat Cat ILS 为 757 只，平均每年 37.85 只，且年度发行总额越来越高。这一方面与自然灾害发生频率和潜在损失越来越高有极大关系，另一方面也归功于巨灾建模公司对巨灾风险及损失的预测的不断优化改进，使得 ILS 市场成熟起来。

机构投资者对巨灾证券化产品表现出了较大热情，主要是因为巨灾证券化产品的收益和资本市场上的股票、债券等的收益不直接相关，使得投资者可以更好地分散风险，建立更有效的投资组合。另外，由于巨灾证券化产品的风险较高，其收益也相对其他证券高得多，这也为机构投资者增加了新的组合资源。

1. 巨灾债券

巨灾债券通过发行收益与指定的巨灾损失相联结的债券，将保险公司承担的部分巨灾风险转移给债券投资者。在资本市场上，需要通过一个称为特殊目的公司（Special Purpose Vehicle，SPV）的专门中间机构来确保巨灾发生时保险公司能得到及时的补偿，以及保障债券投资者获得与巨灾损失相联结的投资收益。巨灾债券的重要特征是有条件的支付，即根据赔偿性触发条件或指数性触发条件决定对投资人的支付。

图 7-7 给出了巨灾债券的支付结构。巨灾债券的交易牵涉到三个方面：债券投资者（债券购买人），保险风险分出人和特殊目的公司（债券发行人）。投资者从作为发行人的特殊目的公司那里购买债券，该特殊目的公司同时与分出人达成一项再保险协议。这类特殊目的公司通常是一个独立的、被公众持有的信托基金，并在离岸地区如开曼群岛或百慕大群岛获得了再保险业务执照，其唯一的目的就是从事与证券化相关的业务。因此，特殊目的公司有点类似于母公司为获得再保险服务而建立的单一自保公司。

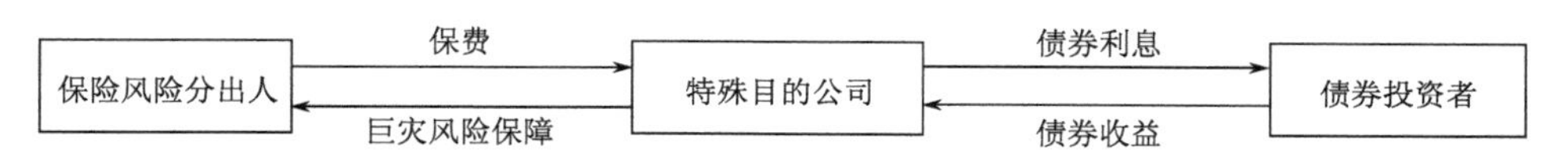

图 7-7　巨灾债券的支付结构

巨灾债券未来本金及债息的偿还与否，完全根据巨灾损失发生情况而定。即买卖双方通过资本市场债券发行的方式，一方支付债券本金作为债券发行的承购方，另一方则约定按期支付高额的债息给对方，并将未来巨灾损失是否发生以及损失的程度，作为后续如何付息及期末债券如何清偿的依据。图 7-8 描述了一个典型的巨灾债券交易的现金流时间表。

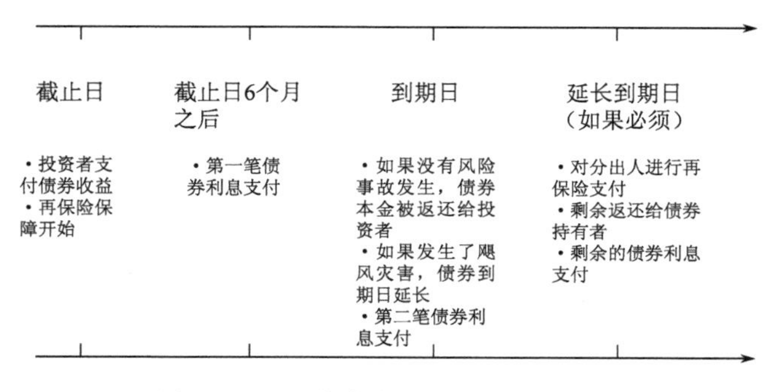

图 7-8　巨灾债券交易的现金流时间表

和传统再保险不同的是，保险人通过向资本市场发行巨灾债券而获得了“再保险”，这种做法的优点有以下七个。

（1）基差风险（basis risk）较低。与标准化程度较高的保险期货或期权相比，虽然巨灾债券合同标准化程度低，但其基差风险较低，使风险的转移更为完整。

（2）无信用风险。债券发行所募集的资本由 SPV 存入信托机构，仅在巨灾损失发生或债券到期后，才动用信托基金余额，买卖双方间的信用风险几乎不存在。

（3）增强了承保能力。巨灾债券的发行，能使资本市场的资金直接参与巨灾风险的承保，增强了巨灾保险市场的承保能力。

（4）稳定了市场价格。长期以来，传统巨灾再保险的价格相当不稳定，市场价格常因巨灾频繁而不断上涨，甚至无人愿意承保。巨灾债券的发行，能够有效稳定巨灾再保险市场的价格。

（5）巨灾债券为非衍生性产品。巨灾债券为一种债券，而非衍生性产品，可以作为寿险业、退休金或年金公司的投资工具，在监管法规的认定上，仅视为债券交易。

（6）能降低投资组合风险。巨灾债券为零贝塔（Zero-Beta）投资工具，不存在市场风险，根据投资组合理论，巨灾债券能降低投资组合的风险。

（7）根据承担的风险赚取合理的报酬。即完全按照投资者风险承担的程度给付利息。

相对而言，巨灾债券也有几个缺点。

（1）交易成本较高。由于巨灾债券交易涉及投资银行、财务担保、信托机构、精算与定价等，造成交易成本较高。

（2）可能影响股价。债券交易的细节容易造成相关信息的公布，可能影响风险承担公司股价的下跌。

（3）低投资杠杆。巨灾风险投资者必须提供 100%的担保。

（4）交易关系仅存在于合同期间，无传统再保险分出与分入公司间的良好长久关系，因此，所有的交易在期末终结，买卖双方间的关系亦同时终止，并无后续关系往来。

（5）投资者对巨灾风险不熟悉。并非所有的机构投资者都熟悉巨灾风险的合理价格，亦不了解财产保险损失赔款的计算，因此无法全面普及于资本市场的投资者。

2. 巨灾期货

1992 年 8 月安德鲁飓风的暴发，促使国际再保险市场积极寻求新的巨灾风险管理工具，从而推动了美国 CBOT 尝试开展巨灾保险衍生品的交易。同年 12 月

11 日，CBOT 首先推出了基于保险服务事务所（Insurance Service Office，ISO[①]）提供的投保损失赔付率指数的巨灾指数期货，开始了巨灾风险衍生品交易的第一次尝试，也由此拉开了保险风险证券化的序幕。

ISO 巨灾指数期货是以 ISO 损失赔付率指数为标的物，在未来特定时间以现金进行交割的远期合约，交割数量取决于巨灾事件的损失程度和当期保费收入等。巨灾期货的购买者为需要对冲巨灾风险的保险公司和再保险公司，出售者则为对冲基金等。巨灾期货突破了传统再保险转移风险的方式，带动了一系列巨灾保险衍生品如巨灾期权和巨灾互换的迅速发展。

巨灾期货作为一种巨灾风险管理的创新工具，具有一定的优势：它可以作为保险公司向资本市场转移风险的渠道，从而规避巨灾风险这种系统性风险，对传统再保险形成有力的补充；此外，在流动性较好的情况下，它还具有比传统再保险更小的信用风险和更低的交易成本，可成为较好的投机和投资产品。

但 ISO 巨灾指数期货运行时间并不长，最后不得不退出市场。究其原因，是期货合约本身设计上的缺陷，对合约购买方和出售方造成了诸多障碍。

（1）从合约购买方看：首先，ISO 指数仅选取了部分保险公司的数据，不能有效反映其他购买合约的保险公司的实际损失，基差风险较大，使一些保险公司难以有效地规避风险；其次，存在人为操纵和信息不对称的问题，这会对巨灾期货的购买者产生严重不利影响。

（2）从合约出售方看：首先，ISO 巨灾指数期货合约的潜在风险较大，投资者存在遭受巨大损失的可能；其次，期货合约的出售者可能对 ISO 指数如何计算并不十分了解，导致本身面临的风险过大。

3. 巨灾期权

1992 年推出巨灾期货后不久，CBOT 又于 1994 年引入了巨灾期权。巨灾期权是以巨灾损失指数为标的物的期权合同，包括看涨期权和看跌期权，它将某种巨灾风险的损失限额或损失指数作为期权合约的行权价格（亦称执行价格、敲定价格），涉及的损失风险既可以是某家保险公司的特定承保风险，也可以是整个保险行业的特定承保风险。保险公司在巨灾期权市场上缴纳期权费购买巨灾期权合同（通常是看涨期权），则当合同列明的承保损失超过期权的行权价格时，期权价值便随着特定承保损失金额的升高而增加，此时如果保险公司选择行使该期权，则获得的收益与超过预期损失限额的损失正好可以相互抵消，从而保障保险公司的偿付能力不受重大影响。

不过，巨灾期权的发展也不尽如人意。市场上先后出现过 ISO 巨灾指数期权、

① ISO 是美国的一家专门为保险业提供专业信息服务的机构。

PCS[①]巨灾指数期权、GCCI[②]期权和CME飓风指数期权[③]等，前三种产品都已相继退出了市场，目前只剩下CME飓风指数期权还在挂牌交易。

作为保险市场与资本市场相结合的标准化的场内交易产品，一方面巨灾期权具有交易成本低、道德风险低、信息透明度高、违约风险低等优点，可以提高再保险公司对巨灾风险的承保能力，成为再保险公司拓展风险转移渠道的有效工具。但另一方面，如何使巨灾期权的运作机制更便捷，定价模型更合理，市场认可程度更高，以及投资者的巨灾期权的专业知识更丰富，都是巨灾期权市场进一步发展需要解决的问题。

4. 行业损失担保

行业损失担保是一种特殊的再保险协议，与传统的超额损失再保险合约相似，也要事先确定合约涵盖的地域、灾害种类、赔付金额和有效时间等。与传统再保险最大的不同点是，它的赔付取决于两个触发条件：购买者的实际损失和整个保险行业的损失。只有两个条件被同时触发，购买此项协议的保险公司才能提出索赔。与第二个针对整个行业损失的触发条件相比，第一个针对购买者本身损失的门槛要求通常被设定得很低，远远低于行业损失。当行业出现整体损失时，通常表现为系统性风险，购买者本身也极有可能发生损失。这样，一旦整个行业损失达到一定水平，购买者的损失水平一定能满足触发条件。因此，行业损失担保的定价取决于巨灾事件发生的概率以及给整个行业所造成的损失，而不是像传统再保险那样取决于购买者本身的经营状况。第一个触发条件意味着行业损失担保实质上是一种再保险产品，但通常情况下，只有第二个触发条件才是合约谈判的重心所在。

行业损失担保和巨灾债券一样，都属于指数型巨灾风险管理工具。与建立在购买者的实际损失金额基础之上的再保险形式不同的是，它们的赔付主要由一系列行业损失指数来决定。但一般而言，损失指数与保险人的实际损失存在正相关关系。PCS根据其参与调查的保险赔偿案例，测算出行业损失总量，以此编制出行业巨灾损失指数，供各保险公司参考。国际上，瑞士再保险公司出版的*Sigma*杂志，慕尼黑再保险公司的NatCatSERVICE和英国保险协会等也都提供测算整个保险行业损失的服务。

行业损失担保的类型包括以下两种。

（1）“进行时”行业损失担保（Live Cat）。这类合同的签订与灾害事件的发

① PCS是美国财产理赔服务（Property Claim Services）机构的缩写。

② GCCI（Guy Carpenter Catastrophe Index）是由Guy Carpenter公司发布的一种巨灾指数。

③ 美国芝加哥商品交易所（CME Group）推出的一种指数期权。

生同时进行。这就要求灾害事件具有持续时间长的特点，以便为交易双方提供充足的时间进行谈判协商。例如，对于即将在美国南部沿海登陆的飓风，由于它给行业造成巨灾损失的概率大大提高，此类合同可以给保险公司带来“最后一分钟”的保护。显然，此种情况下，出售者要承担更大的偿付风险，其价格也相应更高。

（2）“过去时”行业损失担保（Dead Cat）。此类合同的签订发生在巨灾事件已经发生，但对整个行业造成的具体损失的金额还暂时未知的情况下。需要注意的是，有时候不能确定整个保险行业的损失是否由灾害仍在持续造成，如一场大地震之后间断发生的余震，尤其是级数较高的可能满足触发条件的余震。这种情况须归类为前一种“进行时”行业损失担保。

行业损失担保能够填补传统再保险合同的缺失所造成的空当，其市场发展潜力较大，曾一度成为世界各大保险公司补充传统再保险的主要方式。如表 7-9 所示，对需求方（购买者）来说，购买行业损失担保具有交易成本较低，交易简单方便，合同容易理解且不需要披露自身经营信息等优势；对于供给方（出售者）而言，提供行业损失担保不仅有较大利润空间，无须很多管理人员，而且可结合自身投资组合需求定责任，消除了发行风险。

表 7-9　行业损失担保的参与动机

购买者的参与动机	出售者的参与动机
1. 交易成本较低	1. 容易定价、发行和管理
2. 合同容易理解	2. 无须很多管理人员
3. 风险自留额较小	3. 容易进入保险市场
4. 不需要披露自身经营信息	4. 排除了较多巨灾损失的干扰
5. 定价更具有竞争性	5. 消除了发行风险
6. 可以弥补传统再保险的不足	6. 结合自身投资组合需求定责任
7. 覆盖面广	7. 有较大利润空间
8. 交易简单方便	8. 与资本市场的投资不相关

7.4.4　政府救助资金

政府财政提供的救助资金是最常见的灾后融资形式。当巨灾造成巨大经济损失后，政府通过调整财政预算，将预算资金更多地用于灾后应急救助和灾后重建。由于巨灾造成的损失通常巨大，财政的支持力度通常显得很有限。但财政救助资金仍然是重要且可以迅速到位的，在我国以及其他很多国家和地区，政府财政救助往往是应对灾害损失的最后防线，是使各种应急机制得以有效运作的资金保障。例如，2008 年汶川地震发生的当晚，中央财政就向四川省紧急下拨了综合财力补助资金 5 亿元和自然灾害生活补助应急资金 2 亿元[①]。

从我国的情况来看，一般当自然灾害发生后，如果有需要的话，政府将会立即动用“自然灾害生活救助”资金来进行灾害救助。2018 年以前“自然灾害生活救助”项目资金归类于“社会保障和就业支出”项目，2018 年成立应急管理部后，该项目经费预算被移至“灾害防治及应急管理支出”类。当灾害损失非常巨大并远超过灾害救助资金预算时，国家将动用应对紧急事件的“预备费”及可动用的其他资源（包括粮棉油等）。通常在受灾之初，政府主要是进行实物援助以满足应急需求，后续的资金援助将会在受灾地区恢复重建中起到更大的作用。

《中华人民共和国预算法》第四十条规定：“各级一般公共预算应当按照本级一般公共预算支出额的百分之一至百分之三设置预备费，用于当年预算执行中的自然灾害等突发事件处理增加的支出及其他难以预见的开支。”如表 7-10 所示，在2008年以前我国中央本级预备费提取额只有150亿元；由于灾害发生频率增加，2008 年的预备费提取额开始有较大增幅，2011 年及以后都提升至了 500 亿元，说明中央对应对灾害风险等一系列不可预测事件的重视。但从 2008 年开始，其他项目的财政预算支出规模越来越大，导致预备费占中央一般公共预算支出的比重呈

表 7-10　2007～2021 年中央一般公共预算支出及预备费支出情况

年份	中央一般公共预算支出/亿元	预备费/亿元	预备费比例
2007	26 871.08	150	0.56%
2008	34 831.72	350	1.00%
2009	43 865	400	0.91%
2010	46 660	400	0.86%
2011	54 360	500	0.92%
2012	64 120	500	0.78%
2013	69 560	500	0.72%
2014	74 880	500	0.67%
2015	81 430	500	0.61%
2016	85 885	500	0.58%
2017	95 745	500	0.52%
2018	103 310	500	0.48%
2019	111 294	500	0.45%
2020	119 450	500	0.42%
2021	118 885	500	0.42%

资料来源：根据历年《中国财政年鉴》整理

① 《财政部门积极发挥财政职能作用做好抗灾支持工作》，https://www.gov.cn/govweb/jrzg/2008-06/17/content_1019163.htm，2023-09-07。

降低趋势。财政应对巨灾风险的实力，就是预备费规模加上灾害救助资金预算后与实际灾害救助支出及最优灾害救助支出之间的差距。如果差距小，说明我国应对灾害风险的财政能力强；如果差距大，则说明能力弱。

另外，税收支持也是财政向灾后建设提供支持的一种形式，主要是指针对灾区的税收优惠政策。例如，1999 年我国台湾南投县发生“9・21”大地震后，台湾有关部门就对灾区内土地和建筑物减免了房屋税及地价税，为恢复重建提供了有力支持。2008 年我国发生汶川地震后，国务院于 2008 年 6 月 29 日发布了《国务院关于支持汶川地震灾后恢复重建政策措施的意见》，其中税收政策部分从促进企业尽快恢复生产，减轻个人税收负担，支持受灾地区基础设施、房屋建筑物等恢复重建，鼓励社会各界支持抗震救灾和灾后恢复重建，促进就业五个方面提出实行优惠政策。国家针对受灾企业的税收优惠政策涉及面广、幅度大，对于抗震救灾及灾后重建有重大的意义。各国灾后的税收政策优惠通常是暂时性的，一方面起到了支持灾区及时重建的作用，另一方面也不会长期对国家的税收政策产生过大影响。

7.4.5　社会援助

社会援助也是帮助受灾地区人民和企业应对灾害损失、恢复生产和生活活动的重要来源。社会援助的形式可以多种多样，我们在这里主要关注经济方面的援助，如资金、物资等方面的援助。

1. 来自国内的援助

我国自古以来就具有“一方有难、八方支援”的传统，每次重大灾害发生后，全国各地都会捐款捐物来帮助灾区人民渡过难关。以汶川地震为例，民政部 2009 年 5 月 12 日发布的第 140 号公告显示，截至 2009 年 4 月 30 日，共接收到社会各界抗震救灾捐款 659.96 亿元，加上实物捐助合计 767.12 亿元，已全部拨给灾区使用[①]。在这些捐助中，58%以上由政府接收，红十字会、慈善总会大约接收了 35%，具有救灾宗旨的公募基金会收到的捐助不到 6%（邓国胜等，2009），表明当时的捐助行动主要是由政府主导的。

在经历了汶川地震、玉树地震等多次自然灾害后，我国的慈善事业得到了大力发展，慈善性捐赠行为在我国日渐普及，灾后捐款也逐渐从政府主导过渡到市场选择。尤其是雅安地震后，民政部“第一次退出接收捐赠”，民间的壹基金的募款也首次超过了红十字总会而排名首位。2013 年 7 月 18 日，民政部和云南省

① 《民政部公告第 140 号——关于全国接收 5.12 汶川地震抗震救灾捐赠款物及使用情况公告》，https://www.66law.cn/tiaoli/79004.aspx，2023-09-09。

政府联合举办的“推进社会建设创新社会组织”座谈会上，云南省也公开宣布：“政府退出公益慈善募捐市场，除发生重大灾害外，不再参与社会募捐”，这意味着地方政府未来可能不再具有行政性募捐的权力。2016 年《中华人民共和国慈善法》的公布与施行，也为我国慈善事业健康发展提供了保障。截至 2020 年底，我国共有经常性社会捐赠工作站、点和慈善超市 1.5 万个，全年社会组织捐赠收入达 1059.1 亿元，是 2001 年的 255 倍（图 7-9）。

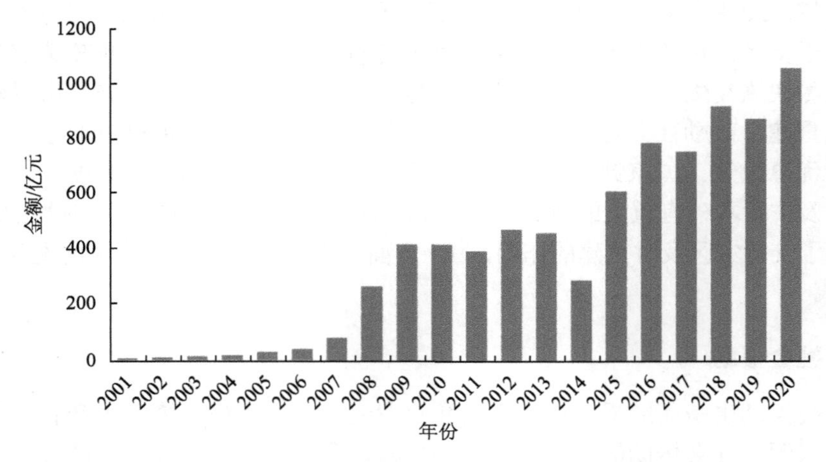

图 7-9　2001～2020 年全国社会组织捐赠收入统计

资料来源：历年民政事业发展统计公报

2. 国际援助

根据援助发起方的性质，国际上的援助可分为官方援助和非官方援助。官方援助主要是由外国政府、官方国际机构提供的；非官方援助一般是由非官方国际机构、私人慈善机构以及外国公民个人提供的。例如，汶川地震发生后，一些国家马上宣布了针对四川灾区的救灾援助。截至 2008 年 8 月 27 日，我国外交部及中国驻外使领馆、团共收到外国政府、团体和个人等捐资 19.19 亿元人民币[①]。

经济合作与发展组织、世界银行、国际货币基金组织等官方组织也会提供大量的灾后国际援助。一些地区性国际组织，如亚洲开发银行、加勒比开发银行等也会对灾后重建项目提供支持。其中，国际货币基金组织管理的外来冲击基金，能为低收入国家解决巨灾引起的暂时性国际收支不平衡问题。可以说，国际机构对易受冲击的国家和人民的援助日趋完善，但灾后援助的资金额度仍然经常没有

① 《外交部及驻外使馆接收捐款情况（截至 8 月 27 日）》，https://www.gov.cn/gzdt/2008-09/04/content_1087565.htm，2023-09-09。

达到联合国呼吁的标准，离真正达到完善还有一个很长的过程。援助过程中还会受到很多经济利益和地缘政治利益的影响，使得援助的合理性和公正性也存在问题。

7.4.6 对口援建

汶川地震后，值得总结的经验和启示有很多，其中很重要的一条就是具有中国特色的对口援建。2008 年 6 月 11 日，国务院办公厅印发《汶川地震灾后恢复重建对口支援方案》，组织国内 18 个省市对口支援四川省的 18 个重灾县（市）。各支援省市每年对口支援实物工作量按不低于本省市上年地方财政收入的 1%考虑。与此同时，四川省内的“配套工程”也迅速启动：除 6 个重灾市（州）和巴中市、甘孜州外，其余 13 个市（州）分别“牵手”13 个重灾县（区）的 1 个重灾乡镇，开展对口支援。由此，抗震救灾中形成的“一方有难、八方支援”的做法已经进入制度化、规范化、长效化的轨道，成为灾后重建的重要力量。

对口援建并不是一种新做法，而是自我国社会主义制度建立以来，就发挥了作用的一种在中央指导下、协调地方政府关系的制度。新中国成立后，各民族在政治上实现了平等，但在经济上还有一定差距。为了改变这种局面，解决区域发展和资源分布不均衡的问题，实现各民族经济上的平等，在 20 世纪五六十年代，中央政府在“全国一盘棋”思想的指导下，依靠计划经济体制对资源进行全国性调配，在各级国家机关的协调下，对经济落后地区采取帮扶措施。国家提出了“城乡互助，内外交流”的政策，组织地区之间的经济协作，主要是有计划地组织全国性商品流通和实现商品供求平衡。这种经济交流是在高度集中的计划安排下进行的，一般是发达地区对欠发达地区进行援助或借助于国家拨款援助的方式实现。虽然当时没有明确提出对口援建的概念，但一些地区的交流和协作已经形成相当的规模。1979 年中共中央在全国边防工作会议中第一次明确提出对口支援政策，经过 40 多年的发展，对口支援的范围和领域都取得了长足发展，从单纯经济上的对口支援转向人才、教育、干部等多领域的对口支援。在不断探索过程中，我国目前已形成了三种主要的对口支援模式：①援疆、援藏等对边疆地区的对口支援；②以西部大开发中的四大工程为代表的重大工程对口支援；③以对口支援汶川特大地震灾后恢复重建为代表的对灾害损失严重地区的对口支援。

2009 年 5 月四川省发展改革委的汇总数据显示，截至 2009 年 4 月 9 日，18 个支援省市已确定支援四川 18 个重灾县（市）项目 2375 个，确定援建项目总投资额 517.41 亿元，其中已到位援建资金 186.05 亿元，已开工援建项目 1175 个，已建成援建项目 198 个①，详细数据②见表 7-11。

① 《让灾区百姓早日过上美好生活——来自汶川地震灾后恢复重建对口支援的报告》，https://www.gov.cn/jrzg/2009-05/04/content_1304190.htm，2009-05-04。

② 由于资料来源不同，数据加总有一定出入。

表 7-11　汶川地震一周年时各省市援建工作情况统计

支援方	受援方	援建项目/个	总投资额/亿元	开工项目/个	竣工项目/个	完成投资/亿元
上海	都江堰市	89	40	89	52	
福建	彭州市	144	32.9	92	46	
辽宁	安县	108	29.42	27		8.82
重庆	崇州市	72	17	25	18	3.62
山东	北川县	171	28.27	141	22	12.25
黑龙江	剑阁县	148	11.74	95	19	
浙江	青川县	149	25.29	130	5	8.85
河北	平武县	43	13.2	26	4	4.03
广东	汶川县	548	47.82	140	21	9.4
安徽	松潘县	17	15.5	17	9	
北京	什邡市	39	47.9	25	2	
湖南	理县	51	9.86	22		
江西	小金县	42	13	38		
湖北	汉源县	116	20	111	29	
河南	江油市	295	27.6	202		5.24
山西	茂县	36	16.9	21	1	4.96
吉林	黑水县	21	12.9	21	3	2.5
江苏	绵竹市	219	74.8	117	49	7.44
天津	陕西重灾区	259	16.66	259	141	
深圳	甘肃重灾区	25	10.5	23	6	

资料来源：IUD 领导决策数据分析中心（2009）

对口援建是一种独具中国特色的资源协调和区域互助模式，是对“一方有难、八方支援”中国传统赈灾模式的制度化完善，是在政府全面统筹、企业和社会广泛参与基础上形成的灾后重建的长效机制。在改革开放 40 多年的过程中，在“全国一盘棋”的发展格局中，对口援建已经成为灾后重建的重要举措。

7.4.7　小结

根据上面的分析，面对巨灾损失和灾后重建的需要，政府、金融机构、社会组织、国际社会都会采取相应的损失融资项目和工具。若长期过分依赖灾后融资项目和工具，将很难保证巨灾风险管理的效率、效果及资金的充足性。主要原因有三点。一是灾后融资的时滞性。因缺乏事先的计划和资源准备，灾害发生后很难立即获得所需资金。各方面的救助款有时需要很长时间才能到位，这种延迟对生产和生活造成的负面影响往往会被放大。二是灾后融资的低效性。灾后融资由于是临时提出的，其规模大小有时取决于政治方面的考虑，而非经济上的考虑，且临时需要的资金往往会从其他计划或项目中挪用，这样就会产生较高的资金成本和对经济长期发展的负面影响。三是灾后融资的不充分。大多数发展中国家都面临财政支付能力上的约束，从而导致可提供的救助资金和重建所需要的资金之间产生较大缺口。在这种情况下，灾害会使贫困地区更加贫穷，进一步加剧受灾地区对融资的需要。

从近 20 年来国内外实践来看，不论是灾前用来分散风险的保险等金融工具，还是灾后的政府救助、国际国内援助、保险公司的赔付，都表现出了一些新的趋势：①更加强调防损减损，表现为实施和推广各种防损减损计划；②突出合作，表现为融资主体的多元化，保险市场和资本市场的融合等方面；③兼顾效率，表现在实行以风险为基础的费率，重视灾前融资，关注巨灾资金“流动性缺口”的管理等方面。需要明确的一点是，像中国这样一个大国，在巨灾发生时充分利用举国体制及国际援助固然是必要的，但建立符合我国实际情况、以市场为导向的巨灾风险融资体系也是不可替代的。

7.5　巨灾发生后资金需求特点的分析

巨灾风险管理具有过程性的特征，可分为灾前防御、灾中救援、灾后恢复以及灾后重建四个阶段。据此，在某个巨灾风险管理工作周期内很可能会因灾前资金储备不足而导致某阶段的资金出现前面提及的“资源性缺口”和“流动性缺口”。

如前所述，“资源性缺口”是灾前资金储备低于灾后资金需求所致，所以最直接的弥补方法就是增加灾前资金储备量。但如果在灾前增加财政预算中的灾害救济比重，势必要减小其他经济和社会发展所需的资金规模，这种机会成本是政府不愿接受的。据此，灾后融资工具就成了必不可少的选择。政府用于灾后重建的国内资金可来源于多方面，有中央财政预算再分配、新增税款、新发行国内债务以及累积的准备金等。但这种灾后融资策略同样具有很高的机会成本。比如，将预算进行再分配就是把先前定好划分到其他方面的资金挪作灾害应急及恢复支出，这就影响了其他方面的使用；灾后向资本市场发行新债，不仅会加重政府的债务负担，还可能大幅增加政府的债务融资成本；增加税赋则会抑制灾后对经济恢复十分重要的私人投资的动力。因此，政府也希望能通过市场化的风险转移工具来为弥补“资源性缺口”提供更多的融资可能。

“流动性缺口”是指虽然灾后救助资金总量可能匹配，但资金拨付和到位不及时的情况。要处理好“流动性缺口”问题，厘清巨灾风险管理各阶段（尤其是灾后）的资金需求特点和规律是必要前提。

（1）灾前防御阶段：此阶段的工作重点是，针对灾害可能造成的损失进行事先防范，尽量降低灾害导致的损失程度。此时，和安排灾后救助资金相关的是，需要根据对未来灾害损失的预测，准备好应对灾后损失的资金。这种灾前融资并非越多越好，因为任何资金都是有成本的，既有财务成本也有机会成本，所以需要把握好适当的灾前损失规模。

（2）灾中救援阶段（灾害发生后的 3 至 5 天，一般不超过 2 周）：此阶段的工作重点是救人，对资金需求的特点是：时间短、紧急，规模并不大，依灾种而定。比如地震等突发性灾害的资金需求会大些，而洪水等非突发性灾害的相应资金需求则相对小些。这一阶段是灾害发生后的第一个“十字路口”，这个阶段能否有效应对，将影响到后期灾害应对形势的走向，决定了能否成功减小灾害带来的巨大损失。

（3）灾后恢复阶段：此阶段的工作重点是尽快恢复基本的生活和生产条件，修复被灾害切断的基础设施，在紧急救援的基础上，为重建阶段做好准备。本阶段的资金投入将持续增加，以满足灾民的安置以及恢复灾后生产和生活的应急措施需要。

（4）灾后重建阶段：此阶段的投入将大幅度增加，目标是确保灾区人民基本生活水平恢复，甚至超过灾前水平。这一阶段的关键是如何从以政府投入为主转向政府引导、市场发挥基础作用；在政府投入中如何从以国家投入为主转向以地方为主，充分发挥地方的积极性、主动性。

根据以上描述可归纳整理出表 7-12。根据表 7-12 可知，灾前防御、灾中救援、灾后恢复以及灾后重建四个阶段是相互联系和影响的，只有做好前一阶段才能更有效地完成好下一阶段。灾前防御阶段要为灾中救援、灾后恢复和重建做好充分的资金和物质准备，准备做得好，灾后各阶段的工作就能更快捷地开展；灾中救援阶段工作做得好，能鼓舞民心、稳定社会，更好地开展恢复重建工作；灾后恢复阶段帮助受灾群众恢复基本生活，将有利于重建工作的全面有序展开；灾后重建阶段将进一步巩固救援与恢复的成果，重建期既可以强化灾害防御又可以有效抵御未来可能发生的灾害。鉴于以上特点，我们需要将不同的融资工具纳入灾害风险管理的全过程进行考察，寻求多种融资工具的有效组合。

表 7-12　灾害管理各阶段的工作与资金需求

阶段	灾前防御	灾中救援	灾后恢复	灾后重建
时间	灾前	灾后 0～14 天	5～90 天	60 天至未来几年
性质		纯公共产品	混合公共产品	
主导力量	政府	政府、社会	市场、政府、社会	政府、市场

续表

阶段	灾前防御	灾中救援	灾后恢复	灾后重建
主要任务	防灾 预测	抢救生命与财产	现金赠款 食物救助 恢复重要公共服务 创造临时就业机会 紧急需要评估	资产重置 基础设施项目 小额融资项目 中长期规划
任务特征	计划性	不确定性、突发性、紧迫性	紧迫性	可预测性、计划性
目标	科学准确预测和防御	伤亡损失最小化	社会福利最大化	回到灾前经济水平
具体工作内容	修建防护工程；预测灾害；灾前物资、资金储备	抓紧时间救人；打通道路，尽快通水、通电、通信；临时安置受灾群众	过渡性安置受灾群众，保障生存；恢复经济、社会秩序；进行必要的灾后清理和善后工作，为重建做必要准备；恢复重要的基础设施及公共供应系统；恢复交通运输、供给与分配物资；筹集与监督重建资金、制定产业恢复计划与政策	恢复企业、市场经济系统和城市设施，使经济水平恢复到灾前水平；通过所提供的大量就业机会，为受灾群众提供收入来源
资金需求特点	有计划的工程资金投入；按一定财政比例储备灾前物资	资金投入要求迅速、快捷，尤其需要救援性资源；主要依赖于灾前日常的储备，来源范围较广、动员面较大	以安置性投入为主（如安置房、食品等）；投入对象比较明确	建设性资金投入明显增加
资金投入	不确定	相对较小	逐渐加大	金额巨大
支持主体	政府体系	政府体系、社会体系	市场体系、政府体系、社会体系	市场体系、政府体系、社会体系
管理性质界定	常规管理	应急管理	应急向常规转化	常规管理
关注主体	经济、产业	个人、家庭	家庭、社区	产业、经济、生态

7.6　融资工具的比较与选择

在了解了资金缺口的定义及灾后不同阶段资金需求特点的基础上，我们将从成本和作用时效两方面对多项备选融资工具进行比较与选择。如前所述，我们可选用的融资工具有多种形式。但为便于分析，我们在此仅比较三种最为典型且来源不同的融资工具，分别是财政救助、（再）保险、巨灾债券。其他融资工具，除社会援助（慈善捐款）以外，大部分都是以上三种融资工具的变形。

7.6.1　融资工具的比较

1. 成本比较

此处所说的融资工具成本，既指直接产生的费用，也指可能会产生的机会成本。图 7-10 给出了财政救助、（再）保险以及巨灾债券的成本比较，其中横轴表示灾害造成的或有损失程度，从左向右依次为不严重、严重和非常严重三个档次，表示或有损失程度的逐渐加重；纵轴表示相应融资工具的成本。随着或有损失程度的增大，三类融资工具的成本都会不同程度地增加，只是在不同的损失程度阶段不同成本曲线的重叠顺序不同。第一，当或有损失程度不严重时，财政救助的成本相对最低，（再）保险的成本次之，巨灾债券的成本最高。这主要是因为，在灾害损失不大的情况下，财政可用预算中的救灾专款进行救济，成本较小；通过资本市场发行巨灾债券，会有较高的初始费用。第二，当或有损失程度严重时，财政救助的成本将超过（再）保险的成本，甚至会超过发行巨灾债券的成本，这主要是因为，如果灾害损失过大，在没有保险或资本市场等其他融资渠道的前提下，政府紧急调用其他财政资金救灾，不仅会对其他方面的建设造成挤出效应，还会带来财政赤字。第三，当或有损失程度非常严重时，政府财政救助的成本会远超巨灾债券和（再）保险的成本，而且此时（再）保险成本也可能因为偿付能力问题以及再保险市场容量及费率问题而上升，甚至超过发行巨灾债券的成本。经过这样的比较可发现，财政救助的成本变化幅度最快，尽管其最初的成本相对最低；资本市场融资即发行巨灾债券的成本较为稳定，尽管其初始成本较高。

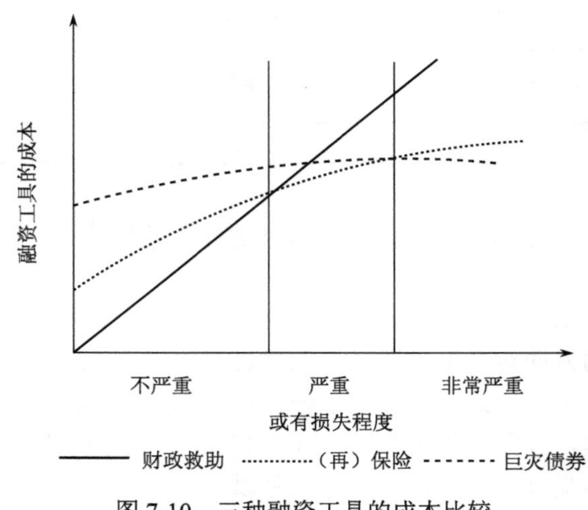

图 7-10　三种融资工具的成本比较

2. 作用时效比较

作用时效指的是融资工具开始产生作用的时间及可以影响救济的时间长度。其中，开始产生作用的时间即资金到位的时点，与该工具自身的运作程序相关。运作程序越简单，资金就越容易及时到位。可以影响救济的时间长度则与工具可筹集到的资金规模有关，筹到的资金越多，可发挥作用的期限相应越长，反之则越短。根据现有研究，灾前融资工具因属于主动融资行为，其开始产生作用的时间要早于灾后融资工具；但因受灾害预测技术约束及机会成本的限制，财政救助等典型灾前融资工具不可能筹到很大规模的资金，进而也影响到其救济时间长度。以我国汶川地震时的情况为例，财政资金和社会捐赠是震后救助和恢复重建的主要来源。在地震发生后的“黄金救援 72 小时”，中央财政共拨付了 11.1 亿元资金用于紧急救助[①]。后来随着急救工作的逐步展开，受灾民众的基本生活急需得到援助，中央财政从 2008 年 5 月 15 日起至 5 月 20 日，连续 6 天以每天超过 11 亿元的规模向灾区拨付财政资金，如图 7-11 所示。在地震发生初期，中央财政承担了紧急救助的大部分资金，这印证了中央财政资金可及时到位的特点。在地震发生后的三年里，中央政府又陆续从财政资金中筹集了共计 3026 亿元用于恢复重建，这些资金的使用有很大一部分是以挤出其他领域的资金为代价的。另外，据新闻报道，从图 7-1 中可以看出，捐款拨付在紧急救助中起到了较明显的作用，图中的阴影显示其每天拨付的规模甚至大于地方财政的拨付规模。但从图 7-11 中

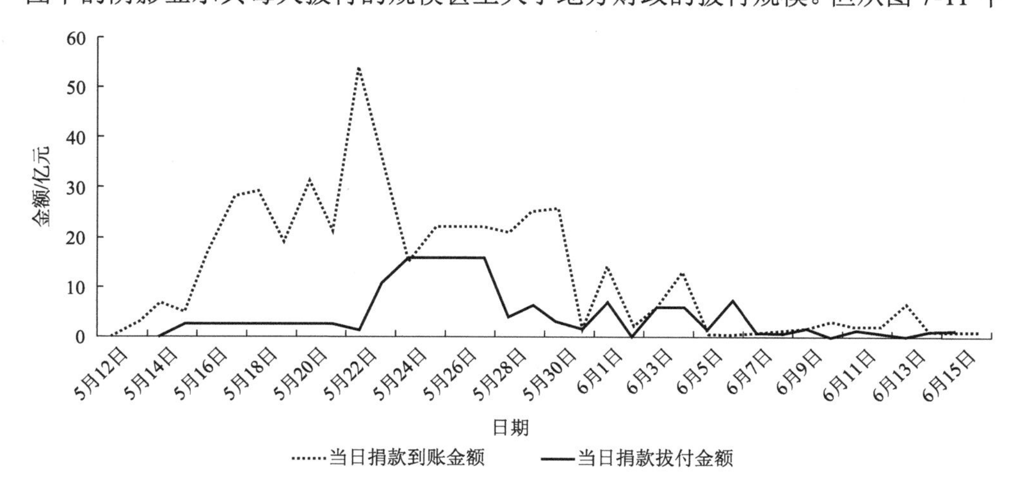

图 7-11　汶川地震发生后 5 周内每日的捐款到账及其拨付金额变化情况

资料来源：根据汶川地震发生后民政部公布的新闻数据整理

① 《中国中央财政已累计下拨抗震救灾资金 11.1 亿元》，https://www.chinanews.com.cn/cj/gncj/news/2008/05-15/1250262.shtml，2023-09-09。

可以发现，社会捐款虽然可以迅速筹集，但在规模上充满了不确定性，虚线表示的当日捐款到账金额在地震发生后的 10 天内增幅明显，但后来就慢慢归于平淡；而且，由于从捐款收集到资金拨付需要一定的运作过程并要遵照捐款管理部门的用款规划，所以捐款不可能“现收现付”，也不可能完全拨付。

表 7-13 列出了常见融资工具及其多种表现形式在各方面的比较，包括成本乘数、时效以及可获资金量。显然，采用不同融资工具各有利弊。比如：①从成本乘数角度看，慈善捐款（救济）的成本乘数最小，但因其是从其他地方获得的，无法保证可获资金量的确定性，且不能在灾害发生后马上得到，需要一个筹集过程；②从时效角度看，应急预算、公共储备金以及预算再分配等政府救助类资金可以在灾害发生后立刻到位，但因可获资金量较小，可发挥的时效也较短；③从可获资金量来看，传统保险、巨灾衍生品等融资工具都可以筹得较为可观的资金，但缺陷在于成本较高。

表 7-13 巨灾风险融资工具的比较

融资工具	成本乘数	时效/月	可获资金量
慈善捐款（救济）	0～1	1～6	不确定
慈善捐款（恢复与重建）	0～2	4～9	不确定
应急预算	1～2	0～9	较小
公共储备金	1～2	0～1	较小
预算再分配	1～2	0～1	较小
应急债务便利	1～2	0～1	中等
国内借款（增发国债）	1～2	3～9	中等
国外信贷（紧急贷款，发行外债）	1～2	3～6	较大
参数保险	≥2	1～2	较大
新型风险转移工具（巨灾债券、巨灾衍生品）	≥2	1～2	较大
传统保险	≥2	2～6	较大

注：成本乘数是指相应转移融资工具的所耗成本是其所预期损失规模的一定乘数

7.6.2 融资工具的组合

鉴于上述工具在成本、作用时效等方面的差异，并基于灾害风险管理各阶段资金需求的特点，我们尝试构建了一个整合多个融资工具的综合体系，以发挥不同融资工具的最大功效。在这个综合体系中，多项融资工具多层有序排列，如图 7-12 所示。

由于巨灾风险事件的一个重要特点是发生频率低、损失程度高，即发生频率通常与损失程度成反比。如图 7-12 所示，我们以发生频率为纵轴，以救助期、恢复期、重建期三阶段为横轴，标注出不同融资工具应处的位置。基本的分布原则是：成本较低、稳定性较强的应置于损失较低且需求较为紧急的阶段；成本较高、资金到位时间较迟的应置于损失较高但需求不太紧急的阶段。

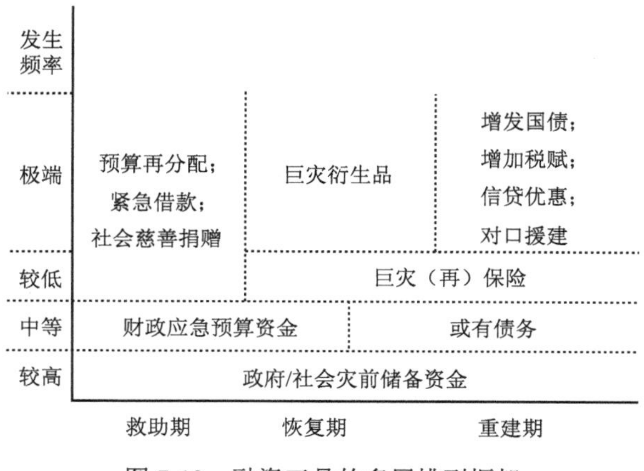

图 7-12　融资工具的多层排列框架

具体而言，第一，当灾害发生频率较高（如不少于 20 年一遇）时，往往损失不会太大，此时用事先安排或积累好的政府/社会灾前储备资金来承担，既便于将救灾工作日常化，也可以激励全民积极防灾。第二，当灾害发生频率中等（比如介于 20 年至 30 年一遇）时，其导致的损失可能会让政府/社会灾前储备资金无法完全满足救助期和恢复期的需求，只能启用财政应急预算资金来度过灾害发生后最初的紧迫时期；在随后的恢复期和重建期，因损失还不算特别大，动用灾害保险恐增加理赔勘查的成本，建议对此阶段所需资金可在灾前与金融机构签署或有债务合约，借助其低成本的贷款完成重建活动。第三，当灾害发生频率较低（如不超过 50 年一遇）时，原有的政府/社会灾前储备资金和财政应急预算资金可能都很难满足紧急救援阶段的资金需求，此时需要考虑将预算再分配、紧急借款以及社会慈善捐赠利用起来，而在恢复期、重建期应注意发挥巨灾（再）保险的作用。第四，如果是极端灾害（比如超过百年一遇的），其导致的损失也会非常巨大，灾害发生后恢复期、重建期的资金需求规模显然不是传统灾害保险或再保险所能完全承受的，恢复期需要考虑通过巨灾衍生品的渠道筹集资金，而在重建期因资金需求规模巨大，所以还可以考虑启用增发国债、增加税赋、信贷优惠以及对口援建等方式，将无法分散至全球保险市场和资本市场的损失部分于国内消化。

按照如上思路，可排列出如图 7-12 所示的融资工具的多层排列框架。这种立体且综合的排列方式有多种益处：一是可有针对性地满足不同灾害风险管理阶段的资金需求；二是也可有效控制巨灾保险中的道德风险问题，引导人们对灾害保险的正确需求；三是有利于拓宽保险公司应对灾害风险的融资渠道，提高供给灾害保险的积极性；四是可减轻政府民政救助的负担，降低灾害准备基金的机会成本。

值得注意的是，以上多层排列框架只是一种理想状态，现实的融资体系不需要严格按此框架来排列。因为每种融资工具的应用都有特定前提，比如要想获得紧急借款需要与财力雄厚的金融机构事先签好协议，发行巨灾衍生品需要成熟的资本市场，组织对口援建需要有一个强有力的政府。所以，现实中构建最优的融资体系需要对以上框架进行简化处理。

7.7 基于成本的最优融资策略

如前所述，灾前融资的成本要低于灾后融资，且资金规模更稳定。在此，仅讨论灾前融资的问题，这不仅依赖于金融工程技术，还需要强大的数据模拟软件。前面虽然已对三种主要的灾前融资工具做了成本方面的定性比较分析，但这并不适用于具体的融资策略安排，也无法让我们得到多层融资中各层的具体数据。因此，本节主要在量化三种融资工具成本的基础上，讨论不同成本情况下的融资策略安排，为填平“资源性缺口”提供有弹性和实际操作性的量化指导建议。

7.7.1 融资工具的成本分析

本节所分析的融资工具是目前相关研究中提及较多的三种融资工具：巨灾保险、巨灾债券和巨灾储备基金，其中巨灾保险和巨灾债券是风险转移工具，巨灾储备基金则是风险损失的跨期分摊工具。

1. 巨灾保险

在有效的巨灾保险市场中，假设保险人的利润为0，则保费由如下部分组成：

保费=预期损失+管理成本附加+风险附加

假定巨灾保险的最大或有损失为L，令$\tilde{l}$为随机发生的巨灾损失，则巨灾保险的或有损失$\min(\tilde{l},L)$不会超过L，巨灾保险的预期损失也不会超过L。保险成本是保费扣除预期损失后的部分，可表示为

$$P(L)=g\left[\sigma(L)\right]+d(L) \tag{7-10}$$

其中，$g\left[\sigma(L)\right]$为巨灾风险安全附加，代表了保险公司对巨灾风险$\sigma(L)$的厌恶程度；$\sigma(L)$为L的标准差，是L的增函数①；$d(L)$为巨灾保险运营成本（包括承保成本和核保理赔成本）。式（7-10）意味着保险成本与最大或有损失L有关。假

① 假设巨灾保险的预期损失$E(L)$不变，巨灾保险的最大或有损失发生的概率为p_L，则有$\sigma(L)=\sqrt{p/(1-p)}\times(L-E(L))$，即$\sigma(L)$为$L$的增函数。

设保险公司是风险厌恶型的保险主体，则有 $g'(\cdot)>0$ 和 $g''(\cdot)>0$，即巨灾风险附加 $g(\cdot)$ 随风险 σ 的增大而增大，且增速也是递增的。根据微观经济学的一般原理，保险公司的边际运营成本呈现“U”形特征，即 $d'(\cdot)>0$，$d''(\cdot)$ 在 L 未达到某个规模以前小于 0，在此规模之后大于 0。因此，当 L 不够大时，$d''(L)+g''(\sigma(L))<0$；当 L 足够大时，$d''(L)+g''(\sigma(L))>0$。又由于 $d'(L)$ 和 $g'(L)$ 都大于 0，即巨灾保险的边际成本 $P'(L)$ 呈现出“U”形特征。

2. 巨灾债券

从巨灾债券的设计原理看，其成本应等于交易成本与资本成本之和减去合约中规定的已经发生（或预期）的免于偿还的本金和/或利息。令巨灾债券的发行触发点为 L_0，则其发行金额为 $L-L_0$，融资成本可表示为

$$\begin{aligned}B(L)&=\frac{r_B}{1+r}(L-L_0)+T(L-L_0)-\frac{1+r_B}{1+r}E(1_{\tilde{l}>L_0})(L-L_0)\\&=\frac{r_B}{1+r}(L-L_0)+T(L-L_0)-\frac{1+r_B}{1+r}E(1-F(L_0))(L-L_0)\end{aligned}\tag{7-11}$$

其中，r_B 为巨灾债券的利率[①]；r 为无风险市场利率；$L\times r_B/(1+r)$ 为资本成本；$T(L)$ 为发行巨灾债券的交易成本，包括发行手续费用、抵押担保费用、信用评级和资产评估费用等。交易成本随 L 增加而增加，但其增加的幅度会逐渐降低，即 $T'(L)>0$，$T''(L)<0$。$1_{\tilde{l}>L_0}$ 为示性函数，当损失 $\tilde{l}$ 大于触发点 L_0 时，$1_{\tilde{l}>L_0}=1$，为无须偿还巨灾债券的本金和利息；当巨灾损失 $\tilde{l}$ 小于触发点 L_0 时，$1_{\tilde{l}>L_0}=0$，为仍需偿还巨灾债券的本金和利息。令巨灾损失的累积分布函数为 $F(l)$，则有 $E(1_{\tilde{l}>L_0})=\Pr(\tilde{l}\geqslant L_0)=1-F(L_0)$。

对式（7-11）两边求 L 的一阶导数，可得

$$B'(L)=\frac{r_B}{1+r}+T'(L-L_0)-\frac{1+r_B}{1+r}(1-F(L_0))\tag{7-12}$$

其中，因发行巨灾债券的边际成本非常高，我们可推断出 $B'(L)>0$。对式（7-11）两边求 L 的二阶导数，可得 $B''(L)=T''(L)<0$，即通过巨灾债券融资的边际成本是单调递减的。

3. 巨灾储备基金

由于划拨到巨灾储备基金的资金也可以用于其他方面的公共支出，所以通过这种方式进行融资的成本可理解为政府投资其他项目的机会成本。储备总量为 L 的巨灾储备基金，其成本可表示为

① 一般来说，巨灾债券为零息债券，为了便于分析，本章将其转化为利息率为 r_B 的固定利率债券。

$$S(L)=\frac{r_g-r}{1+r}\times L \tag{7-13}$$

其中，r_g为政府投资其他项目的预期收益率。

4. 最优化问题

考虑到可能存在的道德风险问题，政府、保险公司不可能对任何损失都全额补偿，往往会设置一个起赔点$\underline{L}$，损失不超过$\underline{L}$的部分由受灾个体自己承担。在预计最大损失为$\overline{L}$的基础上，融资决策的目标是：确定能覆盖高于$\underline{L}$、低于$\overline{L}$的损失补偿资金的融资策略，并使融资成本最低。鉴于需要融资的规模$[\underline{L},\overline{L}]$可能较大，我们将其分解为有限数量的层级。为便于计算，假设每层仅使用一种融资工具。如果层级$[L,L+\varepsilon]$（$\varepsilon>0$）足够小，该层的预期融资成本如下。

若选择储备基金：

$$\frac{r_g-r}{1+r}\times(L+\varepsilon)-\frac{r_g-r}{1+r}\times L=\frac{r_g-r}{1+r}\times\varepsilon$$

若选择巨灾保险：

$$P(L+\varepsilon)-P(L)=P'(L)\times\varepsilon$$

若选择巨灾债券：

$$B(L+\varepsilon)-B(L)=B'(L)\times\varepsilon$$

对比同层不同融资工具的成本，与L相关的最小边际成本的融资工具即为本层最优的融资选择：

$$\min\left\{\frac{r_g-r}{1+r},P'(L),B'(L)\right\} \tag{7-14}$$

7.7.2 最优巨灾风险融资策略安排

接下来，我们通过一些图形来直观阐述如何选择最优的融资计划。为了方便分析，我们有如下假定。

（1）巨灾保险边际成本最小值为c'，即$c'=\min(P'(L))$。

（2）由于巨灾债券融资的边际成本是L的单调递减函数，因此在$[\underline{L},\overline{L}]$范围内最小的边际成本为$\underline{c}=\min(B'(L))=B'(\overline{L})$。

（3）在$L=\tilde{L}$处巨灾保险和巨灾债券的边际成本相等，即$P'(\tilde{L})=B'(\tilde{L})=c''$。

（4）巨灾储备基金的边际成本$s=(r_g-r)/(1+r)$。

根据$\underline{c}$、c'、c''以及s的大小排列，最优巨灾风险融资策略可以分为以下四种情形来讨论。

情形 1：较高的巨灾储备基金成本，$s>c''$。

如图 7-13 所示，巨灾储备基金是损失区间 $[\underline{L},L_1]$ 中边际成本最低的融资工具，巨灾保险是损失区间 $[L_1,\tilde{L}]$ 中边际成本最低的融资工具，巨灾债券则是损失区间 $[\tilde{L},\bar{L}]$ 中边际成本最低的融资工具。所以，$s>c''$ 时最优风险融资结构如图 7-14 所示：利用巨灾储备基金来应对规模为 $\underline{L}$ 到 L_1 之间的损失，用巨灾保险来应对规模为 L_1 到 $\tilde{L}$ 之间的损失，用巨灾债券来应对规模为 $\tilde{L}$ 到 $\bar{L}$ 之间的损失。

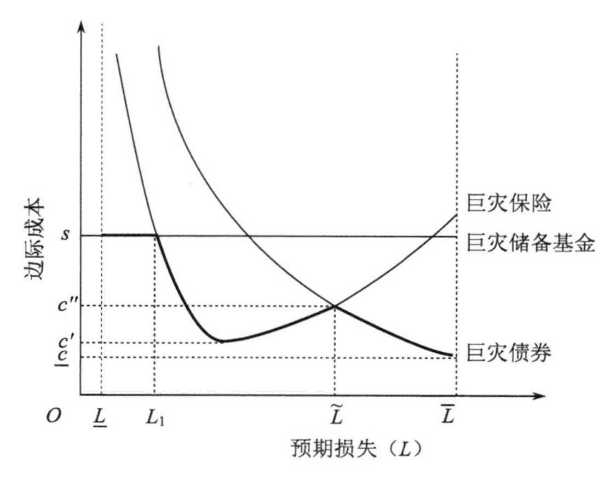

图 7-13　$s>c''$ 时各融资工具边际成本比较

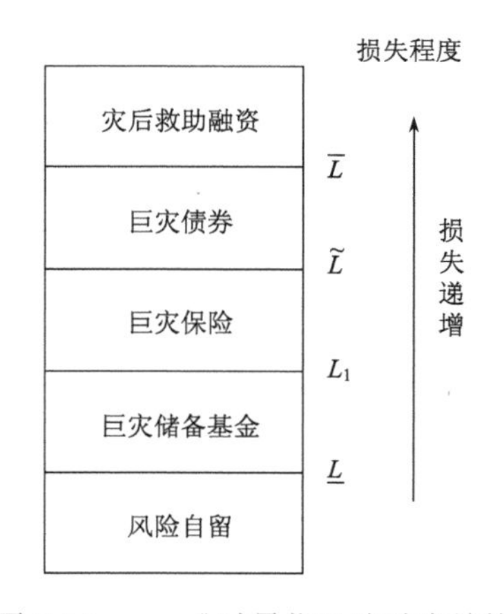

图 7-14　$s>c''$ 时最优风险融资结构

情形 2：中等偏高的巨灾储备基金成本，即 $c''>s>c'$。

如图 7-15 所示，在 $[\underline{L},L_{2a}]$ 和 $[L_{2b},L_{2c}]$ 两个区间段，巨灾储备基金的边际成本最小；在 $[L_{2a},L_{2b}]$ 区间段，巨灾保险的边际成本最小；在 $[L_{2c},\bar{L}]$ 区间段，则是巨灾债券的边际成本最小。因此，$c''>s>c'$ 时最优风险融资结构如图 7-16 所示：使用巨灾储备基金来应对规模为 $[\underline{L},L_{2a}]$ 和 $[L_{2b},L_{2c}]$ 两个区间段的损失；使用巨灾

保险来应对规模为 L_{2a} 到 L_{2b} 之间的损失；使用巨灾债券来应对规模为 L_{2c} 到 $\overline{L}$ 之间的损失。

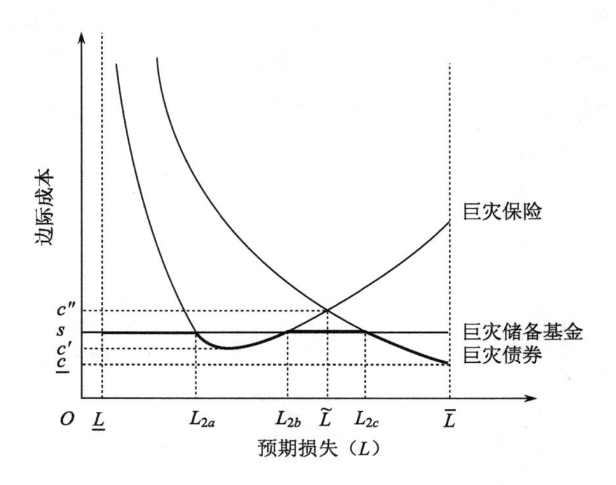

图 7-15　$c''>s>c'$ 时各融资工具边际成本比较

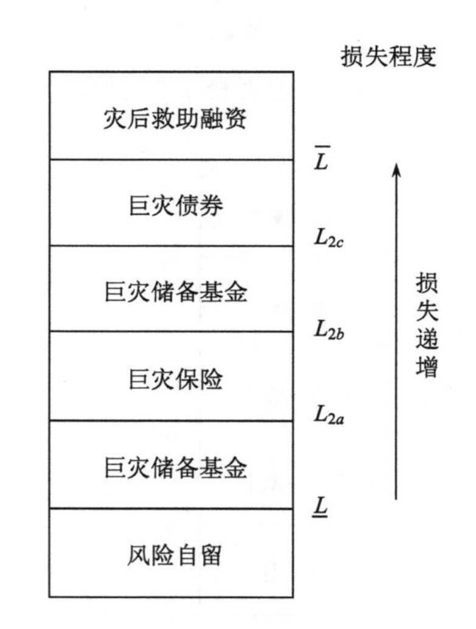

图 7-16　$c''>s>c'$ 时最优风险融资结构

情形 3：中等偏低的巨灾储备基金成本，即 $c'>s>\underline{c}$ 。

如图 7-17 所示，不管发生多大的损失，巨灾保险相对于其余两种融资工具而言，都没有边际成本方面的优势；在 $[\underline{L},L_3]$ 区间段，巨灾储备基金的边际成本低于巨灾债券，而在 $[L_3,\overline{L}]$ 区间，巨灾债券的边际成本则低于巨灾储备基金。因此，如图 7-18 所示，政府此时宜采用巨灾储备基金来应对总额在 $\underline{L}$ 到 L_3 之间的损失，

而总额在 L_3 到 $\overline{L}$ 之间的损失靠巨灾债券来应对。

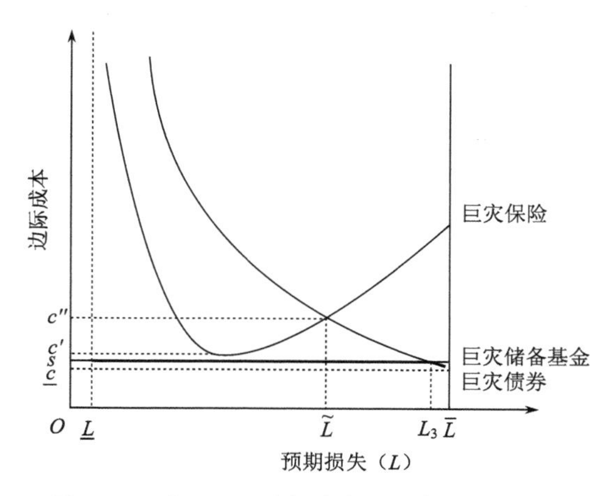

图 7-17　$c' > s > \underline{c}$ 时各融资工具边际成本比较

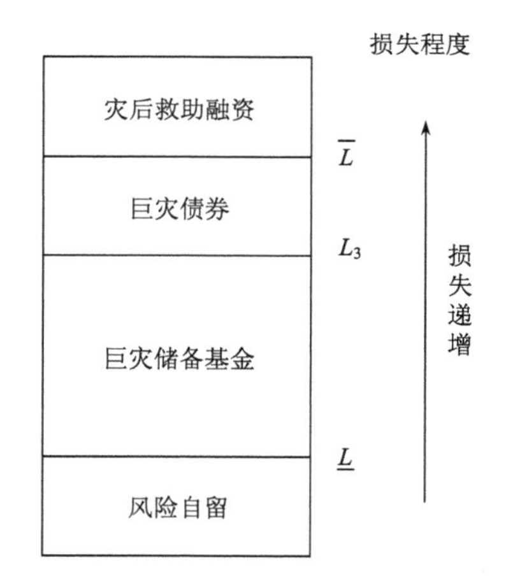

图 7-18　$c' > s > \underline{c}$ 时最优风险融资结构

情形 4：低巨灾储备基金成本，即 $\underline{c}>s$。

如图 7-19 和图 7-20 所示，由于在损失 $L \in [\underline{L}, \overline{L}]$ 区间段中的任何一点，巨灾储备基金的边际成本都是最小的，因此，最优的融资安排就是仅采用巨灾储备基金。实践中我们也观察到，的确有很多国家仅采用巨灾储备基金作为唯一的灾害损失融资工具。所以，当政府有足够的财政能力，且投资的收益不是很高时，就满足如上所述的条件，此时可选择仅用巨灾储备基金作为灾前融资工具。

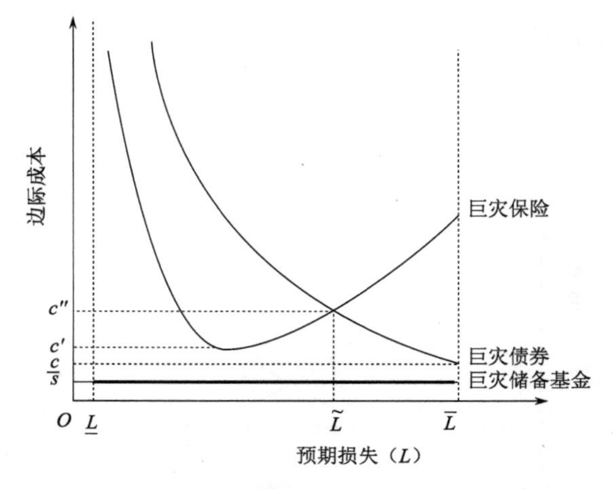

图 7-19　$\underline{c} > s$ 时各融资工具边际成本比较

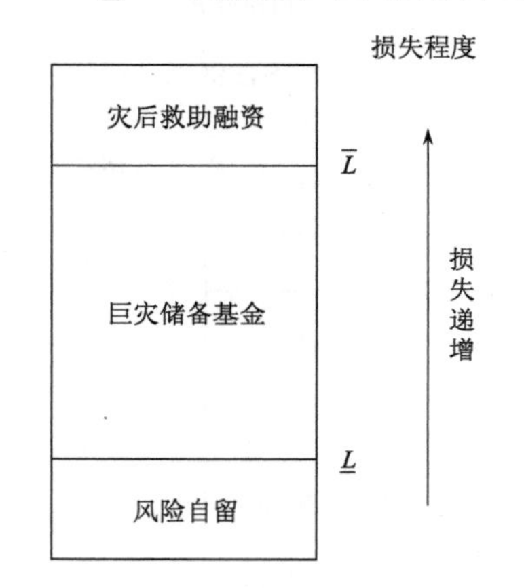

图 7-20　$\underline{c} > s$ 时最优风险融资结构

7.7.3　参数估计

1. 巨灾保险参数估计

一般而言，边际成本会呈现先递减后递增的特征，所以此处假定保险公司的运营成本为三次函数，即 $d = d_0 + d_1 \times L + d_2 \times L^2 + d_3 \times L^3$；关于保险公司运营成本函数的参数为 d，我们从中国保险行业协会网站中的保险公司年度信息披露板块中，搜集了 7 家财产保险公司①2008～2018 年的相关数据，用赔付支出作为预期

① 这 7 家财产保险公司分别为：中国人民财产保险股份有限公司、中国人寿财产保险股份有限公司、太平财产保险有限公司、中华联合财产保险股份有限公司、中国大地财产保险股份有限公司、中国平安财产保险股份有限公司、中国太平洋财产保险股份有限公司。

损失的代理变量，用营业税金及附加手续费支出以及业务及管理费用三者之和作为营运成本的代理变量估计出了参数 d 。豪斯曼（Hausman）检验没有拒绝随机效应假设。利用随机效应面板数据模型，我们的估计结果如下①：

$$\hat{d} = -0.0006 + 0.7292^{***} \times L - 0.0140^{***} \times L^2 + 0.0003^{*} \times L^3$$
$$(0.1359)\quad (0.0832)\qquad (0.0053)\qquad (0.0002)$$

关于巨灾风险安全附加成本，考虑到巨灾风险安全附加成本的特征，即巨灾风险安全附加成本随着损失额 L 的增加而增加，且其边际成本也是递增的，因此，本部分将其设定为幂函数形式，即 $g(L) = g_1 L^{g_2}$ ，其中 $g_1 > 0$ ， $g_2 > 1$ 。对 $g(L) = g_1 L^{g_2}$ 两边同时取对数可得

$$\ln g(L) = \ln g_1 + g_2 \ln L$$

一般来说，保费由三部分组成：预期损失、管理成本附加和风险附加，我们将扣除掉赔付支出和成本附加后保费收入的余额作为安全附加的代理变量。同样利用前文中 7 家财产保险公司 2008～2018 年的相关数据，估计出我国财产保险的风险附加的相关参数。Hausman 检验没有拒绝随机效应假设，利用随机效应面板数据模型，我们对上式导出的计量模型进行估计，结果如下②：

$$\ln \hat{g}(L)_{it} = -0.6845^{***} + 1.0535^{***} \times \ln L_{it}$$
$$(0.0614)\quad (0.0970)$$

计算得出 g_1 为 0.5043。即对一般财产保险而言，其风险附加为 $g(L) = 0.5043 \times L^{1.0535}$ 。对于巨灾风险而言，由于对其风险的相关信息掌握更不完备，在存在着模糊性厌恶的情况下，其风险附加一般都会高于一般的财产保险产品，因此我们设定 $g_1 \geqslant 0.5043$， $g_2 \geqslant 1.0535$。

综上，巨灾保险的边际成本为

$$P'(L) = \frac{\partial \hat{d}}{\partial L} + g_1 g_2 L^{g_2 - 1} = 0.7293 - 0.0280 \times L + 0.001 \times L^2 + 0.5313 \times L^{0.0535} \tag{7-15}$$

2. 巨灾债券参数估计

假定巨灾债券交易成本为二次函数形式，即 $T(L) = t_0 + t_1(L - L_0) + t_2 \times (L - L_0)^2$， $t_1 > 0$ ， $t_2 < 0$ 。由于无法获取中国资本市场上债券的发行成本，在这里，我们用 IPO 的发行费用和募集金额所估计出的交易成本的相关参数来代替巨灾债券的交易成本。利用中国 A 股市场 2000～2020 年 IPO 的相关数据，通过股

① 括号中的数值为估计值的标准误差，*表示显著性水平为 0.1，***表示显著性水平为 0.01。

② 括号中的数值为估计值的标准误差，***表示显著性水平为 0.01。

票市场来募集资金 I 的交易成本函数 $\hat{C}(I)$ 为

$$\hat{C}(I) = 0.0398 + 0.9572^{***} \times I - 0.0489^{***} \times I^2$$
$$(0.2938)\ (0.3601)\qquad (0.0173)$$

根据上述估计结果，我们有 $t_1 = 0.9572$， $t_2 = -0.0489$。

现有对巨灾风险概率分布的相关研究发现，伽马分布是对巨灾损失拟合得最好的概率分布。因此，我们假设巨灾损失服从形状参数为 α，尺度参数为 β 的伽马分布，即 $f(l) = l^{\alpha-1}\beta^{-\alpha}\mathrm{e}^{-l/\beta}/\Gamma(\alpha)$， $l > 0$。

关于巨灾损失分布的相关参数，我们以 2010 年 GDP 为基准点计算出了如果按照 2010 年的 GDP 规模，我国将会发生的以 2010 年价格计算的自然灾害损失规模，即表 7-14 中的经济损失为：实际直接经济损失=名义直接经济损失/GDP 平减指数×100。

表 7-14　中国自然灾害的经济损失

年份	名义直接经济损失/亿元	GDP 平减指数	实际直接经济损失/亿元	年份	名义直接经济损失/亿元	GDP 平减指数	实际直接经济损失/亿元
1993	933	45.64	2 044	2007	2 363	87.92	2 688
1994	1 876	55.03	3 409	2008	11 752	94.63	12 419
1995	1 863	62.42	2 985	2009	2 524	93.96	2 686
1996	2 882	66.44	4 338	2010	5 340	100.00	5 340
1997	1 975	67.11	2 943	2011	3 096	108.05	2 865
1998	3 007	66.44	4 526	2012	4 186	110.07	3 803
1999	1 962	65.77	2 983	2013	5 808	112.99	5 140
2000	2 045	67.11	3 047	2014	3 379	114.15	2 960
2001	1 942	68.46	2 837	2015	2 704	114.15	2 369
2002	1 717	69.13	2 484	2016	5 033	115.75	4 348
2003	1 884	70.47	2 673	2017	3 019	120.65	2 502
2004	1 602	75.84	2 112	2018	2 645	124.87	2 118
2005	2 042	78.52	2 601	2019	3 271	126.49	2 586
2006	2 528	81.21	3 113	2020	3 702	127.27	2 909

资料来源：《中国统计年鉴》、《中国民政统计年鉴》、世界银行数据库

根据这个测算结果，1993～2020 年，如果以 2010 年的 GDP 规模测算，中国自然灾害的平均损失为 3458.1 亿元；样本方差为 384.217。由于伽马分布的期望值为α，方差为$\alpha\beta$，将中国自然灾害的平均损失作为伽马分布期望值的估计值，将样本方差作为其方差的估计值，本书测算出$\alpha = 3.1125$，$\beta = 11.1105$。为了方便计算，我们将α取值为 3，将β取值为 11。此时，$F(L_0) = 1 - \left(1 + \frac{L_0}{15}\right)\mathrm{e}^{-\frac{L_0}{15}}$。

巨灾债券的发行利率较高，平均发行利率为 5%～10%，在这里，我们将巨灾债券的利率设定为r_B=0.075。同时，将十年期国债收益率作为r的代理变量。根据中国中央结算公司《2020 年债券市场统计分析报告》，我国十年期国债 2020 年的年末收益率为 3.682%，即r=0.036 82。

将上述参数代入到巨灾债券的边际成本中可得

$$
\begin{aligned}
B'(L) &= \frac{r_B}{1+r} + T'(L - L_0) - \frac{1+r_B}{1+r}[1 - F(L_0)] \\
&= 1.0295 - 0.0978 \times (L - L_0) - 1.0368 \times \left(1 + \frac{L_0}{11} + \frac{L_0^2}{242}\right)\mathrm{e}^{-\frac{L_0}{11}}
\end{aligned}
$$

为了保证$B'(L) > 0$，巨灾债券的触发点必须大于 4.2091。一般而言，巨灾债券的触发点比较高，以美国为例，其以三级自然灾害为触发点，综合考虑之下，我们将触发点设置为$L_0 = 5$，因此有

$$
B'(L) = 0.7298 - 0.0978 \times L \tag{7-16}
$$

3. 巨灾储备基金的边际成本

巨灾储备基金的边际成本由政府投资其他项目的预期收益率r_g和无风险市场利率r决定。政府投资的收益从经济意义上来讲指的是政府每增加一单位的投资所带来的经济增长，也就是说r_g为投资乘数与经济增长率的乘积。根据我国 2000～2021 年的数据，测算出我国的边际消费倾向为 0.5 左右，也就是说，我国的投资乘数为 2。在这里，我们用 2019 年的经济增长率作为经济增长率数据，因此有$r_g = 0.06 \times 2 = 0.12$。

因此，我国巨灾储备基金的边际成本线为

$$
S'(L) = \frac{r_g - r}{1 + r} = 0.0802 \tag{7-17}
$$

7.7.4　我国巨灾风险融资的最优结构安排

根据式（7-15），我们可得巨灾保险的最小边际成本为 1.1437，在L=1271.95 亿元处，高于巨灾储备基金 0.0802 的边际成本，更进一步地，在关于巨灾保险安

全附加的估算中，本书利用的是一般财产保险的安全附加参数，而巨灾保险将会有更高的成本和边际成本，巨灾储备基金的边际成本相对而言更低。因此，在我国，利用巨灾保险来对巨灾风险进行融资并不是最优的选择，可能的原因在于其安全附加和成本附加过高，无法提供比巨灾储备基金更低的成本。如果要使巨灾保险在我国能够成为巨灾风险的有效融资工具，降低足够的成本附加和安全附加是一个选择。第二个选择是给予巨灾保险补贴，使保险公司所承担的巨灾保险运营成本降低，这样才有可能促使其边际成本低于巨灾储备基金的边际成本。

令 $B'(L)=S'(L)$ 可得

$$0.7298-0.0978\times L=0.0802$$

解上述方程，可得 $L=6.6421$ 。由于巨灾债券的边际成本是单调递减的，而巨灾储备基金的边际成本是固定不变的，因此，巨灾债券边际成本线与巨灾储备基金边际成本线只有一个交点。在交点左侧，即在 $L\in[\underline{L},6.6421)$ 的范围内，巨灾风险可以完全由巨灾储备基金来融资；在交点右侧，则由巨灾债券来融资。同时，我们也可以将 600 亿元作为巨灾债券触发机制的触发点。实际上，2008 年，我国政府支出的自然灾害救济费高达 609.8 亿元，因此相对目前我国财政支出对巨灾的救助能力而言，600 亿元的灾害储备基金规模也在其可承受的范围之内。

从上述分析中可知，当前，我国最优的巨灾风险融资结构应当属于情形 3，即巨灾风险融资在损失额在 0 到 664.21 亿元的范围内由巨灾储备基金来融资，而高于 664.21 亿元的部分则由巨灾债券来融资。由于巨灾保险成本过高，对我国而言，巨灾保险无法成为我国巨灾风险的最优融资工具。如果要使巨灾保险在风险融资中发挥作用，必须先降低其运营成本。

7.8　中国多层次巨灾风险融资体系的构建

7.8.1　目标与原则

建立国家巨灾损失融资体系的基本目标应该是：在灾害发生后，能够有充足的资金进行临时救助，保证受灾民众的基本生活需要；更高级目标应该是：能够在巨灾发生后对受灾居民进行经济补偿，通过这种补偿支持灾区的恢复重建。

遵照风险治理中“利益共享、责任共担”的思想，巨灾损失融资体系的建立应遵循下列基本原则。

（1）充足性：能够为巨灾后的紧急救援、灾区恢复重建提供较充足的资金。

（2）基础性：所筹集的资金主要用于满足受灾民众的基本生活需要，不承担超过基本水平的损失补偿。

（3）及时性：救灾资金的分配、审批、拨付要做到高效、及时，必要时可以特事特办、急事急办，先进行应急拨款，后办理结算手续。

（4）可持续性：应能维持财务的长期稳健性，不会出现较大资金缺口。这就需要做好巨灾风险分析，构建巨灾损失预测模型，并能将巨灾风险准备金进行长期积累。

（5）成本可接受性：对于整个社会和政府来说，建设和管理巨灾损失融资体系的成本是可以接受的。

（6）激励性：损失融资体系的建设要有助于促进防损减损措施的实施，激励居民主动减灾，如鼓励对房屋和基础设施以更加有助于抗灾的方式去建造等。

另外，在建立巨灾损失融资体系时，还要注意以下两点。

（1）损失融资体系的建设和管理应充分利用保险市场和资本市场分散巨灾损失，将这两个市场作为巨灾损失融资的重要来源。

（2）损失融资体系的建设和管理应符合我国现行的文化传统、道德观念，以及国民对政府的预期。

7.8.2　多层次巨灾风险融资机制

虽然在本书前面的论述中我们已经得出了需要政府与保险公司合作进行巨灾损失融资的结论，但不同融资工具成本的分析结果告诉我们，我国当前完全利用巨灾保险完成对损失的融资是不现实的，应该建立的是一个多层次的巨灾风险融资机制。为此，本书从巨灾保险市场逐步完善的角度，建立了两个阶段的巨灾风险融资机制。

如图 7-21 所示，在多层次巨灾风险融资机制Ⅰ中，首先由政府注资成立一个专门的巨灾风险基金，将政府以往的灾害损失准备金、灾后救助款发放等事务分离出来。巨灾风险基金的资金来源主要是财政注资以及往年资金的结余，其还可

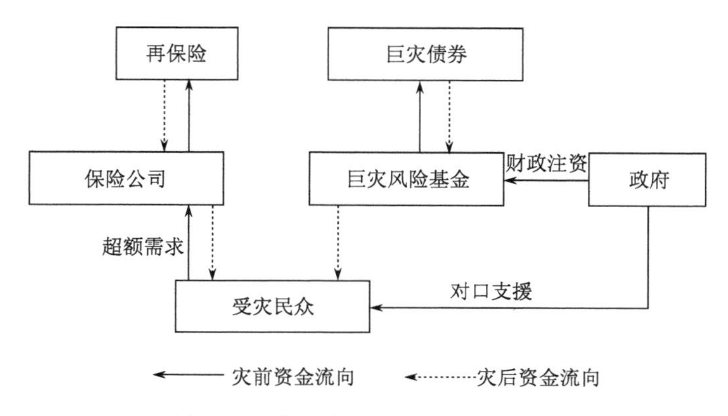

图 7-21　多层次巨灾风险融资机制Ⅰ

以通过发行巨灾债券等方式从资本市场融资。灾害发生后，巨灾风险基金根据受灾情况，可及时向受灾民众拨付基本救济款、支付应急救援的费用等。

在这种融资机制中，巨灾风险基金是核心，政府负有较大责任，保险公司承担超过基本救济水平的保障责任。当然，要使该体系能顺利建成，需鼓励保险公司开展巨灾保险的经营业务，提高其承保巨灾风险的积极性和技术能力。

随着保险公司在经营巨灾保险方面经验的积累和能力的提高以及我国民众对巨灾保险认识的提高，可以考虑将巨灾保险纳入巨灾风险融资机制中，见图 7-22。由于实施了巨灾保险，巨灾风险基金又多了很大一部分资金来源，且利于商业保险的销售，可以让保险公司代理销售基本部分的巨灾保险并负责灾后的救济赔付，在紧急情况下，保险公司甚至可以先发放基本救济水平部分的赔付，后面再补上超额部分。

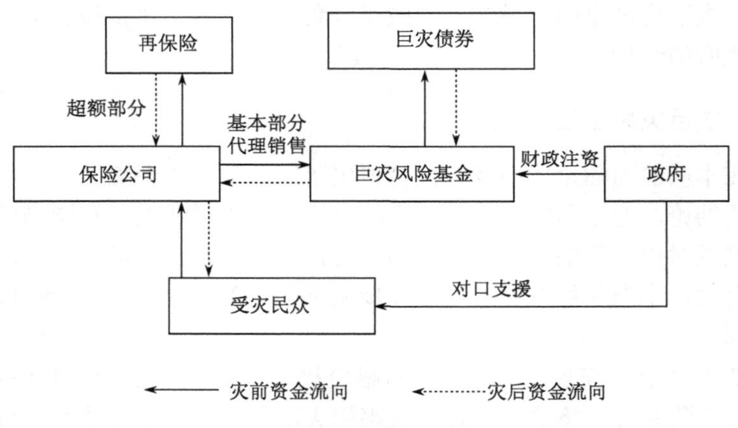

图 7-22　多层次巨灾风险融资机制 II

第8章　巨灾保险制度设计与实践——以地震保险为例

8.1　地震保险制度设计

在研究和设计地震保险方案之前，首先需要进行地震保险的制度设计。制度是用来支配特定范围内个体行为的具有持久性的社会秩序结构或机制，制度的制定应能体现社会所希望实现的目标，应能通过调节个体的行为规则而超越个体的意愿。根据对制度概念这一理解，我们认为：地震保险制度的设计应明确与地震保险相关的各利益主体的权利和义务及各主体间的相互关系，规范各利益主体的行为。在研究确立我国地震保险制度时，必须回答的几个基本问题是：建立地震保险制度的经济学基础是什么？我国需要建立一个什么样的地震保险制度？是政府主导的还是市场主导的？是强制的还是非强制的？是政策性的还是商业性的？这样一个保险制度的基本运行机制是怎样的？

8.1.1　地震保险的经济分析

1. 地震风险的特点及地震保险的关联主体

1）地震风险的特点

A. 损失大

地震的发生往往会伴随巨大损失，特别是如果发生在人口稠密及经济发达地区，损失数目更是惊人。据统计，21世纪以来全世界因地震死亡的人数达100多万人，占各种自然灾害死亡人数的54%，平均每年造成的经济损失高达数十亿美元。据有关资料记载，1556年中国陕西华县的里氏8.0级地震，死亡83万人；1976年中国河北唐山的里氏7.8级地震，死亡24万多人；2008年中国四川汶川的里氏8.0级地震，死亡将近7万人。

B. 概率低，突发性强

与其他类型的巨灾事件相比，可能造成重大损失的强烈地震发生的概率一般比较低，对很多地区来说，都是几十年甚至数百年一遇。同时，地震的发生往往十分突然，持续时间往往只有几十秒钟，但在短暂时间内就会造成大量房屋倒塌和人员伤亡，这是其他自然灾害难以比拟的。

C. 难以预测

目前科学技术的发展水平还难以在地震发生前对其做出准确预报。因此，对地震风险的防范主要还是靠提高建筑物的抗震标准，这不仅需要大量资金的投入，还需要技术的支持。因此，对地震灾害的防御，比其他类型的灾害更加困难。

2）地震保险的关联主体

建立地震保险制度是应对地震风险的有效方式之一。但由于地震风险的特殊性，开展地震保险业务要比普通财产和人身保险业务复杂得多，涉及的关联主体也多得多。一般来看，和地震保险有关的主体包括：①面临地震风险的个人和企业（简称为风险个体）；②保险公司；③政府；④银行及其他债权方。

A. 风险个体

风险个体是与地震保险关联最大的群体，其积极主动或消极被动的应对巨灾的态度会对其是否愿意接受地震保险具有重要影响。例如，一些已在地震带区域内从事生产和生活活动的风险个体，可能是因为没有意识到或者是低估了地震风险，也或许是因为财力所限等原因，主观上并不愿意购买地震保险。事实上，在灾难没有发生之前，很多人都会觉得发生灾难的可能性非常小，通常会侥幸地认为“这样的事不可能让我撞到”，于是便较少采取防损减损措施或购买相关保险。

B. 保险公司

保险是对地震灾害造成的损失进行补偿的一种财务安排，是灾后生产和生活得以继续的重要保证。首先，从世界范围内应对地震风险的经验来看，地震保险是一项重要的应对地震风险的非工程性措施，它对减轻政府财政负担、帮助制定合理的土地开发规划和建筑标准、提高人们的防灾意识及灾后重建都具有重要意义。离开了保险的支持和保障，在地震带区域内的任何投资都将面临极大的风险。

其次，从心理角度看，对灾害中的受灾者来说，是根据保险协议接受保险公司的赔偿还是等待政府部门的救济，其心理上的感受是完全不同的。保险公司便捷快速的赔偿能更快地抚平由灾害造成的心灵创伤，使人们在灾后不至于束手无策，而是能用自己的力量来进行震后的修复与重建。

不过，保险也会对防灾措施的采取造成某些负面效应。例如，一些被保险人购买了地震保险后，会从心理上感到已经把灾害风险转移给了保险公司，开始缺少了风险意识，对防灾减灾的措施也不再那么重视了，从而影响了防灾减灾的总体效果。

尽管近 30 多年来保险业服务的领域不断扩大，很多国家已经出现了包括地震在内的自然巨灾保险。但整体上看，巨灾保险产品的提供并不充分，有能力提供巨灾保险产品的保险公司数量并不多，适合普通风险个体投保的险种也不多，这也在一定程度上抑制了风险个体对巨灾保险的需求。

C. 政府

政府作为社会风险的主要管理者和最终责任人，其很多部门的职责都和地震保险具有关联性，其中直接关联较大的部门有：财政部门、应急管理部门、中国地震局、保险监管部门、地方政府等。

a）财政部门

财政部门和地震保险的关系可以从两方面看。首先，如果地震保险能得以较充分发展，当重大地震灾害发生后，保险公司能提供适当充分的人身和财产损失方面的经济补偿，这将会大大降低受灾个体对政府财政救济的依赖性；同时还可以降低政府的救灾支出在时间和数额上的不确定性。因此，地震保险在灾后的经济补偿作用的发挥减轻了政府财政用于救灾的压力，减低了救灾资金支出的波动性，有利于政府财政支出的可预见性和稳健性。

其次，发展地震保险通常离不开政府的支持，政府支持的方式可以多种多样。从国际相关经验看，政府在财政支持方面的作用大致体现为：①建立由政府财政出资的巨灾风险基金，承担地震风险再保险人的角色；②给予投保人特别是个人和低收入人群一定的购买地震保险的保费补贴；③对企业、个人在防损减损方面的支出给予必要的税收优惠，对经营地震保险业务的商业保险机构给予必要的税收优惠。

b）应急管理部门①

从我国政府赋予应急管理部门的基本职能看，应急管理部门在地震发生后，承担着应急救援和灾害救助这两方面的职能。首先，要组织协调地震应急救援工作，指导协调地质灾害防治相关工作，组织重大地质灾害应急救援。其次，要承担灾情核查、损失评估、救灾捐赠等灾害救助工作，拟订应急物资储备规划和需求计划，组织建立应急物资共用共享和协调机制，组织协调重要应急物资的储备、调拨和紧急配送，承担中央救灾款物的管理、分配和监督使用工作，会同有关方面组织协调紧急转移安置受灾群众、对因灾毁损房屋恢复重建的补助和对受灾群众生活的救助。

根据以上对应急管理部门工作职能的阐述，不难发现保险公司可以发挥多方面的作用。

首先，保险赔偿资金通常可以在灾后迅速到位，既可以减轻政府筹集救援资金的负担，也可以保证时间上的及时性。

其次，保险机构在灾情核查、损失评估方面具有较强的专业优势，可以辅助政府有关部门做好受灾情况的评估。

最后，政府应急救援和灾后救助所需要的资金也可以考虑通过由政府作为购

① 在 2018 年应急管理部成立之前，救灾的职能是由民政部门承担的。

买人投保相关保险的方式获得，从而减轻政府在救援和救助方面支出的负担，降低不确定性。

c）中国地震局[1]

在地震风险管理方面，中国地震局一直有着举足轻重的作用。从和地震保险可能发生关联的视角，可以发现中央政府赋予中国地震局的主要职责有以下几项。第一，拟定国家防震减灾工作的发展战略、方针政策、法律法规和地震行业标准并组织实施。第二，组织编制国家防震减灾规划；拟定国家破坏性地震应急预案；建立破坏性地震应急预案备案制度；指导全国地震灾害预测和预防；研究提出地震灾区重建防震规划的意见。第三，制定全国地震烈度区划图或地震动参数区划图；管理重大建设工程和可能发生严重次生灾害的建设工程的地震安全性评价工作，审定地震安全性评价结果，确定抗震设防要求。第四，依照《中华人民共和国防震减灾法》的规定，监督检查防震减灾的有关工作。第五，承担国务院抗震救灾指挥机构的办事机构职责；对地震震情和灾情进行速报；组织地震灾害调查与损失评估；向国务院提出对国内外发生破坏性地震做出快速反应的措施建议。第六，指导防震减灾知识的宣传教育工作。

根据以上对中国地震局工作职责的阐述，不难发现其和地震保险具有多方面的关联。

首先，地震保险机构利用其在承保、损失评估方面的专业优势，可以协助政府有关部门制定地震灾害预防方面的规划和抗震设防要求。

其次，地震保险机构可以协助政府有关部门对承保的单位、家庭的生产和生活设施（主要是房屋）的防震减灾情况，如安全标准、落实程度等进行评估、指导和监督。

再次，地震保险机构利用其在研制开发巨灾损失模型方面的专业优势，可以对地震风险损失进行事前评估，从而为政府有关部门制定防震减灾计划提供必要的参考。

最后，地震保险机构可以利用其在灾后损失评估方面的技术和经验，协助政府做好地震的灾后损失评估。

d）保险监管部门

保险机构通常要在保险监管部门的监督管理下开展业务，相关监管政策和制度规定会直接影响到风险个体可获得的巨灾风险保障程度。

巨灾保险的供给与保险公司的偿付能力水平紧密相关。若保险公司出现偿付能力不足的问题，被保险人将失去保险保障，蒙受经济损失；同时保险公司的正常经营也将无法维持，进而会对整个经济和社会稳定产生较大冲击。所以保证和

[1] 2018 年成立应急管理部后，中国地震局成为应急管理部的一个部署单位。

提高保险公司的偿付能力是保险监管工作的核心。但监管部门对保险公司偿付能力的较严格的监管标准，也会导致巨灾保险供给的减少或保险价格的上升，不利于巨灾保险的发展。所以，监管部门需要在积极鼓励发展巨灾保险和要求保险公司保持适当偿付能力方面做出权衡。

此外，保险监管部门还要面对保证保费的可承受水平以及保险可获得性方面的政治压力。为了平衡保持偿付能力和保障消费者利益的目标，监管部门一方面应按照法律相关要求，鼓励（甚至强制）人们积极充分投保；另一方面，对保险公司在价格制定、核保等方面提出明确要求和规定标准，并协调政府其他有关部门建立好保险公司的风险转移分散机制，尽量减少传统巨灾保险的“市场失灵”问题。

e）地方政府

我国地方政府在灾害管理中的职能分工与中央政府相似，但地方政府的行政方式和关注重点会直接影响当地的防灾效益。

首先，地方政府掌握着土地使用权。如果新建设项目有遭受严重的自然灾害风险损失的可能，政府有权禁止其开工。但在实际操作中，一些地方政府为了保持当地经济增长，很可能会批准一些项目在有较高地质风险的土地上开工。

其次，在保证基本建筑法规标准的有效实施方面，地方政府也具有至关重要的作用。如果灾害多发地区的建筑法规“执行不力”，就会招致很多本可避免的灾害损失。例如，在我国成灾的地震事件中，民房损失以农村土木结构房屋损失为主，主要是因为大部分农村地区土木房屋抗震性能低，建筑材料质量较差，房屋结构不合理。

从地方政府和地震保险的关联看，我国多地的实践表明，由于地震灾害的区域性特点，以及地方政府在灾害救助方面承担的一定责任，地方政府通常都会较为积极地支持地震保险的发展，而且在很多地区还出现了政府出面购买地震保险的现象。当发生地震灾害后，地方政府可以用获得的保险赔偿金补贴当地民房的损失，修复受损的公共基础设施等。这种做法在国内外都已经存在，政府成为巨灾保险的直接购买者应该说还是一个较新的事物，需要进一步总结经验。

D. 银行及其他债权方

地震灾害还会威胁到银行的正常运营。除自身营业网点等会受到直接损失外，银行最担心的是贷出的资金在灾后能否按时按量收回，其中特别是住房抵押贷款的收回。一般来说，个人和企业在向银行申请贷款时，通常需要以一定财产作为抵押物，在贷款未还清之前，借款人只对这部分财产享有有限的所有权。一旦借款人因某些原因无法按时按量归还贷款，其作为抵押品的财产就会用来偿还银行的债务。

以贷款买房为例，银行有时会要求将借款人是否购买了相关保险，如人身保险、作为抵押物的房屋的财产保险等，作为其是否可获得按揭贷款的必要条件。

银行的这一要求相当于将自身面临的巨灾损失转嫁给了保险公司，保证了自身利益；同时，也可达到强制或鼓励借款人主动防损减损的目的。因此，住房地震保险的设立，会有助于对银行等从事房屋抵押贷款机构的利益的保护①。

2. 地震保险的供给分析

1）承保标的的地域分布对供给的影响

保险人承保标的会来自不同地区，以两个地区为例，若以 x_1 和 x_2 分别表示两个地区可能发生的损失的金额，则两个地区总损失金额的方差为

$$\mathrm{Var}(x_1+x_2)=\mathrm{Var}(x_1)+\mathrm{Var}(x_2)+2\sqrt{\mathrm{Var}(x_1)\times\mathrm{Var}(x_2)}\times\mathrm{Corr}(x_1,x_2) \tag{8-1}$$

其中，$\mathrm{Var}(\cdot)$ 为相应随机变量的方差；$\mathrm{Corr}(x_1,x_2)$ 为 x_1 和 x_2 的相关系数。式（8-1）说明，在每一地区损失方差一定的情况下，不同地区损失之间的相关性对总损失的方差有重要的作用。我们知道，巨灾带来的影响往往是大面积的，对相邻地区往往会同时造成巨大损失，即相邻地区的损失之间具有较高的相关性。这就需要承保众多具有较高损失间相关性的保险标的的保险人必须预留较多的资本金，从而抑制了保险人承保巨灾风险的积极性。

2）损失发生的不确定性对供给的影响

有两个非常重要的因素决定了保险人在承保巨灾风险上的困难：损失发生的不确定性和可能的巨大程度。首先我们来看不确定性的影响。

我们知道，巨灾事件发生的概率极低，因此要想准确估计其期望损失是非常困难的。对于一些发生概率较大的损失事件如火灾、车祸等，保险公司通常可以较准确地估计其风险特征。像台风、洪水、地震这些风险，发生的时间、地点都有很大的不确定性，保险公司往往需要依靠气象专家、水文专家、地震专家的知识、经验来进行风险评估。

经过国际上对很多承保师和精算师的调查，当风险事件发生的概率不明确时，他们非常不愿意承保，或将收取和风险事件发生概率较为明确的标的物相比高得多的保费。Kunreuther 等（1995）随机选取了 190 家保险公司的 896 个承保师进行了调查，试图了解如果要对某个可能遭受严重地震损失的工厂承保财产保险的

① 中新网 2008 年 5 月 23 日报道："据中国银监会网站消息，为减轻四川汶川等地受灾地区人民群众的债务负担，为抗震救灾和恢复重建创造有利条件，根据国家有关金融企业呆账核销政策，日前，银监会就银行业金融机构做好汶川大地震造成的呆账贷款核销工作发出紧急通知。通知要求，金融机构对借款人因地震无法偿还的债务应认定为呆账，并及时予以核销。通知指出，各银行业金融机构要根据《金融企业呆账核销管理办法（2008 年修订版）》的规定，对于借款人因本次地震造成巨大损失且不能获得保险补偿，或者以保险赔偿、担保追偿后仍不能偿还的债务，应认定为呆账并及时予以核销；对于银行卡透支款项，持卡人和担保人已经在本次灾害中死亡或下落不明，且没有其他财产可偿还的债务，应认定为呆账并及时予以核销。"（http://news.sina.com.cn/c/2008-05-23/173415605180.shtml）

话，应如何确定保费。调查结果将定价策略表示为损失发生概率以及程度的函数。如果根据历史上已经发生的损失的记录，所有专家都一致认为损失发生的概率为 p 的话，则认为该损失发生的概率是“明确的”；如果专家的看法不一致，则认为损失发生的概率是“含糊的”，记为 Ap。用 L 表示专家在特定事件发生后对损失较为一致的估计值，如果专家的估计值是在 $L_{\min}$ 和 $L_{\max}$ 之间的话，则将可能的损失记为 UL。

根据发生概率和损失程度的不确定性对风险的分类，可能有 4 种情形，见表 8-1。从表 8-1 中我们发现，巨灾风险属于定义含糊并且损失程度不易明确的情形。接下来，又请这些承保师给出在不同情形下的定价。如果将在发生概率和损失都明确的情况下的定价规定为 1 的话，表 8-2 给出了承保师在其他情形下给出的定价的平均值。可以看出，在情形 4 也就是不明确程度最高的时候，给出的定价是标准定价的 1.43 倍到 1.77 倍。这充分说明，尽管期望损失相同，但发生概率和实际损失额的不明确性，会导致保费大大增加，或者说在相同的价格水平下，保险人愿意提供的风险保障是下降的。

表 8-1　根据发生概率和损失程度的不确定性对风险的分类

发生概率	损失程度	
	明确的（L）	含糊的（UL）
明确的（p）	情形 1（p，L）：如寿险、汽车事故、火灾	情形 3（p，UL）：如运动场事故
含糊的（Ap）	情形 2（Ap，L）：如卫星发射	情形 4（Ap，UL）：如生物恐怖袭击

表 8-2　承保师对一个标的物在不同风险情形下的相对定价

参数	情形			
	1	2	3	4
	p，L	Ap，L	p，UL	Ap，UL
p=0.005 L=1 000 000 pL=5 000	1	1.28	1.19	1.77
p=0.005 L=10 000 000 pL=50 000	1	1.31	1.29	1.59
p=0.01 L=1 000 000 pL=10 000	1	1.19	1.21	1.50
p=0.01 L=10 000 000 pL=100 000	1	1.38	1.15	1.43

3）潜在的巨大损失对供给的影响

巨灾作为小概率大损失事件，其显著特点是突发性和破坏性，巨灾事件导致的不同个体的保险损失和理赔之间具有较强的正相关性，这与保险分散风险的数理基础大数定律是相矛盾的；同时，巨灾事件可以在短时间内猛烈地冲击保险业，引发连锁理赔反应，这与保险业务普遍具有的长期性特点也相矛盾。因此，巨灾的发生可以轻易打破保险公司的常规经营，导致保险公司破产。例如，美国的安德鲁飓风就直接导致了8家财产保险公司破产，并且不得不动用行业的保障基金。

这种潜在的巨大损失和破产的可能，使得对巨灾风险的进一步转移对保险公司来说是非常必要的，主要的转移方式包括以下几种。

（1）巨灾再保险。2005年和2012年，史上最强飓风——卡特里娜和桑迪飓风登陆美国，两次灾难带来的保险损失分别高达450亿美元和250亿美元。全球再保险资本迅速做出反应，再保险的风险分散机制有效保障了当地保险公司偿付能力的稳定。又如2010年的智利地震，保险赔付的95%实际上是由再保险人分担的；2010年和2011年新西兰连续两次地震，保险赔付的70%也是由再保险人分担的；2011年的“3·11”东日本大地震，再保险人分担了57%的保险赔付；2011年的泰国洪灾，再保险人分担了70%的保险赔付。数据显示，2011年在各类灾害造成的经济损失中，保险赔付约合1060亿美元，其中再保险人的分担比例高达65%。可见，再保险已经成为分担巨灾损失的主要渠道。通过再保险安排，可以在更大范围内分散和化解巨灾风险，这是再保险机制优势的直接体现。

（2）巨灾债券。巨灾风险证券化产品的出现，为保险业实施巨灾风险融资和巨灾风险转移提供了一个新的有效解决方法。目前，巨灾风险证券化的主要形式有：巨灾期货、巨灾债券、巨灾期权、巨灾互换、或有资本票据，巨灾债券是其中较为成熟的一种形式。发行巨灾债券对保险公司来说有许多优点。首先，资金来源充足。巨灾债券是资本市场的创新性工具，它的发行对象是资本市场中的各类投资者。目前，巨灾债券的投资者基本上是大的机构投资者。可以预见，将来中小投资者亦将成为巨灾债券投资者的重要组成部分。其次，和其他形式的风险证券化产品比，巨灾债券可以解决基差问题。如果保险公司利用巨灾期权等进行套期保值，无法避免地会出现基差问题。发行巨灾债券，保险公司只要确定适当的触发条件（一般与发行公司的巨灾损失状况紧密相关），就可以避免基差问题的发生。

3. 地震保险的需求分析

1）基本模型

假定某一房屋所有者拥有的财富为W，他的房屋在接下来的一段时间内（通常是一年）出现损失的概率为$r(z)\in(0,1)$，其中z是衡量其采取事前防损措施（如加固房屋）的努力程度的一个变量，可能发生的损失为$L(z)$。我们假设该房屋所有者作为投保人打算为其房屋购买保额为 M 的巨灾保险，单位保额的成本为 c，那么该投保人将面临如下决策问题：

$$\begin{aligned}\operatorname{Max}V(z,M) = r(z)U(W-cM-z+\operatorname{Min}(M,L(z))-L(z)) \\ +(1-r(z))U(W-cM-z)\end{aligned} \tag{8-2}$$

对于巨灾风险，我们不妨假设 $r(z)=r$，即巨灾事件的发生概率并不受投保人努力程度的影响。

进一步我们假设：$\mathrm{d}L/\mathrm{d}z<0$，$\mathrm{d}^2L/\mathrm{d}z^2>0$；$\mathrm{d}U/\mathrm{d}W>0$，$\mathrm{d}^2U/\mathrm{d}W^2<0$。在上述假设条件下可以证明，投保人不会选择全额保险，即 $M \leqslant L(z)$。

2）为什么投保人不愿意采取防损措施

房屋所有者在面临是否要采取加固房屋等防损措施的时候，考虑的是当前的投入成本 c 和未来可能带来的损失的减少量。从期望理论出发，我们需要考虑的是这个房屋所有者愿意为采取防损措施所支付的金额，即支付意愿（willingness to pay，WTP）。这里，WTP 取决于未来可能带来的损失减少量以及房屋所有人预计会在这所房屋里居住的年限。

我们通过一个数值例子来分析这个问题。假定科学家估计某地区一年内发生飓风的概率为 0.04 或 1/25；该地区的一个家庭可以选择以 c=1200 元的成本加固其房屋，当飓风来临时可以减少 10 000 元的损失。也就是说，这项防损措施能够使未来损失的期望值减少 400 元。

表 8-3 给出了在不同损失概率 p、折现率 d 以及居住年限的情况下，该投保人的期望收益/成本比的变化。例如，当 d=10%，p=1/25 时，如果这家人打算在这所房子里居住超过 4 年，他们就应该采取防损措施，加固房屋。

表 8-3　不同情况下的期望收益/成本比

居住年限/年	折现率（10%）		折现率（20%）	
	p=1/25	p=1/75	p=1/25	p=1/75
1	0.30	0.10	0.28	0.09
2	0.58	0.19	0.51	0.17
3	0.83	0.28	0.70	0.23
4	1.06	0.35	0.86	0.29
5	1.26	0.42	1.00	0.33
10	2.05	0.68	1.40	0.47
15	2.54	0.84	1.56	0.52
20	2.83	0.94	1.62	0.54
25	3.03	1.01	1.65	0.55

从上面的分析可以归纳出投保人不愿意采取防损措施的原因，主要有两个。

（1）对损失风险的低估。人们往往会因为主观上低估了小概率事件发生的可能性，从而倾向于不去采取防损措施。以表 8-3 为例，如果房屋的所有者对发生风险损失的概率的估计值不是 1/25，而是 1/75，则只有在计划居住达到或超过 25 年的情况下，才会愿意去采取防损措施。

对于小概率事件发生可能性的低估是非常普遍的情形，人们往往会倾向于认为“这么小概率的事情不会刚好发生在我身上吧”，甚至有时对于通过简单的成本收益分析就能够说明的问题，往往会因为过于自信的主观臆断而没有做出正确的选择。

（2）重视眼前，忽视未来（采用了过高的折现率）。对于普通人群来说，短视是一种非常普遍的特点和状态，即对于未来潜在收益或损失的关注度不够（表现为折现率较高）。如表 8-3 所示，如果该房屋所有者未来的折现率从 10%上升到 20%，他会愿意投资于防损措施所需要的居住年限就会对应上升，换句话说，他会更不愿意采取防损措施。

3）为什么投保人不愿意购买地震保险

与采取防损措施不同的是，购买房屋的巨灾保险是通过支付保费的方式，来保证一段时期内发生巨灾后能得到损失赔偿。也就是说，购买保险所能获得的保障期限与支付保费的期限是一致的，而预先防损措施带来的保障是在之后的一段时间。除此之外，影响巨灾保险购买意愿的因素与防损措施的影响因素是基本类似的，前面已经分析过了。

A. 对巨灾风险的感知

对风险的感知程度是影响房屋所有者购买巨灾保险的重要原因之一。身处巨灾多发区域的人们对巨灾保险没有兴趣的主要原因是其大大低估了风险发生在自己身上的可能性，而一旦经历过巨灾事件后，其对风险的感知程度就会明显上升，从而对巨灾保险的需求也会大大提升。

很多研究成果已经验证了上述现象。Kunreuther（1978）通过入户调查的方式总结出了上述结果；同样，Palm 和 Hodgson（1992）通过在加利福尼亚州对地震风险的调研也得出了相应的结论。在调研问卷中，投保的居民和未投保的居民被区分开来，可以很明显地看到，在被问知对未来发生巨灾风险可能性的认知时，已经投保的居民的认知程度明显要高于未投保的居民。

B. 来自政府的灾后救助

巨灾之后的政府救助也被认为是导致人们不愿意购买巨灾保险和主动采取防损措施的重要原因，在中国这种情况尤其明显。我国目前在应对巨灾损失方面采取的是以政府为主导、以国家财政支援和社会捐助为辅的模式，并没有建立巨灾保险制度。但巨灾损失越来越大，给政府财政带来的负担会越来越重，建立巨灾保险制度的必要性更加凸显。

4. 强制性地震保险的分析

根据前面的分析可知，由于地震潜在的巨大损失，保险人很难出于自愿来经营地震保险业务，因此来自政府的支持就显得非常重要。下面，我们通过构建保险公司和政府之间的博弈模型，来分析是否有可能强制要求保险公司与政府合作开展地震保险业务。

1）模型假设

（1）博弈的参与者：政府、保险公司。

（2）博弈的策略选择：政府的选择为是否建立巨灾保险制度；保险公司的选择为是否与政府合作。

（3）博弈的收益：如果推行了巨灾保险，由于损失由多个主体共同承担，这既会减轻政府的损失补偿责任，又会实现巨灾风险的可保性，扩大保险公司的业务规模。如果不推行巨灾保险，保险公司也不会经营这项业务，当巨灾发生时，损失完全由政府及受灾个体承担。

（4）假设损失发生后不存在国际组织、民间组织及其他慈善机构的捐助。

模型中的主要参数有以下几个。

P：保费收入。

P_1：保险公司的保费收入。

P_2：巨灾保险基金获得的保费收入。

n：保险公司按保单销售额获取的佣金比率。

D：巨灾发生后的损失。

D_1：巨灾发生后由保险公司支付的损失赔偿。

D_2：超出保险公司责任部分、由巨灾保险基金及政府支付的损失赔偿。

D_3：保险公司不提供保险时政府承担的巨灾损失。

C：政府开展巨灾保险业务的成本，包括管理费用、机构运营费用等。

C_0：政府自行销售保单需要的成本。

2）保险公司与政府的博弈模型

在强制性巨灾保险制度下，政府建立巨灾保险制度，要求保险公司组成共保组织参与，政府及保险公司的收益函数分别为 $P_2-D_2-C-P\times n$ 和 $P\times n+P_1-D_1$。

当保险公司不与政府合作时，其收益为 0，而政府实施的巨灾保险计划中便缺少了重要一环，只能由政府自己来进行保单销售并承担损失责任，从而政府的收益为 $P-D_3-C_0$。

当政府不实施巨灾保险计划时，商业保险公司的收益为 0，而政府也只能由自己进行损失补偿，收益为 $-D$。

该博弈的支付矩阵如表 8-4 所示。

表 8-4　保险公司和政府博弈的支付矩阵

		保险公司	
		参加共保	不参加共保
政府	实施巨灾保险计划	（$P_2-D_2-C-P\times n$，$P\times n+P_1-D_1$）	（$P-D_3-C_0$，0）
	不实施巨灾保险计划	（$-D$，0）	（$-D$，0）

（1）当政府选择实施巨灾保险计划时，保险公司的收益是 $P\times n+P_1-D_1$ 或 0。由于保险公司承担的是最底层的风险损失，并有一定的责任上限，因此 $P\times n+P_1-D_1>0$，对于保险公司来说，参加共保是占优策略；当政府不实施巨灾保险计划时，保险公司的最优选择是不参加共保。

（2）当保险公司参加共保与政府合作时，政府的收益值分别为 $P_2-D_2-C-P\times n$ 和 $-D$。由于在全国范围内实行了强制性保险制度，巨灾保险基金相对较为充足以及共保组织可以对第一层损失进行补偿，使得 $P_2-D_2-C-P\times n>0$，即政府的占优策略是实施巨灾保险计划。相反，如果保险公司不与政府合作，政府仍有两种选择。比较两者的收益函数 $P-D_3-C_0$ 与 $-D$，政府因要独自销售保单而会产生一定的成本，如果政府的成本不是非常大的话，前者仍大于后者，政府仍然会选择实施巨灾保险计划。

（3）但如果政府自身实施巨灾保险计划的成本非常高（C_0 非常大），那么这个时候政府可能就不会选择实施这个计划，而是等到损失发生后再进行补偿。

通过上面的分析可知，对于双方来说，整体上看最好的策略是（政府实施巨灾保险计划，保险公司参加共保）。这一策略组合成为唯一均衡的条件是：政府自身实施巨灾保险计划的成本不高。我们知道在现实中，政府实施巨灾保险计划的成本是很高的，而且政府也缺乏这方面的专业人才和经验。因此，这个时候采取强制性的方式，要求保险公司与政府进行合作，反而可以保证整体最优均衡的实现。

8.1.2　地震保险制度的设计思路

1. 地震保险制度设计的基本原则

地震保险作为一种保险制度，无论其承保主体是政府或商业保险机构，还是政府和商业保险机构组成的共保组织，都应遵循保险机制得以运行的一些基本规律，并兼顾地震风险作为一类巨灾风险的特殊性。因此，我们认为在地震保险制度的设计和运行过程中，应当注意遵守以下一些基本原则。

1）保障与防损减损相结合

对地震这类发生概率低、损失规模巨大的灾害进行应对的最佳方式其实不是事后的救济或补偿，而是在灾难发生之前做好充分的准备，尽量减小灾害给生命财产带来的损失。我们在本书的前面已经指出，我国以往在巨灾方面较为重视的是灾害发生后的应对，而忽视灾害发生前的防范，这种观念已经到了必须改变的时候了。地震保险虽然是一种在灾害发生后提供经济补偿的财务安排，但不等于说事前的防损减损措施不重要。保险制度优于灾后救济的一个重要原因就是可以激励人们进行防损减损，提高了资源使用的有效性。在设计地震保险制度和方案时必须考虑如何充分发挥这一优势。例如，对安全性能较好的房屋给予较低的保险费率；对投保了地震保险的投保人可以以优惠的条件为其提供贷款用来修缮房屋；对参加了地震保险的家庭经常进行防损减损方面的宣传教育；等等。

2）保费应和风险挂钩，反映标的物的实际风险

地震保险既然采用市场化运作的方式，就应注意采用市场化的定价机制，即向具有不同风险的投保人收取有差异的费率，费率的高低应能大致反映投保标的物的实际风险。我们认为，不能将地震保险等同于强制性的社会保险（即使社会保险也遵循“谁投保，谁受益；多投保，多受益”的原则），过度强调社会公平性，这样能较大可能地在自愿的原则下，鼓励有需求的投保人来购买地震保险。

3）财务上能够自我维持和可持续

自我维持是指，应能通过自身保费的收入和积累、政府财政有计划地投入、事先计划好的灾后融资渠道等基本上实现地震保险制度财务上的自给自足；可持续是说，由于地震保险的关键是通过积累巨灾风险基金从而实现在时间上分摊风险，因此，必须保证地震保险基金的可持续性。这里包括需要细致考虑地震保险基金建立初期的资金来源、基金的有效管理、大灾发生导致基金耗尽时的融资机制等问题。

4）保费的可负担性

可负担性体现在三个方面。首先，每个家庭需要缴纳的保费应该是可负担的。地震保险的保费应考虑到大部分收入水平不高的城镇家庭的承受能力，使地震保险更易推广。其次，免赔额的设计应考虑到居民的负担能力。在发生巨灾的情况下，免赔的部分应在居民可承受范围内。最后，在发生巨灾的情况下，获得的保险赔偿应能满足房屋修复或重建的基本需要。

2. 地震保险制度设计需要解决的关键问题

无论是从我国还是国外的地震保险制度实践看，模式选择、偿付能力、基金归集、责任与限额、定价是五大难点，也是五大关键。这些问题不解决，地震保险制度就没有了基础和保证，特别是偿付能力问题。1996 年，当时我国的保险监管部门之所以限制保险公司经营地震保险，正是为了防止保险公司可能出现的盲目经营现象，导致偿付能力危机，继而影响社会稳定。因此，我国地震保险制度

建设的基本思路应当从解决这五大难题入手，积极探索符合我国国情的解决路径。

1）模式选择问题

在各国地震保险制度的建设过程中面临的首要问题就是模式选择，即采用什么样的模式建设地震保险制度，是官办？是民办？还是官民结合？如果是官民结合，那么应当采用什么样的结合方式？是强制？是自愿？还是“半强制”的方式？这是我国建设地震保险制度时首先要回答的问题。

从各国的实践看，官办不是一个好的选择，或者说不是潮流和方向，但完全民办的方式也难以适应地震保险的性质和特点，所以大多数国家均采用了官民结合的方式。但关键是如何结合，或者是采用什么样的方式结合，这个问题没有标准答案。不同国家和地区，在不同的时期，所处的经济、社会、文化环境均存在很大不同，应在把握根本的基础上，结合实际，研究和选择适当的发展模式。

2）偿付能力问题

各国地震保险制度在建设过程中均面临的一个共同问题，也是共同的难题，就是承保能力问题，或者说是偿付能力问题。由于地震灾害的特点是损失巨大，特别是在社会和经济日益发展的今天，一次巨灾可能导致的经济损失往往是巨大的，是一般的经济体，甚至是国家难以承受的。因此，在设计地震保险制度时需要解决的问题是：如何确保切实、有效地承担责任。

从国外的实践看，分层技术是解决偿付能力的主要选择，即将可能面临的地震风险损失划分为若干“层”。对不同层面的损失采用不同的损失补偿方案，同时在各层内部还可以采用“横纵结合”的模式，由多个主体来承担该层面的损失。从损失补偿方式上看，可以采用共保、再保的方式；再保可以采用按比例赔付或超额赔付的模式；可以采用传统的再保险方式，也可以采用非传统的风险转移方式，如证券化的方式。从承担主体上看，可以是保险市场上的保险公司、再保险公司，也可以是资本市场上的投资者，还可以是政府；可以是国内的主体，也可以是国外的主体。通过分层安排，结合多种资金来源，既能最大限度解决偿付能力问题，也能同时兼顾可行性和效率。

另外，必须认识到：由于巨灾的特点，即使采用了分层技术，仍然不能完全解决偿付能力问题。而且，如果一味追求偿付能力的充足，可能会导致效率的降低。因此，一些国家在地震保险制度的设计过程中采用了“回调机制”：如果发生了特别巨大的地震损失，损失程度超过了整个地震保险体系承诺的赔偿程度时，在必要的条件下，依据有关的法定程序，允许地震保险机构按照总偿付能力与总损失的比例进行比例赔偿。

这样一个制度性的“开口”安排，从根本上解决了偿付能力这个关键问题，同时也为解决定价等技术难题提供了条件和便利。更重要的是，偿付能力往往是制约一个国家地震保险制度建设的瓶颈问题，这个问题的解决为促进地震保险制度的建设奠定了必要的基础。

3）基金归集问题

地震保险制度建设面临的又一个问题是地震保险基金的建立问题，主要是归集的规模和效率问题。从地震保险的性质看，如果保险基金达不到一定的规模，其作用就不能得到有效发挥，制度建设就可能面临进退两难的尴尬处境。所以，从制度设计上就必须确保基金能够达到基本的规模。此外，作为一项经济制度，效率也是重要的，尤其是这种具有一定公共性质的制度，如果完全采用自愿和商业化的模式，就可能出现归集成本过高的问题，而且归集的周期也可能很长。解决地震保险基金归集问题的较好方式是采用一定程度的强制性方式，这样能够在较短时间内，用较低成本迅速归集起规模较大的地震保险基金。

那么，基金从哪里来呢？不外乎两个基本途径：一是来自政府财政拨付，二是来自投保人缴纳的保费。从实际发展情况看，政府的财政拨付能力非常有限，更重要的是完全由财政拨付有可能导致人们产生依赖的心理，不利于风险管理和保险意识的普及。如果采用投保人缴费的方式，就有一个如何实现的问题。完全采用自愿或商业化的模式，会导致资金归集的成本比较高，不利于促进地震保险的发展。

4）责任与限额问题

地震保险责任的确定关键要解决两个问题。一是保险责任的触发条件是什么，即在什么样的条件下地震保险才承担赔偿责任。从传统的商业保险角度看，承保的地震风险还有一个定义问题，即承保的地震风险是指一定震级的地震灾害。但从地震灾害学的角度看，地震的烈度是导致损失的更敏感因素，如我国在《中国人民财产保险股份有限公司建筑工程一切险条款（2009 版）》中，对所承保的地震风险明确定义为：“地震：指地下岩石的构造活动或火山爆发产生的地面震动。由于地震的强度不同，其破坏力也存在很大的区别，一般保险针对的是破坏性地震，根据国家地震局的有关规定，震级在 4.75 级以上且烈度在 6 级以上的地震为破坏性地震。”[①]二是如何确定赔偿限额。按照保险的基本原理，赔偿限额主要依据标的物的价值确定，而房屋在投保时的价值如何确定就成了一个问题。我们认为比较合理的一个考虑是以重置价值为基础，来确定标的物的保险金额，即赔偿限额。此外，还可以根据“低保障、广覆盖”的原则，将保险赔偿限额按照重置价值的一个比例来确定，这样可以减轻投保人的保费负担。

同时，考虑到对某些投保人来说，地震发生后仅提供基于房屋重置价值的损失补偿是远远不够的，所以，商业保险机构可以根据不同投保人的需要，提供包

---

① 《中国人民财产保险股份有限公司建筑工程一切险条款（2009 版）》，https://max.book118.com/html/2019/0313/8030126105002012.shtm，2019-03-15。

括房屋装修、家用电器、家庭用品、临时租房费用以及重新购置住宅可能发生的相关费用等各种保障。

5）定价问题

根据地震学基本理论，地震的分布具有明显区域特征，即不同地区的地震风险存在较大差异。因此，无论是地震研究机构，还是经营地震保险的保险公司、再保险公司，均致力于对地震风险区域分布的研究，研究内容包括：通过对大量历史资料和数据的采集，利用分析模型和计算机技术，绘制具有区域特点的地震风险分布图。尽管各类地震风险分布图在确定地震保险的价格方面仍存在一定局限性，但的确可以反映不同区域的地震风险之间的相对关系，在一定范围内解决了保费差异和合理负担问题，确保定价的相对合理。另外，在制定地震保险价格时还要关注发挥地震保险制度所具有的正外部性。首先，应按照建筑物的不同类型确定差异化的费率，注意根据我国相关标准推行的时间，按照不同时间段的标准确定费率水平。其次，应按照国家发布的《建筑抗震设计规范》，结合建设部1999年印发的《商品住宅性能认定管理办法》（试行），将达标和认证作为承保和定价的重要考虑因素，即按照地区设防和认证标准，并将其作为一个“门槛”，高于这个标准的可以下调费率，反之则上调费率，甚至拒绝承保。

8.1.3 地震保险制度的模式选择

解决地震保险制度的模式选择问题就是要回答：地震保险是自愿的还是强制的？是政策性保险还是普通商业保险？不同模式的实质是要说明所有利益相关方在地震保险中的利益和义务、权利和责任，即权责的分配机制是什么，分配机制不同就决定了不同的地震保险模式。在权责的界定中，最主要的还是政府的责任和权利，政府的权责定下来，其他利益方就容易确定了。就中国的情况来看，政府始终是灾害损失的主要承担者，未来应该强调的是如何鼓励其他利益主体承担更多的责任。

1. 政府主导还是市场主导

我国地震保险制度的建立和实施应该坚持政府主导、市场化运作的方式，这是由地震风险的特殊性、政府在社会风险管理方面的基本责任和我国的基本国情所决定的。

重大地震损失的发生通常难以预料，地震风险损失既是一种发生概率低的灾害性风险，也是一类特殊的社会风险，对这类风险商业保险市场难以也不可能做出较充分的反应，这类风险的最后也是最终的承担者只能是政府。因此，地震风险损失的特殊性决定了政府在对此类风险的管理中具有不可推卸的责任。此外，从我国国情看，我国实行的是有计划的市场经济，政府在经济发展和社会管理方面具有比完全市场经济国家政府掌控更多经济和社会资源的行政权力，尤其是在应对重大社会突发紧急事件方面，中国政府具有其他国家无法比拟的动员、组织和协调社会资源的能力。因此，地震保险制度作为需要协调社会各方资源和力量的国家巨灾风险管理体系的重要组成部分，唯有政府的主导才能保证它的建立和有效实施。

当然，政府主导并非完全由政府来承办。在地震保险制度的设计和实施过程中，应更多地采用市场化运作方式。从多数国家的实践看，政府直接提供或参与巨灾保险的效果往往不理想。在当前我国政府行政体制改革的大背景下，特别是在推行公共财政理念的过程中，可以考虑将政府传统的救灾功能至少部分地转移、"外包"给市场，通过政府主导并支持下的市场化运作模式，建设我国的地震保险制度。这样做可以：①减轻政府行政管理的负担；②提高政府在应对重大自然灾害方面的财政预算的可预测性，提高实际财政支出的平稳性；③提高应对巨灾体系的整体效率。

2. 政府主导作用的体现

1）我国地震保险机制的形成离不开政府的推动

地震保险市场往往存在着供给不足的现象。从理论上说，私人保险公司有理由提供地震保险，尽管存在很大的不确定性，但地震风险在时间上还是可以分散的。保险市场上巨灾保险供给不足确实是一个普遍的现象。这种现象的产生也是有原因的。首先是因为地震造成的损失可能会非常巨大，是保险业难以承受的。其次，本书前面已经分析过，巨灾风险需要在时间上进行分散的特点导致承保巨灾风险的保险公司财务不稳定，这是面临证券市场和股东压力的保险公司所不愿意看到的。最后，巨灾的发生会导致很多保险公司纷纷退出市场，不愿意提供巨灾保险或者会大幅度提高保费。例如，1994 年北岭地震后，美国加利福尼亚州地震保险市场就出现了严重的供给不足现象，促使在政府支持下成立了 CEA，为改变这一局面起到了积极作用。

在本书第 3 章介绍的几个国家和地区的地震保险实践中，政府都起到了至关重要的作用，而且往往是商业保险市场不发达的国家和地区，需要政府干预的程度更高。1996 年后，为了控制我国财产保险行业的风险，中国人民银行和中国保监会规定，地震属于一般财产保险的除外风险，需作为附加险购买。因此后来在相当长时间里，我国家庭财产地震保险业务几乎没有开展，缺乏市场化地震保险的基础，在这种环境下，需要在政府推动下建立政策性的地震保险制度。

建立住宅地震保险也不是仅通过保险机构就可以完成的，还需要多部门的协同合作。比如要对地震发生的概率做出尽可能准确的分析，就需要地震发生历史和地质科学方面的研究；根据房屋质量制定保险费率，就需要建筑方面的专家；

要实行具有一定强制性的地震保险，就需要银行和房屋贷款部门的合作。这种多部门间的合作，是一个长期系统工程，很难在一家或几家保险公司的努力下完成，需要政府的力量推动。从这个意义上说，政府的作用也是不可取代的。

2）立法是建立居民住宅地震保险制度的前提

纵观国际上地震保险制度建立的经验，立法通常是实施地震保险计划的开端和保证。比如 1944 年新西兰颁布的《地震与战争损害法》；1966 年日本颁布的《地震保险法》；2000 年土耳其政府签署的《强制地震保险法令》；等等。地震保险需要在长时期里分散风险，是一项长期风险保障制度，需要有一个稳定的强制性政策保障。保险公司的战略不免会根据市场状况的变化而调整，监管部门的规章制度也会随着行业的发展而变化，只有立法才能提供一个稳定的、有强制力的制度实施保障。

3）政府在财政上的支持

政府财政对开展地震保险业务的支持通常有三种形式。

第一，对政策性地震保险免征一切税费，这是政府最容易给予的财政支持，也是日本、新西兰、美国加利福尼亚州、土耳其等地政府的普遍做法。

第二，为地震风险准备基金提供担保，特别是在制度建立初期，巨灾风险准备金还没有达到足够的偿付能力，政府财政在这个阶段提供的担保非常关键。待巨灾风险准备金达到一定的偿付能力，政府的担保可以考虑撤出。

第三，政府还可以考虑承担一部分地震风险损失。这种损失承担既可能是在某一层完全承担，也有可能是在不同的层承担不同的比率。

4）调动和发挥国内保险公司的能力

政策性的地震保险制度需要政府与保险行业密切合作。由于地震保险的很多职能可以依托市场化的保险公司完成，所以可以考虑给保险公司一定比例的佣金，将保单销售、理赔等职能外包给保险公司，这也是国际上的普遍做法。在日本、美国加利福尼亚州、新西兰和土耳其的地震保险中，办理保单的工作都是由保险公司完成的。在日本和美国加利福尼亚州，理赔也是由保险公司完成的。地震保险和普通家庭财产保险的目标人群非常相似，保险公司的渠道网点和人员完全可以在地震保险中发挥作用。

3. 强制还是自愿

虽然拉动地震保险需求最直接的方法是实行强制保险，但这种强制保险的方式只有在经济激励无法引导人们自愿购买保险时才可以实施。

一般来看，实施强制保险的条件是：①信息不对称造成了较严重的逆向选择问题，导致社会福利出现了总损失；②不会造成较大程度的不公平；③实施成本可以承受。

在国际地震保险制度模式中，有强制性投保的，如新西兰、土耳其；也有自愿投保的，如美国、日本。对我国来说，在实行地震保险制度的初期，应该采用部分强制投保的方式。其基本思路为：强制的基本保障层+商业化的补充保障层。基本保障层应本着“低保障、广覆盖”的原则，强制向地震风险相关地区的所有住宅（不包括室内财产）提供政策性的地震保险，并设定免赔额和最高赔付金额。补充保障层则由保险公司根据商业原则进行经营，政府给予一定的政策支持，如税收优惠、特别的财务核算制度等。

提出这种“强制+自愿”结合的模式，主要是考虑了以下几个原因。

第一，我国居民的保险意识依然比较薄弱，尽管居民住宅商品化发展迅速，但家庭财产保险的投保率依然很低，企业财产保险的投保比率也不高。在这种背景下，让居民和企业主动购买作为财产保险附加险的地震保险显然不够现实。像地震保险这类巨灾保险，能集聚大规模的风险基金是非常重要的。只有投保的人群足够多，基金的规模足够大，才能具备抵御一定灾害损失的能力，更好地利用大数定律分散风险，并使人们建立对巨灾保险制度的信心。鉴于目前我国居民主动购买巨灾保险的意识不强，通过商业保险机制难以在适当时间内聚集较大规模的资金，所以采取强制性方式可以较快地将巨灾保险制度建立并实施起来①。

第二，地震保险具有很明显的“逆选择性”。由于地质结构不同，不同地区的居民面临的地震风险不同，同时建筑材料和结构也会对建筑物的抗震性产生很大影响，使得居民因为地震而受到损失的可能性有很大不同，这就会导致出现逆向选择问题，在地震保险中表现为，居住在地震易发地区且住宅抗震能力较差的居民更愿意购买地震保险，这样会提高投保人群遭受地震损失的概率，保险公司也因此会提高保险费率。由于投保人更了解自己的风险状况，只有面临更高地震风险的居民才会投保地震保险。从我国的情况看，虽然多个省份均处于地震多发地区，但从全国来看，地震发生的区域分布并不均匀，除云南等个别省份外，地震灾害在其他地区（不含台湾地区）发生的频率较低，导致大部分地区的居民对地震保险缺乏兴趣。不仅我国如此，即使是全民防震意识较强的日本也存在这种现象。例如，地震发生最频繁的关东地区（如东京、千叶、神奈川）的地震保险购买率一直是最高的，平均达 25%；而在日本海一侧的北陆地区，由于地震危险程度较低，以至于地震保险投保率从来没超过 9%。

实行强制性地震保险通过要求无论是高风险还是低风险地区的居民都要投保地震保险而减少了逆向选择问题。表面上看，强制性地震保险会对公平性产生影

① 土耳其是一个明确实施强制性住宅地震保险的国家。但经过 5 年的发展，住宅地震保险投保率在 2005 年 2 月也只有 16.51%（在地震最高发的马尔马拉地区有 26.43%）。说明：提高住宅地震保险覆盖率的挑战是十分严峻的，投保率高低对住宅地震保险制度的成功与否非常关键，只有投保率达到一定的高度，地震风险基金发展到一定的规模，制度的效应才能有效发挥出来。

响，降低低风险居民的效用，但由于减少了逆向选择造成的效用上的损失，最终还是会提升全体投保人的福利。

第三，一般来说，强制性保险的基本目的是为人们提供基本的损失补偿保障。住宅作为居民基本生活必需的处所，应通过强制性保险来给予保障；室内财产则可不必强制性投保。而且，考虑到居民的可负担性，对住宅投保的保险也不应是全额保险，应有免赔额和最高限额的设定。

4. 地震保险运营主体分析

一般来看，实施地震保险的主体主要包括政府和保险公司，本节我们将从这两类主体独立经营地震保险的视角，分析它们在经营过程中可能面临的问题，从而为得出适合我国地震保险发展的“政府+市场”模式的结论提供依据。

1）政府承担地震风险补偿责任带来的问题

我国实行的是由国家财政支持的中央政府主导型巨灾风险管理模式，灾后救济主要还是依赖政府的财政资金和社会捐助，尽管救济水平非常有限，社会上还是形成了对政府救助的强烈预期。这种由政府充当“巨灾保险提供者”的做法不仅容易让广大民众形成错觉，还使得人们更加不愿意采用市场化的手段来分散风险。

同时，利用政府财政资金进行灾后补偿，本身就存在以下一些问题。

第一，财政救灾资金本身存在的“重补助、轻预防”的问题。政府建立财政救灾制度的主要目的是为受灾地区人民提供临时的急需的生活救济，帮助灾区恢复正常生产和生活秩序，这一点是明确的，也是必要的。但这类资金并不能解决对未来灾害损失的预防问题。正如我们在本书中多次提及的，应对巨灾风险的更为有效的方式是在灾前采取防损减损措施。

第二，财政救灾资金的使用缺乏效率。这一点可以从两个方面去解释：①财政救灾资金和物资的发放相对更注重公平性，缺少对个体差异性的关注；②财政救灾资金的使用一般并不关注经济效益，有时甚至是出于政治上的考虑，这是由财政救灾资金本身的性质和目的所决定的，如政府在灾后向灾民提供赠款或财政贴息贷款等。

第三，财政救灾资金的规模小，作用有限。虽然我国政府各级财政会在支出预算中列出应对灾害的资金，但限于预算上的约束，这些资金在大灾发生的年份能发挥的损失补偿作用十分有限。

第四，在救灾和恢复期中央政府和地方政府的财权事权和支出责任难以明晰，导致财政救灾资金的来源不清和使用地方不明确。2020 年 7 月中国国务院办公厅印发了《应急救援领域中央与地方财政事权和支出责任划分改革方案》，首次从原则上明晰了中央和地方政府在自然灾害救援救灾中的财政事权和支出责任。该方案指出："将煤矿生产安全事故调查处理、国家启动应急响应的特别重大灾害事故应急救援救灾，确认为中央与地方共同财政事权，由中央与地方共同承担支出责任。将其他事故调查处理、自然灾害调查评估、灾害事故应急救援救灾等，确认为地方财政事权，由地方承担支出责任。"但该方案并未列明中央和地方政府各自应承担事权、财权的细则。

2）保险公司经营地震保险面临的困难

保险公司若要开展地震保险业务，必须解决两个问题：一是定价问题，二是偿付能力问题，当然这两个问题之间是有关联的。但从实践结果看，这两个问题都是保险公司难以解决好的。确定地震保险价格需要考虑可能的震级、烈度、周期等，同时还要考虑建筑物的结构、防震标准、年限等。地震保险费率的高低决定了需求和覆盖率，进而在一定程度上影响着保费收入规模。定价过高会影响投保人的有效需求，定价过低则会加大保险公司的偿付能力风险。如果让保险公司独立确定地震保险的价格，其自然会在利润驱动和偿付能力的考虑下提高保险的价格，从而导致投保人对地震保险的需求不足。从前面的模型分析还可以看出，保险公司是否具有充足的偿付能力经营好地震保险，还与其是否能积累起足够的地震风险准备金有很大关系。如果风险准备金不足，保险公司在面对地震造成的巨额赔付时，就会面临破产的风险。地震发生周期和破坏程度的不确定性使得保险公司通过固定的保费收入难以积累起充足的风险准备金，特别是在地震保险计划开始实施的最初一些年里。

通过上面的分析可知，政府和保险公司都难以独立应对地震风险带来的巨大损失，政府主导加上商业保险的辅助，应是符合我国国情的地震保险的运作模式。

5. 小结

从国际经验和我国国情及既有实践看，"政府主导、市场运作"是地震保险的一种较好的模式。关于是否采用法定强制的方式，从大多数国家的情况看，更多的是采用"半强制"的模式，即对投保普通家庭财产保险的房屋，保险公司应自动为其附加地震保险，或者说地震保险对普通家庭财产保险的投保人具有强制约束力。但从我国的实际情况看，普通家庭财产保险的投保率较低，更重要的是大多数家庭对普通家庭财产保险缺乏内在需求，普遍认为就现在的住宅情况而言，基本上不存在除地震以外的其他风险威胁，如火灾、洪水、暴雨等，因此，在我国采用"自动附加"的方式可能行不通。但如果采用完全自愿的模式，恐怕难以在短时间内建立起我国的地震保险体系。

因此，我国城市居民住宅地震保险可以考虑采取"半强制"的方式，即对基本保障采用法定的形式，确保"基本保障广覆盖"目标的实现，确保社会的基本保障与稳定；在此之上，根据不同地区、不同主体的需求和支付能力，采用自愿购买补充商业保险的形式，确保满足差异化的需求，确保不断提升社会的总体保障程度。还可以根据实际情况和需要，建立“有限兜底”制度，即根据财政支付能力，通过发行政府地震债券等方式，形成一定的超额保障能力，在有限程度上，增强法定和商业保险体系经营的稳定性。

从管理和服务的角度看，地震保险制度应采用“官民结合”的模式，强制的基本保障层由政府或政府委托的机构进行管理；基本保障层之外的风险，由商业保险公司经营管理和提供服务，但仍需要政府建立一个具有公共产品性质的风险分散机制。此外，在地震灾害发生后，地震保险体系会面临一个巨大的挑战：理赔服务。理赔工作不仅涉及基本保障层，也涉及商业化的补充保障层。因此，无论是从资源效率的角度看，还是从专业技术的角度看，地震保险理赔工作均离不开保险行业的参与。结合管理与服务两个方面的因素，我们认为，以国家保险监督管理部门为主，依托中国保险行业协会，协调保险行业的力量，建立和运行我国的地震保险制度是一个切实可行的解决方案。

8.2　中国地震保险的实践

8.2.1　发展历史

我国巨灾保险的发展经历了曲折过程，大体分为四个阶段。

1. *发展初期*（1951～1958 年）

20 世纪 50 年代，按照中央人民政府政务院的决定，由中国人民保险公司负责具体推动，国家机关、国有企业、合作社的绝大多数财产都办理了强制性的财产保险，其中地震等巨灾事件就在保险的基本责任范围内。同时，部分省份还为农业生产提供了巨灾风险保障。这一时期，我国具有广泛的巨灾保险供给。但由于历史的原因，1958 年我国全面停办了国内保险业务，巨灾保险也因此停滞了 20 多年。

2. *恢复时期*（1980～1995 年）

1979 年，国务院批准恢复国内保险业务。在这一时期，面向我国企事业单位的财产保险、工程保险、车险、船舶保险、货运保险，以及面向居民的家庭财产保险、面向农民的农业保险均包含了巨灾风险保障，巨灾保险实现了普遍而充分的供给。并且，在当时发生的一系列自然灾害中，巨灾保险的积极作用也得到了初步发挥。但是在这一时期，人们的投保意识不强，巨灾保险实际投保份额也相对较低。

3. 限制与规范发展时期（1996～2012 年）

1996 年，中国人民银行考虑到我国巨灾保险经营缺乏科学的精算基础，为了确保保险公司的稳健经营，决定将自然灾害导致的损失列入绝大多数财产保险的责任免除条款，巨灾保险的经营由此开始受到严格限制。与此同时，有关巨灾保险的研究工作得以加快推进。以地震保险为例，2000 年 1 月，中国保监会下发通知，对事关国计民生的重大项目，在风险可以有效控制的前提下，允许扩展地震责任。2001 年 9 月，中国保监会印发了《企业财产保险扩展地震责任指导原则》，进一步放宽了承保限制，并在承保方式、分保安排、财务管理等方面提出了规范性要求。同时，关于家庭财产巨灾保险的研究工作也在积极推进，2003 年，中国保监会完成并提交了《建立我国家庭财产地震保险研究报告》，温家宝总理亲自批示，要求“深入研究地震保险方案，加快推进震灾保险体系建设”。对以地震保险为代表的巨灾保险的研究日渐丰富和完善。

4. 全面发展时期（2013 年至今）

近年来，巨灾保险政策越来越受到广泛重视。2013 年 11 月 12 日，十八届三中全会通过《中共中央关于全面深化改革若干重大问题的决定》，明确提出“建立巨灾保险制度”，这是巨灾保险制度第一次列入全国人大会议报告。2014 年 3 月 5 日，李克强总理在作政府工作报告时，提出要“探索建立巨灾保险制度”①。2014 年 8 月 13 日，《国务院关于加快发展现代保险服务业的若干意见》正式发布，确立“建立巨灾保险制度”的指导意见。

在政府部门的推动下，巨灾保险的发展越来越迅速。以地震保险为例，2016 年起，中国保监会、财政部等单位按照民生优先原则，选择地震灾害为主要灾因，以住宅这一城乡居民最重要的财产为保障对象，先后印发了《建立城乡居民住宅地震巨灾保险制度实施方案》《城乡居民住宅地震巨灾保险专项准备金管理办法》等一系列规定条例，以进一步推动巨灾保险的实施。在此阶段，云南和四川等省份先后建立了地震巨灾保险试点。与此同时，广东等省份也相继推行了针对台风、洪涝等灾害的巨灾保险，我国巨灾保险进入全面发展时期。

---

① 《李克强政府工作报告（全文）》，http://edu.cnr.cn/eduzt/2014lh/bg/201403/t20140306_515005577_1.shtml，2014-03-06。

8.2.2　与地震风险相关的保险产品

1. 人身保险方面

中国绝大多数人寿保险公司都将地震造成的人身伤害纳入了人身保险的承保范围。以人的身体和寿命为保险标的的人身保险包括寿险（定期寿险、终身寿险、两全保险等）、意外伤害保险、意外医疗保险、旅游意外险等，在这些保险产品的保险责任中，一般均包含了地震责任，购买了这些保险的被保险人在地震中身故或伤残都可以获得相应赔偿，受伤以及接受住院治疗时也可按照合同约定获得保险金给付，而具体给付金额要看保险合同的约定。

2. 企业财产保险方面

就企业财产保险而言，地震风险一般不能单独投保，而要作为财产保险的附加险投保。如果在企业财产保险中将地震风险作为了附加的扩展保险责任，保险公司就会依据附加或扩展条款进行赔付。但由于地震属于巨灾风险，保险公司一般会要求凡是在财产保险中附加了地震条款的，必须向保险公司相关部门进行专门申报，获准后方可承保。

3. 机动车保险方面

财产保险中最主要的一类保险业务是机动车保险。2020 年以前，我国在机动车保险中一般都将地震造成的损失作为除外责任，即保险公司不承担被保险车辆因地震及其次生灾害造成的损失。在 2020 年新发布的《中国保险行业协会机动车商业保险示范条款（2020 版）》中，规定了“保险期间内，被保险人或被保险机动车驾驶人（以下简称“驾驶人”）在使用被保险机动车过程中，因自然灾害、意外事故造成被保险机动车直接损失，且不属于免除保险人责任的范围，保险人依照本保险合同的约定负责赔偿”，并在“责任免除”条款中删除了“地震及其次生灾害”，这就意味着从 2020 年开始，由于地震造成的车辆损失应该可以得到保险公司的赔偿。

4. 居民住宅保险方面

地震造成的财产损失最大的部分通常是建筑物的损失，对家庭来说主要就是住房。以往我国的个人家庭财产保险一般都将由地震及其次生灾害造成的房屋损失列为保险人的除外责任。但由于我国是一个地震灾害较多的国家，地震给城乡居民的住房安全带来了巨大威胁，因而广大家庭对房屋地震保险有着强烈需求。特别是 2008 年汶川地震后，各级政府、保险行业明显加快了推进居民住房地震保险制度建设的步伐。2015 年，由中国人民财产保险股份有限公司牵头，国内 45 家财产保险公司成立了中国城乡居民住宅地震巨灾保险共同体，开始承保居民家庭住宅的地震风险。2016 年，中国保监会、财政部联合印发了《建立城乡居民住宅地震巨灾保险制度实施方案》，标志着地震保险开始正式覆盖所有城乡居民的住宅。

专栏

中国城乡居民住宅地震巨灾保险共同体

由 45 家财产保险公司组成的中国城乡居民住宅地震巨灾保险共同体（地震共保体）于 2015 年 4 月 16 日在北京正式成立。

地震共保体由财产保险公司根据自愿参与、风险共担的原则申请加入。中国境内的财产保险公司，只要成立 3 年以上、最近一个季度偿付能力充足率 150%以上，且具有较完善的分支机构和较强的服务能力、具有经营相关险种的承保理赔经验，即可申请加入地震共保体。

地震共保体是巨灾保险制度的重要组成部分，承担了提供地震保险服务，参与灾害损失分担的重要职能。通过地震共保体这个平台，逐步形成一套体系完善、流程顺畅、科学可行的制度安排，充分整合行业资源，发挥协同优势，健全和完善巨灾保险服务能力。

8.2.3　政府主导的地震巨灾保险

在政府的大力推动下，目前我国四川、云南、广东、浙江等多个省区市实施了由政府主导的巨灾保险制度。

1. *云南省政策性农房地震巨灾保险*

云南省地处印度板块和欧亚板块碰撞带的东南侧，是我国地震最多、震灾最重的省份之一。云南省地震事件具有频度高、强度大、分布广、震源浅、灾害重的特征，且省内一半以上的农房都是土木结构，因此一旦地震事件发生，很可能会给当地农村和农民带来较大危害。有鉴于此，云南省政府结合当地地理环境以及经济发展状况，提出了相应的“云南方案”。

2015 年 8 月，全国首个政策性农房地震保险在云南省大理白族自治州（以下简称大理州）进行试点，承保了大理州约 82.4 万户农房，356.9 万人。试点为期 3 年，由诚泰财产保险、中国财产再保险等多家保险公司实行共保。该试点采用的是震级触发型农房地震指数保险，根据震级分档，将震后农房损失责任限定在 2800 万～42 000 万元，人身身故保险责任每人 10 万元。2015～2017 年保费为每年 3215 万元，由省、州、县三级财政全额承担（分别承担 60%、16%、24%）。

2018 年，根据以往赔付情况，大理州决定按照原有保险的 40%进行承保，将保险限额从 5 亿元降低到了 2 亿元，保费变为每年 1286 万元，由州和县财政分别承担 40%和 60%。近年来，大理州巨灾保险的标的从原来的地震灾害延伸到了洪涝和地陷等自然灾害，扩大了保障范围。

除大理州以外，云南省玉溪市在 2017 年也推出了新的试点方案，与大理州试点方案相比，不仅承保了玉溪市所辖 7 县 2 区约 48.03 万户农村房屋，还保障了全部玉溪市居民，每年共提供 2.86 亿元保额的地震巨灾保险保障。其中每年的农房损失责任限额为 24 000 万元，居民伤亡责任限额 4600 万元。保费为每年 1873 万元，仍然由省、市、县三级财政承担。另外，云南省还在临沧市开展了与大理州、玉溪市不同的创新模式，不再是由财政部门承担全部保费，而是由财政部门、民政部门和居民个人共同承担，这种形式不仅减轻了政府的财政负担，还加强了居民对巨灾风险的防范意识。

云南省农房地震保险实施后，发挥了重要作用。云南省大理州开展政策性农房地震保险试点以来，先后遭受了 2015 年保山昌宁“10·30”里氏 5.1 级地震波及、2016 年云龙“5·18”里氏 5.0 级地震、2017 年漾濞“3·27”里氏 5.1 级地震、2021 年漾濞“5·21”里氏 6.4 级地震，据统计，4 次地震总计涉及超一亿元的地震保险赔款。2021 年 5 月，云南省大理州发生多起地震，最高震级达到里氏 6.4 级，触发了政策性农房地震保险赔付条件。在不到一周内，参与共保的 5 家保险公司即赔付第一笔赔款 4000 万元，用于抗震救灾和灾后重建工作。

2. 四川省地震巨灾保险制度

四川省地处比较活跃的欧亚地震带上，地震频发，并且地形复杂，气候多变，常发生自然灾害，给居民带来了非常大的财产损失风险和人身损失风险。2008 年四川汶川发生了里氏 8.0 级地震，受灾总人口接近五千万人，造成直接经济损失近一万亿元。在四川省实施巨灾保险制度，对于保障当地居民生活水平，同时减轻政府灾后重建负担，非常有必要。

2015 年 4 月，四川省人民政府办公厅印发《四川省城乡居民住房地震保险试点工作方案》，四川省成为我国第一个以省为单位开展巨灾保险试点的省份。该方案规定，地震保险的期限为 1 年，承保范围为因震级 M5 级及以上的地震及由此在 72 小时内引起的泥石流、滑坡、地陷、地裂、埋没、火灾、火山爆发及爆炸造成的，在烈度为Ⅵ度及以上区域内、破坏等级在Ⅲ级及Ⅲ级以上的保险标的的直接损失。各试点地区也可以结合本地实际，适当调整增加保险责任。在现有保单中，城镇居民住宅基本保额为每户 5 万元，农村居民住宅基本保额为每户 2 万元，投保居民也可参考房屋市场价值，根据需要与保险机构协商确定保险金额。城乡居民按照基本保额参保时，由投保人个人承担 40%的保费支出，各级财政提供 60%的保费补贴。超出基本保额的参保保费，由投保人个人承担。

四川省在巨灾保险中建立了多层次风险分担机制，通过“直接保险—再保险—地震保险基金—政府紧急预案”的多层次风险分担机制来分散地震巨灾风险。2017 年之后，四川省城乡居民住房地震保险根据国家巨灾保险相关制度规定要求进行了相应的修改，以与国内标准进行统一。在巨灾事件发生时，损失按照如下顺序进行分担。第一，免赔部分损失由投保人承担。第二，全省年度总保险赔款不高于 8 亿元或当年实收保费的 8 倍时，由直保机构和再保险机构承担。第三，全省年度总保险赔款高于 8 亿元或当年实收保费的 8 倍时，全额启动地震保险基金赔偿。第四，赔付比例回调：若全省年度总保险赔款超过直保机构和再保险机构赔偿限额与地震保险基金余额总和，经领导小组审议并报省政府批准，启动赔付比例回调机制，按照地震巨灾保险风险分担机制总偿付能力与总保险损失的比例，进行比例赔偿。第五，政府紧急预案：地震发生后，政府按照《自然灾害救助条例》实施救助。

四川省作为全国率先探索试点地震巨灾保险的地区，为我国建立并完善巨灾保险制度提供了丰富的实践经验。2019 年 2 月四川省自贡市发生里氏 4.7 级地震、6 月四川省宜宾市发生里氏 6.0 级地震，参与地震保险共保的近百家保险公司在地震发生后迅速响应，总计赔付额分别为 1800 万元和 3800 万元，为灾区群众抗震救灾和恢复重建提供了有力支持。

3. 云南省大理州、四川省地震巨灾保险方案的比较

由上节可知，目前多个省份基于当地实际情况，进行了相应的巨灾保险试点。本节以地震巨灾保险为例，对现行巨灾保险政策进行综合分析。考虑到云南省大理州和四川省的地震巨灾保险相对而言试点较早，市场较为成熟，因此本节主要对这两个地区的地震巨灾保险进行比较分析。

两地开展的地震巨灾保险合同分别对应于两种类型，一种是以当地财政部门为被保险人，在巨灾事件发生时由保险公司向财政部门进行赔付，然后由财政部门进行相应的救灾救助工作；一种是以家庭或个体为被保险人，在事故发生时由保险公司直接对其进行赔付。表 8-5 对两者的区别进行了具体比较。

由表 8-5 可知，云南省大理州开展的以当地政府为投保人的巨灾保险业务，往往对当地所有住房进行统一承保。四川省开展的以家庭为单位的巨灾保险业务，则会允许家庭在基本保障的基础上，根据自身房屋价值选择更高价值的保险。两种方式各有优劣，前者在实施过程中更为便利，可以直接由政府与保险公司对合同进行协商洽谈，但其也使得当地财政部门面临较大的压力。后者则更加灵活，更加贴合每个家庭的实际情况，然而考虑到目前我国居民保险意识还相对薄弱，实际大面积推广有些困难。

表 8-5　云南省大理州和四川省地震巨灾保险比较

地区	云南省大理州	四川省
被保险人	大理州政府（原为民政局，后为应急管理局）	四川省居民
保险期限	三年	一年
保险责任	在试点初期，主要承保由于大理州境内和周边发生的里氏 5.0 级及以上地震导致的大理州境内的农房损失和大理州居民的死亡或者失踪。近年来，保险责任增加了洪涝和地陷等自然灾害，进一步扩大了保险范围	因震级 M5 级及以上的地震及由此在 72 小时内引起的泥石流、滑坡、地陷、地裂、埋没、火灾、火山爆发及爆炸造成的，在烈度为Ⅵ度及以上区域内、破坏等级在Ⅲ级及Ⅲ级以上的保险标的的直接损失。各试点地区也可以结合本地实际，适当调整增加保险责任
保险金额	对于农村房屋的赔付，根据地震震级不同按照合同标准每次赔偿限额为 2800 万元到 42 000 万元；对于农村居民的死亡给付，累计保险死亡赔偿限额为每年 8000 万元（每人保险赔偿限额为 10 万元）	城镇居民住宅基本保额为每户 5 万元，农村居民住宅基本保额为每户 2 万元。投保居民可参考房屋市场价值，根据需要与保险机构协商确定保险金额，超出基本保额的参保保费，由投保人个人承担
保费	在试点初期，全部保费由省、州、县三级财政按照比例（60%、16%、24%）承担，居民不需要支付。自 2018 年开始，保费由州、县两级财政按照比例（40%、60%）承担，居民仍然不需要支付	条款费率按照国家统一规定执行。城乡居民按照基本保额参保时，由投保人个人承担 40%的保费支出，各级财政提供 60%的保费补贴，其中省财政和市（州）、县（市、区）级财政各负担保险费的 30%

在综合比较基础上，笔者认为，在实行地震保险制度的初期，可以采用部分强制投保的方式。具体而言，在实践中可以使用强制的基本保障层与商业化的补充保障层相结合的方式。基本保障层应本着“低保障、广覆盖”的原则，政府强制对所有住宅提供政策性保障，并设定免赔额和最高保障金额，且政府部门对该部分保障对应的保费进行大额补贴，以减少投保的家庭的支出，从而提升巨灾保险覆盖率。补充保障层则由保险公司根据商业原则进行经营，该部分保费则主要由投保家庭进行承担，但同时政府也可以适当给予税收优惠等政策支持。随着我国更多城市进行巨灾保险试点，除地震保险外，针对台风、洪水等巨灾的保险也逐渐推出，我国巨灾保险发展也必将越来越成熟。

8.2.4　商业性地震巨灾保险

2016 年 5 月 11 日，中国保监会、财政部联合印发了《建立城乡居民住宅地震巨灾保险制度实施方案》，第一款全国性的巨灾保险产品——城乡居民住宅地震保险，随即在全国开始正式全面销售。

根据《建立城乡居民住宅地震巨灾保险制度实施方案》，住宅地震保险制度采取“政府推动、市场运作、保障民生”的原则，由政府负责制度设计、立法保障和政策支持，中国城乡居民住宅地震巨灾保险共同体负责具体运作。在损失分担方面，基于“风险共担、分级负担”的原则，设定总体限额和分层机制，主要由投保人、中国城乡居民住宅地震巨灾保险共同体、再保险公司、地震巨灾保险专项准备金、财政支持及其他紧急资金安排逐层承担损失。

在 2016 年 7 月 1 日中国城乡居民住宅地震保险产品在全国正式全面销售的当天，即有 20 家中国城乡居民住宅地震巨灾保险共同体成员公司出单，生效保单数量超过 1000 笔，覆盖了大约 30 个省级行政区的 260 个地市，我国巨灾保险制度实现了从 0 到 1 的突破。

2016 年 12 月 26 日，在中国城乡居民住宅地震巨灾保险共同体的统一组织下，中国城乡居民住宅地震巨灾保险共同体保险运营平台在上海保险交易所正式上线，通过统一平台运营，大幅提高了管理效率，降低了业务成本，并且为建立巨灾风险数据库奠定了基础。这一平台的上线，也标志着住宅地震保险制度运营环境的初步建立。

2017 年 5 月 2 日，财政部印发了《城乡居民住宅地震巨灾保险专项准备金管理办法》，这是继《建立城乡居民住宅地震巨灾保险制度实施方案》后，巨灾保险在国家政策层面的又一次重大突破，对于积累灾前资金储备，实现巨灾风险跨期分散，推动建立国家灾害管理的稳定和长期机制具有重要意义。

住宅地震保险落地后，逐渐被保险消费者熟悉和认同。统计数据显示，到 2021 年 7 月，全国地震巨灾保险累计支付赔款 7374 万元，为 1554 万户次居民提供了 6125 亿元的地震巨灾风险保障①。尽管我国的地震保险仍处于起步阶段，但正在为越来越多的城乡居民构筑起防范地震风险的保护网。

专栏

我国财产保险公司提供的居民住宅地震保险保单的主要内容

以中国人民财产保险股份有限公司的地震保险合同（表 8-6）为例，说明我国财产保险公司提供的居民住宅地震保险保单的主要内容。

表 8-6　中国人民财产保险股份有限公司的地震保险合同

项目	主要内容
保险标的	承保住宅及其室内附属设施，不包括室内装潢、室内财产及附属建筑物
保险责任	保险期间内保险标的因下列原因造成达到约定破坏等级的直接损失，保险人依照保险合同的约定负责赔偿： 破坏性地震[国家地震部门发布的震级 M4.7 级（含）以上且最大地震烈度达到Ⅵ度及以上的地震]振动及其引起的海啸、火灾、火山爆发、爆炸、地陷、地裂、泥石流、滑坡、堰塞湖及大坝决堤造成的水淹

① 《地震巨灾保险制度施行近 5 年 累计提供 6125 亿元风险保障》，http://www.ce.cn/xwzx/gnsz/gdxw/202110/13/t20211013_36986822.shtml，2021-10-13。

续表

项目	主要内容
保险金额	由投保人和保险人协商确定，并在保险合同中载明，最低不得低于下列金额，且同一保险标的向保险人投保城乡居民住宅地震巨灾保险的保险金额累计最高不得高于 100 万元，超过部分无效：①城镇住宅，50 000 元；②农村住宅，20 000 元
保险费	保险费=保险金额×年基准费率×区域调整因子×建筑结构调整因子×保险期限调整因子×政策性调整因子×保险期限
保险期间	除合同另有约定外，保险期间可以是一年、三年、五年或十年，以保险单载明的起讫时间为准

参 考 文 献

戴维 M. 2014. 别无他法：作为终极风险管理者的政府[M]. 何平，译. 北京：人民出版社.

邓国胜，等. 2009. 响应汶川：中国救灾机制分析[M]. 北京：北京大学出版社.

李宏，唐新. 2021. 中国政府应急管理能力建设的基本成效与重要经验[J]. 国家治理现代化研究，(1): 92-107, 204-205.

李华强，范春梅，贾建民，等. 2009. 突发性灾害中的公众风险感知与应急管理：以 5•12 汶川地震为例[J]. 管理世界，(6): 52-60, 187-188.

马玉宏，赵桂峰. 2008. 地震灾害风险分析及管理[M]. 北京：科学出版社.

曲哲涵. 2020-01-13. 我国农业保险累计支付赔款超 2400 亿元[N]. 人民日报，(8).

全国重大自然灾害调研组. 1990. 自然灾害与减灾 600 问答[M]. 北京：地震出版社.

王和. 2014. 各国（地区）巨灾保险制度探析（六）[EB/OL]. http://xw.cbimc.cn/2014-05/08/content_109129.htm[2014-05-08].

姚清林，刘波，卢振恒. 1998. 灾害管理学[M]. 长沙：湖南人民出版社.

俞可平. 2001-01-22. 从统治到治理[N]. 中央党校学习时报，(3).

俞可平. 2002. 全球治理引论[J]. 马克思主义与现实，(1): 20-32.

卓志，段胜. 2012. 防减灾投资支出、灾害控制与经济增长：经济学解析与中国实证[J]. 管理世界，(4): 1-8, 32.

IUD 领导决策数据分析中心. 2009. 地震灾区对口援建已到位资金 186 亿[J]. 领导决策信息，19: 26.

Alhakami A S, Slovic P. 1994. A psychological study of the inverse relationship between perceived risk and perceived benefit[J]. Risk Analysis, 14(6): 1085-1096.

Asch D A, Patton J P, Hershey J C. 1990. Knowing for the sake of knowing: the value of prognostic information[J]. Medical Decision Making, 10(1): 47-57.

Bevere L, Weigel A. 2021. Natural Catastrophes in 2020: Secondary Perils in the Spotlight, but Don't Forget About Primary-Peril Risks[M]. Zurich: Swiss Re Institute.

Bevere L, Gloor M, Sobel A. 2020. Natural Catastrophes in Times of Economic Accumulation and Climate Change[M]. Zurich: Swiss Re Institute.

Browne M J, Hoyt R E. 2000. The demand for flood insurance: empirical evidence[J]. Journal of Risk and Uncertainty, 20(3): 291-306.

Camerer C, Weber M. 1992. Recent developments in modeling preferences: uncertainty and ambiguity[J]. Journal of Risk and Uncertainty, 5(4): 325-370.

Cole C R, Macpherson D A, Maroney P F, et al. 2011. The use of postloss financing of catastrophic risk[J]. Risk Management and Insurance Review, 14(2): 265-298.

Combs B, Slovic P. 1979. Newspaper coverage of causes of death[J]. Journalism Quarterly, 56:

837-843, 849.

Erev I, Glozman I, Hertwig R. 2008. What impacts the impact of rare events[J]. Journal of Risk and Uncertainty, 36(2): 153-177.

Fischhoff B, Slovic P, Lichtenstein S, et al. 1978. How safe is safe enough? A psychometric study of attitudes towards technological risks and benefits[J]. Policy Sciences, 9: 127-152.

Heckman J. 1976. The common structure of statistical models of truncation, sample selection and limited dependent variables and a simple estimator for such models[J]. Annals of Economic and Social Measurement, 5(4): 475-492.

Hogarth R M, Kunreuther H. 1989. Risk, ambiguity, and insurance[J]. Journal of Risk and Uncertainty, 2: 5-35.

Huddy L, Feldman S, Taber C, et al. 2005. Threat, anxiety, and support of antiterrorism policies[J]. American Journal of Political Science, 49(3): 593-608.

Jametti M, von Ungern-Sternberg T. 2009. Hurricane insurance in Florida[R]. Munich: CESifo Working Paper Series 2768.

Japan Earthquake Reinsurance. 2020. 2020 annual report: introduction to earthquake reinsurance in Japan[EB/OL]. https://www.nihonjishin.co.jp/pdf/disclosure/english/2020/en_con.pdf [2023-09-11].

Johnson E J, Hershey J, Meszaros J, et al. 1993. Framing, probability distortions, and insurance decisions[J]. Journal of Risk and Uncertainty, 7: 35-51.

Kahneman D. 2003. A perspective on judgment and choice: mapping bounded rationality[J]. American Psychologist, 58(9): 697-720.

Kahneman D, Tversky A. 1979. Prospect theory: an analysis of decision under risk[J]. Econometrica, 47(2): 263-291.

Keller C, Siegrist M, Gutscher H. 2006. The role of the affect and availability heuristics in risk communication[J]. Risk Analysis, 26(3): 631-639.

Ki-Moon B. 2008. World Economic and Social Survey 2008: Overcoming Economic Insecurity[M]. New York: United Nations.

Kunreuther H. 1978. Disaster Insurance Protection: Public Policy Lessons[M]. New York: John Wiley & Sons Inc.

Kunreuther H, Pauly M. 2004. Neglecting disaster: why don't people insure against large losses?[J]. Journal of Risk and Uncertainty, 28(1): 5-21.

Kunreuther H, Useem M. 2009. Learning from Catastrophes: Strategies for Reaction and Response[M]. Philadelphia: Wharton School Publishing.

Kunreuther H, Hogarth R, Meszaros J. 1993. Insurer ambiguity and market failure[J]. Journal of Risk and Uncertainty, 7(1): 71-87.

Kunreuther H, Novemsky N , Kahneman D. 2001. Making low probabilities useful[J]. Journal of Risk and Uncertainty, 23: 103-120.

Kunreuther H, Meszaros J, Hogarth R M, et al. 1995. Ambiguity and underwriter decision processes[J]. Journal of Economic Behaviour & Organization, 26(3): 337-352.

Laury S K, McInnes M M, Swarthout J T. 2009. Insurance decisions for low-probability losses[J]. Journal of Risk and Uncertainty, 39: 17-44.

Leiserowitz A. 2006. Climate change risk perception and policy preferences: the role of affect, imagery and values[J]. Climatic Change, 77: 45-72.

Lerner J S, Gonzalez R M, Small D A, et al. 2003. Effects of fear and anger on perceived risks of terrorism: a national field experiment[J]. Psychological Science, 14(2): 144-150.

Lichtenstein S, Slovic P, Fischhoff B, et al. 1978. Judged frequency of lethal events[J]. Journal of Experimental Psychology: Human Learning and Memory, 4(6): 551-578.

Loewenstein G F, Weber E U, Hsee C K, et al. 2001. Risk as feelings[J]. Psychological Bulletin, 127(2): 267-286.

McClelland G H, William D S, Hurd B. 1990. The effect of risk beliefs on property values: a case study of a hazardous waste site[J]. Risk Analysis, 10(4): 485-497.

Palm R, Hodgson M. 1992. Earthquake insurance: mandated disclosure and homeowner response in California[J]. Annals of the Association of American Geographers, 82(2): 207-222.

Priest G L. 1996. The government, the market, and the problem of catastrophic loss[J]. Journal of Risk and Uncertainty, 12(2/3): 219-237.

Puhani P. 2000. The heckman correction for sample selection and its critique[J]. Journal of Economic Surveys, 14(1): 53-68.

Renn O. 2005. Risk Governance: Towards an Integrative Approach[M]. Geneva: International Risk Governance Council.

Renn O. 2006. From risk analysis to risk governance: new challenges for the risk professionals in an era of post-modern confusion[J]. Risk Newsletter, 26(1): 6.

Rubaltelli E, Rumiati R, Slovic P. 2010. Do ambiguity avoidance and the comparative ignorance hypothesis depend on people's affective reactions?[J]. Journal of Risk and Uncertainty, 40: 243-254.

Shafran A P. 2011. Self-protection against repeated low probability risks[J]. Journal of Risk and Uncertainty, 42: 263-285.

Slovic P. 1987. Perception of risk[J]. Science, 236(4799): 280-285.

Slovic P. 2000. The Perception of Risk[M]. London: Earthscan.

Slovic P. 2009. Thinking and deciding rationally about catastrophic losses of human lives[EB/OL]. https://citeseerx.ist.psu.edu/document?repid=rep1&type=pdf&doi=ba266e9765a9f1873a25b3e18ea819e39fb7275d[2024-02-29].

Slovic P, Fischhoff B, Lichtenstein S. 1978. Accident probabilities and seat belt usage: a psychological perspective[J]. Accident Analysis & Prevention, 10(4): 281-285.

Slovic P, Fischhoff B, Lichtenstein S. 1980. Facts and fears: understanding perceived risk[C]//Schwing R C, Albers W A, Jr. Societal Risk Assessment: How Safe Is Safe Enough? San Francisco: Jossey-Bass: 181-216.

Small D A, Loewenstein G, Slovic P. 2007. Sympathy and callousness: the impact of deliberative thought on donations to identifiable and statistical victims[J]. Organizational Behavior and Human Decision Processes, 102(2): 143-153.

Snow A. 2010. Ambiguity and the value of information[J]. Journal of Risk and Uncertainty, 40: 133-145.

Sunstein C R. 2003. Terrorism and probability neglect[J]. Journal of Risk and Uncertainty, 26(2/3): 121-136.

Sutter D, Poitras M. 2010. Do people respond to low probability risks? Evidence from tornado risk and manufactured homes[J]. Journal of Risk and Uncertainty, 40(2): 181-196.

Tversky A, Kahneman D. 1992. Advances in prospect theory: cumulative representation of uncertainty[J]. Journal of Risk and Uncertainty, 5(4): 297-323.

United States Government Accountability Office . 2007. Natural disasters: public policy options for changing the federal role in natural catastrophe insurance[R]. Washington: United States Government Accountability Office.

Viscusi W K, Zeckhauser R J. 2006. National survey evidence on disasters and relief: risk beliefs, self-interest, and compassion[J]. Journal of Risk and Uncertainty, 33: 13-36.